序一

指令集架構是電腦的抽象模型，定義了電腦軟硬體動標準，使符合其標準的軟體跨平臺運行。電腦發展過程中先後出現了多種指令集架構，如 x86、Alpha、 MIPS、SPARC、POWER 和 ARM 等。經過幾十年的發展，通用伺服器、桌面和行動終端市場基本被 x86 和 ARM 牢牢佔據，新型指令集架構處理器很難有立錐之地。根本原因是新型指令集架構處理器的發展需要從事處理器設計、驗證和製造，韌體設計到軟體調配與開發等工作的大量專業人員和團體的參與、協作和不斷努力，建設一個軟硬體生態。然而，建設一個全新的處理器軟硬體生態難度很大，上述指令集架構的興衰史不斷證明著這個論斷。

RISC-V 指令集架構由於其完全開放原始碼開放和免費授權等特點，從 2015 年非營利組織 RISC-V 基金會成立至今，企業和學術界對其關注度不斷提高，目前已經成為系統結構和微處理器領域的焦點。目前，全球已經成立多家高水準實驗室，如 RIOS 實驗室等；成立了多家專門從事 RISC-V 相關開發且具備規模的公司；多家公司或科學研究院所推出了開放原始碼的 SoCIP 核心。RISC-V 工具鏈不斷完善，RISC-V 開發者人數逐年增多，RISC-V 生態正在發展壯大。

然而一個新型指令集架構真正走向成熟並得到市場認可，還有很長一段路要走。教育和訓練在這個過程中可以扮演重要的助推角色，目前急需一本 RISC-V 處理器工程實踐導向的全景式圖書，全面普及 RISC-V 處理器開發技術，吸引更多的人才進入相關領域。當前處理器設計相關書籍大部分偏重理論和概念，不適合快速入門。本書凝結了實驗室 RISC-V 開發團隊的實際開發和驗證經驗，定位偏重實踐，適用於教學實踐課程或感興趣的同好自行學習。本書從設計和驗證兩個角度入手，讀者不僅能從書中了解到 RISC-V 架構處理器設計的基本原理和實現方法，也可學習到如何建構 RISC-V 架構的處理器核心驗證平臺並對設計進行測試和驗證。希望本書能夠幫助讀者了解 RISC-V 指令集架構,掌握 RISC-V 處理器的開發和驗證過程,共同為國內 RISC-V 的生態建設做出貢獻。

北京清華大學教授

序二

  RISC-V 開放原始碼免費，無須支付昂貴的授權費用便可設計並生產 RISC-V 指令集架構處理器。目前，RISC-V 的發展方興未艾，已經建立了學術和產業聯盟，RISC-V 處理器核心的設計、SoCIP 整合、開發環境以及編譯器和原型驗證平臺相繼推出，相關工具鏈和軟體堆疊也在不斷發展和完善。RISC-V 發展實際上為處理器領域建立生態實現一定程度自主可控提供了一條可以選擇的路徑。

  生態建設需要許多個人、團體和機構參與。目前，有不少書籍在處理器設計相關技術的廣度和深度上都有很鮮明的特點，涵蓋了處理器設計中的核心技術，也有很強的實踐指導意義。本書從處理器的基本概念入手，深入淺出地闡述了 RISC-V 處理器微架構以及處理器核心的技術細節；除此之外，本書還介紹了如何採用 UVM 驗證框架架設 RISC-V 處理器驗證平臺；本書通篇採用 SystemVerilog 作為設計語言展示程式細節，這也是本書的一大特點。希望本書能為 RISC-V 指令集架構處理器設計和驗證技術的發展增磚添瓦，希望相關技術人員能借助本書走上 RISC-V 處理器研究和設計之路。

陳暐

北京清華大學副教授

前言

　　RISC-V 是基於精簡指令原則的開放原始碼指令集架構。該項目 2010 年始於加州大學柏克萊分校，採用開放原始碼 BSDLicense。RISC-V 指令集可自由地用於任何目的，允許任何人設計、製造、銷售 RISC-V 晶片和軟體，而不必支付給任何公司專利費。其目標是成為一個通用的指令集架構，能適應包括從最袖珍的嵌入式控制器到最快的高性能電腦等各種規模的處理器。與現有其他指令集架構相比，RISC-V 架構有著鮮明的特點和優勢。

　　開放原始碼和免費。開放原始碼表示開發者可以針對特定應用場景進行訂製最佳化，免費表示 RISC-V 可以幫助開發者有效降低 CPU 設計成本。

　　模組化和簡潔。模組化設計和簡潔的基礎指令可以讓使用 RISC-V 技術的晶片設計者開發出很簡單的 RISC-VCPU，特別是在嵌入式和物聯網 (Internet of Things，IoT) 等領域對功耗和程式體積有較高限制的應用場景。

　　靈活和可擴展性。RISC-V 架構預留大量的編碼空間用於自訂擴展，並定義了 4 行使用者指令供使用者直接使用，該特性在安全或 IoT 領域有著廣泛的需求。

　　2015 年，RISC-V 基金會成立，它是開放、協作的軟硬體創新者社區，指導未來發展方向並推動 RISC-V 的廣泛應用。

　　雖然 RISC-V 目前的生態還處於初級階段，但是越來越多的產業界巨頭對 RISC-V 有著強烈的興趣並紛紛加入 RISC-V 基金會，RISC-V 極有可能像 Linux 那樣開啟開放原始碼晶片設計的黃金時代。從自主可控生態建設來看，從零開始建立互相相容的 RISC-V 生態當下也許是最好的時機，可以期待在不久的將來，RISC-V 的生態就可以挑戰 x86 和 ARM 的地位。

　　全書由 13 章組成，分為三大部分。第 1 章為第一部分——處理器指令集架構，主要介紹指令集相關基礎概念及 RISC-V 指令集架構。第 2~9 章為第二部分——處理器微架構，主要內容為 RISC-V CPU 微架構設計及邏輯實現，從微架構和管線設計原理著手，詳細介紹 RISC-V 指令集架構 CPU 的設計方法，並以開放原始碼處理器核心 Ariane 為例，介紹 RISC-V 處理器的實現細節。第 10~13 章為第三部分——處理器驗證，主要內容為 RISC-VCPU 驗證，著重介紹如何基於當前主流驗證方法 UVM 建構 RISC-VCPU 驗證平臺，並完成 CPU 核心的驗證工作。

　　希望本書能夠成為 RISC-V 處理器同好的入門圖書，為 RISC-V 處理器在國內的普及和發展貢獻綿薄之力。

　　感謝鵬城實驗室自主可控專案小組參與本書撰寫的所有成員，撰寫過程中有著大量的程式分析、資料整理和文稿校對工作，他們的付出使得本書能夠最終成文。同時，還要感謝清華大學出版社各位編輯的大力支援，他們認真細緻的工作保證了本書的品質。

　　由於編者水準有限，書中難免有疏漏和不足之處，懇請讀者批評指正！

編　者

目錄

第 3 章　指令提取

第 4 章　指令解碼

第 5 章　指令發射

第 6 章　指令執行

第 7 章　指令提交

第 8 章　儲存管理

第 9 章　中斷和異常

第三部分　處理器驗證

第 10 章　UVM 簡介

第 11 章 RISC-V 驗證框架

第 12 章 RISC-V 指令發生器

第 13 章 RISC-V 指令集模擬器

第一部分

處理器指令集架構

第 1 章　RISC-V 指令集架構淺析

第1章
RISC-V 指令集架構淺析

在電腦中，指令作為電腦執行的最小功能單位，是一系列指示電腦硬體執行運算、處理某種功能的命令。RISC-V 是基於 RISC 原理建立的指令集架構，提供全套開放原始碼的編譯器、開發工具和軟體開發環境。相較於 x86 和 ARM 指令集架構，RISC-V 架構完全開放原始碼，使用者可以自由修改和擴充，可實現訂製化需求而不需要支付任何授權費用，大大降低了晶片開發成本。

本章首先介紹 RISC-V 指令集的基本特點，然後重點描述 RISC-V 基礎指令集、擴充指令集和特權指令集等。

1.1 指令集架構

指令集是 CPU 能夠執行的所有指令的集合。CPU 的硬體實現和軟體編譯出來的指令需要遵從相同的規範，這個規範就是指令集架構 (Instruction Set Architecture，ISA)。指令集架構可以視為對 CPU 硬體的抽象，裡面包含了編譯器需要的硬體資訊，是 CPU 硬體和軟體編譯器之間的介面。具體實現 CPU 時使用的技術或方案稱為微架構 (Micro Architecture)。有了指令集架構作規範，一方面，不同廠商可以採用各自的微架構設計具有相同指令集架構的 CPU，各廠商的 CPU 性能會存在差異；另一方面，相同 ISA 導向的應用程式可以執行在不同廠商生產的遵從該 ISA 的 CPU 上。

1.1.1 複雜指令集電腦與精簡指令集電腦

從 CPU 的歷史和目前市場主流系統架構來看，CPU 指令集架構主要分為複雜指令集電腦 (Complex Instruction Set Computer，CISC) 和精簡指令集電腦 (Reduced Instruction Set Computer，RISC)。

1. CISC

　　早期的 CPU 採用的是 CISC 架構，以 Intel 公司的 x86 系列 CPU 為代表。為了提高計算效率，x86 採用的最佳化策略是用最少的機器指令來完成計算任務，把一些常用的計算任務用硬體實現，這樣本來軟體實現需要多行指令的計算任務可以用一行指令完成，從而提高計算效率。後來這種完成特定功能的專用指令不斷加入指令集中，這些專用指令功能複雜，這類 CPU 被稱為 CISC。

　　CISC 的指令豐富，指令格式種類多，指令長度不固定，優點是撰寫軟體程式容易，很多功能都能找到對應的指令；特定功能用硬體實現，專用指令執行效率高；編譯器結構簡單，編譯出來的程式數量少，佔用儲存空間小。其缺點也很明顯，由於新設計的 CPU 會增加新的指令，為了相容之前 CPU 上的軟體，之前 CPU 的指令也要保留，導致指令越來越多，CPU 的設計和實現越來越複雜，面積和成本銷耗增大。

2. RISC

　　1975 年，IBM 公司的 John Cocke(1987 年的圖靈獎得主) 在一項研究中發現 CISC 中 20% 的常用簡單指令完成了 80% 的任務，而另外 80% 的複雜指令並不常用。因此，只保留常用的簡單指令，從而簡化 CPU 硬體設計，複雜操作改用多筆簡單指令實現的最佳化思想應運而生，這就是 RISC。

　　RISC 採用簡化的指令集，指令數量、指令格式種類少，指令長度固定，優點是可以簡化硬體設計和降低實現難度，CPU 佔用面積小，功耗和成本低；可以採用管線和超純量技術提高並行處理能力；可以透過最佳化編譯器生成高效的程式；包袱較輕，更容易採用新技術。缺點是實現複雜功能時需要多行指令組合實現，執行效率較低，不過可以透過管線和超純量等並行技術來彌補；生成的程式數量較多，佔用儲存空間大。

　　CISC 和 RISC 各有優勢，在 CPU 的發展過程中，CISC 和 RISC 互相參考，取長補短，界限已經不像最初定義的那樣明顯。隨著複雜指令的增多，每行指令都做硬體實現不太現實，參考 RISC 思想，一些 CISC 架構的 CPU 在內部設計了解碼單元，將一行複雜指令翻譯成幾筆簡單的基礎指令，對這些基礎指令做硬體最佳化。而現在 RISC 架構 CPU 的指令也在逐漸變多，也加入一些專用指令來最佳化和加速某些特定功能的執行，如浮點計算和人工智慧計算等。在可見的未來，CISC 和 RISC 會在保持自己的優勢外，積極吸取對方的優點，努力提高性能、降低功耗。

1.1.2 經典指令集

CPU 發展過程中出現過多種 CISC 或 RISC 架構的指令集，下面介紹其中 5 種比較知名和經典的指令集。

1. x86

x86 指令集形成於 1978 年，以 Intel 公司推出的 8086 處理器為標識，Intel 8086 處理器是首個基於 x86 指令集架構設計的一款 16 位元處理器。Intel 公司早期處理器系列 Intel 8086、80186、80286、80386、80486 都是以 86 結尾的數字表示，因此 x86 指令集泛指 Intel 公司設計製造的 CPU 系統架構。x86 指令集使用可變指令長度的 CISC 架構，1981 年被 IBM 公司推出的第一台個人電腦採用。後來是 Wintel(Windows-Intel) 時代──Microsoft 和 Intel 商業聯盟，x86 架構的 CPU 上安裝 Windows 作業系統，幾乎壟斷了個人電腦市場。目前世界上主要的 x86 架構 CPU 提供商有 Intel 和 AMD 兩家公司。AMD 公司最開始透過獲得 Intel 公司的授權生產 x86 架構的 CPU，後來開始了與 Intel 公司長期既聯合又競爭的關係，值得一提的是，x86 架構的 64 位元處理器是 AMD 公司率先提出的。隨著各種新應用對 CPU 性能的需求不斷提高，新設計的 x86 CPU 會增加新的指令，而為了相容之前 CPU 平臺的各類軟體，必須保留之前 CPU 的指令集，造成了日益龐大的 x86 指令集。RISC 架構出現後，x86 架構吸取了 RISC 的優點，在 CPU 內部使用解碼器將長度不同的複雜 x86 指令翻譯成多筆類似 RISC 的簡單指令，執行這些簡單指令來完成複雜指令的功能，從而既可以相容之前的舊指令，又克服了 CISC 架構的部分缺點。當前 x86 架構 CPU 在個人電腦和伺服器領域都取得了巨大成功，佔據重要地位。

2. ARM

不同於 x86 CPU 採用 CISC 架構，1985 年英國劍橋的 Acorn 公司設計出了一台 RISC 架構的 CPU，命名為 Acorn RISC Machine，簡稱 ARM，這是 ARM 最早的名稱由來。1990 年，Acorn 公司和 Apple 公司、VLSI 公司組建了名為 Advanced RISC Machines Ltd. 的新公司，這就是著名的 ARM 公司。2016 年，日本軟銀集團收購了 ARM 公司。採用 RISC 架構，ARM 公司針對不同用途，透過大幅精簡不常用的指令，降低設計晶片的複雜度，設計了大量的 CPU。由於具有 C/P 值高、功耗低等特點，ARM 架構的 CPU 被廣泛地應用在嵌入式和行動端等領域。

目前，ARM 指令集架構的 CPU 主要有三大系列。

(1) Cortex-M： M 系列專注於設計低成本、低功耗的 CPU，主要應用於嵌入式、物聯網等對成本和功耗敏感的領域。

(2) Cortex-A： A 系列專注於設計高性能的 CPU，主要應用於手機、機上盒、平板電腦、個人電腦等領域。目前市面上絕大多數手機使用的是 ARM Cortex-A 系列的 CPU。

(3) Cortex-R： R 系列專注於設計即時回應能力強的 CPU，主要應用於汽車控制、工業控制等對即時性要求比較高的場合。

說到 ARM 公司，不得不提它的商業模式。不同於 Intel 公司自己生產 x86 CPU 晶片，ARM 公司並不生產和出售 CPU 晶片，而是將 ARM 指令集架構和 ARM CPU 的設計透過智慧財產權 (Intellectual Property，IP) 授權的方式轉讓給晶片廠商。ARM 提供了多種多樣的授權方式，主要的兩種為 ARM CPU IP 授權和 ARM 指令集架構授權。大部分廠商購買的是 ARM CPU IP 授權，從 ARM 公司獲得 ARM 的 CPU IP，需要支付一筆前期授權費 (Up Front License Fee)，將晶片設計出來量產後，每賣出一片晶片還要交一定比例 (通常是晶片售價的 1% ～ 2%) 的版稅 (Royalty)。只有少量的有深厚設計實力的晶片廠商會購買 ARM 指令集架構授權，這種方式靈活性很大，可以自己設計和訂製符合 ARM 指令集架構的 CPU，通常這種授權是永久性的。當前 ARM 公司在嵌入式和行動終端市場佔有重要地位，並開始向伺服器和個人電腦等 x86 佔優勢的市場進軍，而 Intel 公司也在嘗試向行動領域滲透，CISC 和 RISC 正在融合並開始短兵相接。

3. MIPS

MIPS(Microprocessor without Interlocked Pipeline Stages) 也是一種 RISC 架構。早在 1981 年，史丹佛大學的 John LeRoy Hennessy 教授 (史丹佛大學第十任校長，2017 年圖靈獎得主之一) 領導的研究團隊基於在編譯器方面的豐富累積，本著將編譯器最佳化到接近硬體層面的思想，準備設計 RISC 架構的 CPU，這就是 MIPS 的前身。

MIPS 設計時採用更小、更簡單的指令集，每行指令在單一時鐘週期內完成，強調軟硬體協作，從而簡化硬體設計，並使用管線技術來提高性能。1984 年，John LeRoy Hennessy 教授和團隊創立了 MIPS 公司，MIPS 是最早的商業化 RISC 架構 CPU 之一，比 ARM 更早進入市場，商業模式與 ARM 類似，主要是將 MIPS 指令集架構和 CPU IP 授權給晶片廠商，但沒有 ARM 形式多樣和靈活。MIPS 與 x86 和 ARM 一起，曾經是世界三大主流指令集架構。MIPS 最開始針對高性能嵌入式領域，而 ARM 專注於嵌入式低功耗領域，早期 MIPS 的性能優於 ARM。MIPS 架構 CPU 廣泛應用於網路通訊裝置和消費領域，如路由器、機上盒、印表機、遊戲主機、車載電子等。在行動網際網路爆發時，ARM 開始發力智慧型手機 CPU，但是 MIPS 反應緩慢，依然侷限在之前的嵌入式領域，錯過了行動網際網路時代，導致 MIPS 逐漸沒落——雖然這並不是技術原因造成的。MIPS 經過多次被收購和轉手，2018 年被矽谷的人工智慧晶片公司 Wave Computing 收購。2019 年，Wave Computing 宣佈將 MIPS Release 6 指令集架構開放原始碼，在即將到來的智慧物聯網時代，在同是 RISC 架構的競爭者 ARM 和 RISC-V 面前，MIPS 能否扭轉局勢呢？

4. SPARC

SPARC(Scalable Processor ARChitecture) 也是一種 RISC 架構。1986 年，SUN 公司設計出 SPARC V7 架構處理器，並在 1987 年和 TI 公司合作推出了第一款基於該架構的工作站，很快佔領了市場。為了擴大 SPARC 的影響力，

1989 年，一個獨立的、非營利的機構 SPARC International, Inc. 成立，負責
SPARC 架構的管理、授權和推廣，以及相容性測試。SUN 公司開始時的主要
產品是工作站，隨著網際網路的發展，市場對伺服器的需求不斷增長，SUN
公司轉向伺服器市場。1995 年，SUN 公司推出了 64 位元的 UltraSPARC 處理
器。之後 SUN 公司憑藉 SPARC 架構和 Solaris 系統的高性能和可靠性，逐步
在高端伺服器市場佔據領導地位。SPARC 架構處理器不同於其他 RISC 架構
的顯著特點是採用暫存器視窗技術，在函數呼叫時，這項技術透過快速切換不
同暫存器視窗，無須儲存和恢復操作，顯著減少呼叫和返回時間以及存取記憶
體次數。2005 年，SUN 公司推出了 UltraSPARC T1 處理器，並於當年發起了
OpenSPARC 開放原始程式碼計畫，2006 年將 UltraSPARC T1 處理器的原始程
式碼公開，將其命名為 OpenSPARC T1，這就是業界第一款開放原始碼的 64 位
元處理器。2007 年，SUN 公司推出更加先進的 UltraSPARC T2 處理器，其開
放原始碼版本 OpenSPARC T2 也隨之公佈。SPARC 架構處理器在航太和超算
領域也有不少應用。歐洲航天局採用 LEON 處理器，LEON 處理器是一款基於
SPARC V8 架構的 32 位元開放原始碼處理器，採用 LGPL 授權。

　　Microsoft 公司和 Intel 公司組成 Wintel 聯盟之後，憑藉各自市場和商業生
態優勢，不斷先佔伺服器市場。遺憾的是，SUN 公司在競爭中逐漸落敗。後來
主要有 Oracle 和富士通兩家公司採用 SPARC 架構處理器，基本只針對伺服器
和高性能計算市場。2009 年，Oracle 公司收購了 SUN 公司。2017 年，Oracle
公司宣佈正式放棄硬體業務，包括從 SUN 公司收購過來的 SPARC 架構處理器，
引來業界的一片惋惜。

5. POWER

　　POWER(Performance Optimized With Enhanced RISC) 也是一種 RISC 指令
集架構。1.1.1 節介紹 RISC 的時候提到，1975 年 IBM 公司的 John Cocke 發現
CISC 指令集中 20% 的常用簡單指令完成了 80% 的任務，而另外 80% 的複雜指
令並不經常使用。1980 年，IBM 開始研製基於 RISC 架構的原型機。雖然 IBM
是最早提出 RISC 架構的公司，但 IBM 公司在 1990 年才推出第一款 POWER
架構 CPU RS/6000，比 MIPS 和 SPARC 都要晚。

　　1991 年，Apple、IBM、Motorola 三家公司結成 AIM 聯盟，並在 1993 年研發出由 POWER 架構修改而來的 PowerPC 架構，主要應用在 Apple 公司的筆記型電腦電腦和伺服器，Nintendo 公司的 GameCube，Sony 公司的 PlayStation 3，以及 Microsoft 公司的 Xbox 等裝置上。1997 年，IBM「深藍」超級電腦擊敗了西洋棋冠軍 Garry Kasparov，後來這台超級電腦被美國華盛頓特區的史密森國家博物館收藏。2001 年，IBM 公司推出了世界上第一個雙核心處理器——POWER4。但是在 2005 年，Apple 公司電腦不再使用 PowerPC 架構 CPU，改用 Intel CPU。也是在這一年，IBM 公司將個人電腦業務出售給聯想公司，專注於大型主機業務。

　　POWER 架構處理器主要用在 IBM 超級電腦、伺服器、小型電腦及工作站中，IBM 公司從 CPU 到系統的整機方案，在可靠性、可用性和可維護性方面有著獨有的優勢，軟體也採用自己的 AIX 作業系統，整合起來的 POWER 架構裝置的整體穩定性和集成度表現出色，經過多年發展，成功應用在科學計算 (如模擬核心爆炸試驗、天氣預報)、銀行金融、航太、太空探測等多個領域。

　　POWER 架構裝置雖然性能出色，但是價格昂貴。而且隨著雲端運算的興起，分散式系統逐漸成熟，可以透過叢集來保證系統的可靠性而不必只依賴幾台裝置，系統性能也可以透過分散式運算的方式解決。

　　2013 年，IBM 公司聯合 Google、NVIDIA 等公司成立了 OpenPOWER 基金會，允許會員推出自己的 POWER 處理器以及相關 POWER 架構產品，但是開放集中在軔體和軟體系統，使用 POWER 指令集架構仍然需要 OpenPOWER 基金會的授權，並且要支付版稅。

　　為了避免進一步被邊緣化，IBM 公司學習 RISC-V，跟隨 MIPS 的腳步，在 2019 年宣佈開放原始碼 POWER 指令集架構。

1.1.3 RISC-V

　　近年興起了一個新的指令集 ——RISC-V，其最初源於美國加州大學柏克萊分校的研究專案。2010 年，加州大學柏克萊分校的 Krste Asanovic 教授和 David Patterson 教授 (2017 年圖靈獎得主之一)，以及兩個學生 Andrew

Waterman、Yunsup Lee 由於科學研究專案和教育的需要，需要選擇一個指令集架構，在考察了已有的指令集後，發現這些指令集有的需要獲得授權，有的或多或少有缺陷，沒有一個十分合適的指令集可以使用，所以他們決定設計一套全新、免費、開放原始碼的指令集。因為加州大學柏克萊分校之前已經有過 4 個 RISC 指令集的專案，這個新設計的 RISC 指令集是第五代，所以命名為 RISC-V，V 還可以代表 Vector。

RISC-V 參考了 50 多年來 CPU 設計的技術優點，並避免了曾經出現的技術缺陷，所以從其推出以來就吸引了學術界和工業界很多知名企業的關注和加入。當前主流 x86 和 ARM 指令架構集需要考慮向後相容，不得不保留大量容錯指令，而 RISC-V 沒有這種歷史包袱，這造就了 RISC-V 的主要特性——精簡，基本指令僅有 40 多個。

RISC-V 的另一個主要特性是模組化設計，RISC-V 將指令集分為基本指令集和若干擴充指令集。基本指令集是 CPU 必須要支援的，擴充指令集是可選項。模組化設計的優勢是靈活性高、可擴充性強，CPU 設計者可以根據 CPU 性能和功耗需求，靈活地選擇支援基本指令集和某個或某幾個擴充指令集，從而可以透過一套統一的指令集架構滿足各種不同應用場景的需求，例如從嵌入式 CPU 到伺服器 CPU。

RISC-V 指令集是完全開放原始碼的，採用寬鬆的柏克萊軟體套件 (Berkeley Software Distribution，BSD) 協定，因而被稱為硬體領域的 Linux。2015 年，RISC-V 的幾位設計者發起並成立了非營利性組織 RISC-V 基金會，旨在建立一個開放、合作的軟硬體創新社區，聯合基金會成員一起推動 RISC-V 生態系統的發展，吸引了許多科學研究院校、知名企業加入。2020 年，RISC-V 基金會總部從美國遷移至瑞士。RISC-V 基金會不收取授權費，允許任何人免費使用 RISC-V 指令集設計和製造 RISC-V CPU，也允許增加自訂擴充指令而不必開放原始碼。

在生態方面，RISC-V 基金會已經提供了完整的開放原始碼工具鏈，包括軟體開發環境和開發工具、編譯器、模擬器、偵錯工具、Linux 支援等。目前已經有許多開放原始碼的和商用的基於 RISC-V 指令集的 CPU 實現。RISC-V 基金會成員和許多參與者都在積極貢獻和不斷完善 RISC-V 生態環境。

x86 統治了個人電腦時代，ARM 主導了行動網際網路時代，即將到來的人工智慧和物聯網時代，會不會是 RISC-V 的機會？

1.2 RISC-V 指令集簡介

RISC-V 是一種開放的精簡指令集架構，相比於其他指令集，RISC-V 指令集完全開放原始碼，可以被使用者和企業擴充實現訂製化晶片，具有以下的特點。

(1) 完全開放原始碼。使用者可以自由使用 RISC-V 指令集設計訂製化晶片而不需要支付費用。

(2) 架構簡單。商業化的 x86 架構和 ARM 架構為了保證舊版相容性不得不保留很多過時定義，導致指令集數目多且容錯。RISC-V 架構的基礎指令集只有 40 多筆。

(3) 指令集模組化。RISC-V 提供了基本指令和擴充指令，如支援 32 個通用整數暫存器的 I 型指令，支援單 / 雙精度的 F/D 型指令集和壓縮指令等，使用者可以靈活地選擇不同的組合滿足各種不同的場景。

(4) 指令編碼規整。RISC-V 指令集編碼比較規整，指令解碼方便簡單。

(5) 生態升級。RISC-V 社區提供了生態開放，包括編譯工具和模擬工具等。

雖然 RISC-V 指令集出現較晚，但由於其特有的開放原始碼模式及開放生態，得到許多晶片設計公司的青睞，未來這種開放的系統結構如果能取得成功，將最終打破晶片製造設計行業的專利門檻，促進晶片產業的蓬勃發展。

1.3 RISC-V 基礎指令集

RISC-V 基礎指令集包含**基礎指令集** (Base Instruction Set，BIS) 和**擴充指令集** (Extension Instruction Set，EIS)，如圖 1.1 所示。根據指令描述符號的不同，RISC-V 基礎指令集又分為 32 位元整數指令集 (RV32I)、32 位元嵌入式指令集 (RV32E)、64 位元整數指令集 (RV64I) 和 128 位元整數指令集 (RV128I)。擴充指令集包括乘除法指令集、單精度浮點指令集、雙精度浮點指令集、控制與狀態指令集、壓縮指令集、原子指令集及未來可擴充指令集等。

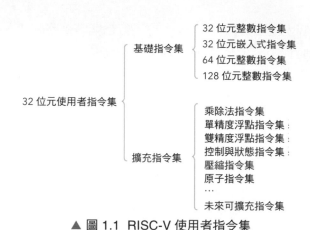

▲ 圖 1.1　RISC-V 使用者指令集

RISC-V 32 位元基礎指令集 (RV32I) 按照命名規則分為 6 種格式。

(1) 暫存器 - 暫存器操作 R 類型指令。

(2) 短立即數和存取記憶體 load 操作 I 類型指令。

(3) 存取記憶體 store 操作 S 類型指令。

(4) 條件跳躍 B 類型指令。

(5) 長立即數 U 類型指令。

(6) 無條件跳躍 J 類型指令。

　　圖 1.2 所示為不同類型的指令格式。RV32I 所有的指令都是 32 位元固定長度，指令在記憶體中必須滿足 4 位元組邊界對齊。為了簡化指令解碼，RISC-V ISA 架構將來源暫存器 rs1、rs2 和目的暫存器 rd 固定在同樣的位置。

31 30 ~ 26 25	24 ~ 21 20	19 ~ 15	14 ~ 12	11 ~ 8 7	6 ~ 0	指令類型
funct7	rs2	rs1	funct3	rd	opcode	R-type
imm[11:0]		rs1	funct3	rd	opcode	I-type
imm[11:5]	rs2	rs1	funct3	imm[4:0]	opcode	S-type
imm[12] imm[10:5]	rs2	rs1	funct3	imm[4:1] imm[11]	opcode	B-type
imm[31:12]				rd	opcode	U-type
imm[20] imm[10:1]	imm[11]	imm[19:12]		rd	opcode	J-type

▲ 圖 1.2　RISC-V 基本指令格式

　　本節主要講解基礎整數指令集幾種常見的算術與邏輯操作指令、控制轉移指令、記憶體存取指令、控制和狀態指令集。RV32I 指令如圖 1.3 所示。

▲ 圖 1.3 RV32I 指令圖

圖 1.3 中把附帶底線的字母從左到右連接組成 RV32I 指令，大括號表示集合中垂直方向上每個類別是指令的變形。集合中的底線表示不包含這個類別字母的集合也是一個指令名稱。如圖 1.3 中 load & store 目錄下表示以下指令：lb、lh、lw、sb、sh、sw、lbu、lhu。

相比於 x86-32 的 8 個暫存器和 ARM-32 的 16 個暫存器，RISC-V 有 32 個通用整數暫存器和 32 個浮點暫存器如表 1.1 所示。

▼ 表 1.1 通用整數暫存器和浮點暫存器

暫存器	介面名稱	描述	被呼叫者是否保留
x0	zero	強制寫入零暫存器	—
x1	ra	返回位址	否
x2	sp	堆疊位址	是
x3	gp	全域指標	—
x4	tp	執行緒指標	—
x5	t0	臨時暫存器 / 備用連結暫存器	否
x6	t1	臨時暫存器	否

暫存器	介面名稱	描述	被呼叫者是否保留
x7	t2	臨時暫存器	否
x8	s0	儲存暫存器 / 呼叫堆疊的幀指標	是
x9	s1	儲存暫存器	是
x10~11	a0~1	函數參數 / 傳回值	否
x12~17	a2~7	函數參數	否
x18~27	s2~11	儲存暫存器	是
x28~31	t3~6	臨時暫存器	否
f0~7	ft0~7	浮點臨時暫存器	否
f8~9	fs0~1	浮點儲存暫存器	是
f10~11	fa0~1	浮點參數 / 傳回值	否
f12~17	fa2~7	浮點參數	否
f18~27	fs2~11	浮點儲存暫存器	是
f28~31	ft8~11	浮點臨時暫存器	否

1.3.1 算術與邏輯操作指令

算術與邏輯操作指令分為 R 類型指令、I 類型整數運算指令和 U 類型整數運算指令。

1. R 類型指令

R 類型指令主要有簡單的算術指令 (add、sub)、邏輯指令 (and、or、xor)、移位指令 (sll、srl、sra) 和比較指令 (slt、sltu)，指令格式如表 1.2 所示。

▼ 表 1.2 R 類型指令格式

31~25	24~20	19~15	14~12	11~7	6~0	位元 / 指令
0000000	rs2	rs1	000	rd	0110011	add
0100000	rs2	rs1	000	rd	0110011	sub
0000000	rs2	rs1	001	rd	0110011	sll
0000000	rs2	rs1	010	rd	0110011	slt

31~25	24~20	19~15	14~12	11~7	6~0	位元 / 指令
0000000	rs2	rs1	011	rd	0110011	sltu
0000000	rs2	rs1	100	rd	0110011	xor
0000000	rs2	rs1	101	rd	0110011	srl
0100000	rs2	rs1	101	rd	0110011	sra
0000000	rs2	rs1	110	rd	0110011	or
0000000	rs2	rs1	111	rd	0110011	and

R 類型指令用於暫存器 - 暫存器的操作。表 1.3 對 R 類型指令進行了說明。

▼ 表 1.3 R 類型指令說明

指令類型	指令操作	指令描述	指令說明
add	addrd,rs1,rs2	x(rd)=x(rs1)+x(rs2)	rs1 與 rs2 暫存器的值相加 , 結果存入 rd 暫存器 , 捨棄溢位位元
sub	subrd,rs1,rs2	x(rd)=x(rs1)-x(rs2)	rs1 與 rs2 暫存器的值相減 , 結果存入 rd 暫存器 , 捨棄溢位位元 , 保留低 32 位
and	andrd,rs1,rs2	x(rd)=x(rs1)&x(rs2)	rs1 與 rs2 暫存器的值逐位元與 , 結果存入 rd 暫存器
or	orrd,rs1,rs2	x(rd)=x(rs1)|x(rs2)	rs1 與 rs2 暫存器的值逐位元或 , 結果存入 rd 暫存器
xor	xorrd,rs1,rs2	x(rd)=x(rs1)^x(rs2)	rs1 與 rs2 暫存器的值逐位元互斥 , 結果存入 rd 暫存器
sll	sllrd,rs1,rs2	x(rd)=x(rs1)<<ux(rs2)	rs1 暫存器的值向左邏輯移位 ,rs2 暫存器的值為移位數 , 高位元補零 , 結果存入 rd 暫存器
srl	srlrd,rs1,rs2	x(rd)=x(rs1)>>ux(rs2)	rs1 暫存器的值向右邏輯移位 ,rs2 暫存器的值為移位數 , 高位元補零 , 結果存入 rd 暫存器
sra	srard,rs1,rs2	x(rd)=x(rs1)>>>sx(rs2)	rs1 暫存器的值向右算術移位 ,rs2 暫存器的值為移位數 , 高位元補符號位元 , 結果存入 rd 暫存器
slt	sltrd,rs1,rs2	x(rd)=(x(rs1)<x(rs2))?1:0	rs1 與 rs2 暫存器的值作為有號數進行比較 , 若 rs1 暫存器的值小於 rs2 暫存器的值 , 結果為 1, 否則為 0, 結果存入 rd 暫存器

指令類型	指令操作	指令描述	指令說明
sltu	slturd,rs1,rs2	x(rd)=(x(rs1)<x(rs2))? 1:0	rs1 與 rs2 暫存器的值作為無號數進行比較，若 rs1 暫存器的值小於 rs2 暫存器的值，結果為 1，否則為 0，結果存入 rd 暫存器

　　類型整數運算指令主要用於對暫存器和短立即數的操作，主要有 addi、slti、sltiu、xori、ori、andi、slli、srli、srai 指令，scrrci、scrrsi、scrrwi 等指令在 1.3.4 節說明。I 類型整數運算指令格式如表 1.4 所示。

▼ 表 1.4　I 類型整數運算指令格式

31~25	24~20	19~15	14~12	11~7	6~0	位元 / 指令
imm[11:0]		rs1	000	rd	0010011	addi
imm[11:0]		rs1	010	rd	0010011	slti
imm[11:0]		rs1	011	rd	0010011	sltiu
imm[11:0]		rs1	100	rd	0010011	xori
imm[11:0]		rs1	110	rd	0010011	ori
imm[11:0]		rs1	111	rd	0010011	andi
0000000	shamt[4:0]	rs1	001	rd	0010011	slli
0000000	shamt[4:0]	rs1	101	rd	0010011	srli
0100000	shamt[4:0]	rs1	101	rd	0010011	srai

　　表 1.5 對 I 類型整數運算指令進行了說明。

▼ 表 1.5　I 類型整數運算指令說明

指令類型	指令操作	指令描述	指令說明
addi	addird,rs1,imm[11:0]	x(rd)=x(rs1)+sext(imm[11:0])	rs1 暫存器的值與有號擴充的立即數相加，結果存入 rd 暫存器
slti	sltird,rs1,imm[11:0]	x(rd)= (x(rs1)<sext(imm[11:0]))? 1:0	rs1 暫存器的值與有號擴充的立即數進行有號數比較，若小於，結果為 1，否則為 0，結果存入 rd 暫存器

指令類型	指令操作	指令描述	指令說明
sltiu	sltiurd,rs1,imm [11: 0]	x(rd)= (x(rs1)<sext(imm[11:0]))? 1:0	rs1 暫存器的值與有號擴充的立即數進行無號數比較，若小於，結果為 1，否則為 0，結果存入 rd 暫存器
xori	xorird,rs1,imm[11:0]	x(rd)=x(rs1)^sext(imm[11:0])	rs1 暫存器的值與有號擴充的立即數逐位元互斥，結果存入 rd 暫存器
ori	orird,rs1,imm[11:0]	x(rd)=x(rs1)|sext(imm[11:0])	rs1 暫存器的值與有號擴充的立即數按位元或，結果存入 rd 暫存器
andi	andird,rs1,imm[11:0]	x(rd)=x(rs1)&sext(imm[11:0])	rs1 暫存器的值與有號擴充的立即數按位元與，結果存入 rd 暫存器
slli	sllird,rs1,shamt[4:0]	x(rd)=sext(x(rs1)<<ushamt[4:0])	rs1 暫存器的值向左邏輯移位，低位元補零，結果存入 rd 暫存器
srli	srlird,rs1,shamt[4:0]	x(rd)=sext(x(rs1)<<ushamt[4:0])	rs1 暫存器的值向右邏輯移位，低位元補零，結果存入 rd 暫存器
srai	sraird,rs1,shamt[4:0]	x(rd)=sext(x(rs1)>>>sshamt[4:0])	rs1 暫存器的值向右算術移位，高位元補符號位元，結果存入 rd 暫存器

3. U 類型整數運算指令

U 類型整數運算指令主要有 lui 和 auipc 指令，指令格式如表 1.6 所示。

▼ 表 1.6 U 類型整數運算指令格式

31~25	24~20	19~15	14~12	11~7	6~0	位元 / 指令
imm[31:12]				rd	0110111	lui
imm[31:12]				rd	0010111	auipc

表 1.7 對 U 類型整數運算指令進行了說明，其中 PC(Prgram Counter) 為程式計數器。

▼ 表 1.7　U 類型整數運算指令說明

指令類型	指令操作	指令描述	指令說明
lui	luird,imm[31:12]	x(rd)=sext(imm[31:12]<< 12)	將立即數高 20 位元進行有號擴充後邏輯左移 12 位元，結果存入 rd 暫存器
auipc	auipcrd,imm[31:12]	x(rd)=sext(imm[31:12]<< 12)+PC	將立即數高 20 位元進行有號擴充後邏輯左移 12 位元，然後與當前 PC 值相加，結果存入 rd 暫存器

1.3.2　控制轉移指令

控制轉移指令包含 B 類型條件跳躍指令集和 J 類型無條件跳躍指令集。

1. B 類型條件跳躍指令

B 類型指令為條件跳躍指令，跳躍位址為 12 位元有號立即數乘以 2，然後與 PC 值相加所得，即 PC+={imm[12:1],1'b0}，該指令可跳躍前後 4KB 的位址空間。B 類型指令主要由 beq、bne、blt、bge、bltu 和 bgeu 等指令組成，指令格式如表 1.8 所示。

▼ 表 1.8　B 類型條件跳躍指令格式

31~25	24~20	19~15	14~12	11~7	6~0	位元 / 指令
imm[12|10:5]	rs2	rs1	000	imm[4:1|11]	1100011	beq
imm[12|10:5]	rs2	rs1	001	imm[4:1|11]	1100011	bne
imm[12|10:5]	rs2	rs1	100	imm[4:1|11]	1100011	blt
imm[12|10:5]	rs2	rs1	101	imm[4:1|11]	1100011	bge
imm[12|10:5]	rs2	rs1	110	imm[4:1|11]	1100011	bltu
imm[12|10:5]	rs2	rs1	111	imm[4:1|11]	1100011	bgeu

表 1.9 對 B 類型條件跳躍進行了指令說明。

▼ 表 1.9 B 類型條件跳躍指令說明

指令類型	指令操作	指令描述	指令說明
beq	beqrs1,rs2,imm[11:0]	if(x(rs1)==x(rs2)) PC+=sext(offset)	若 rs1 和 rs2 暫存器的值相等，則 PC 值為當前值與有號擴充立即數的和
bne	bners1,rs2,imm[11:0]	if(x(rs1)!=x(rs2)) PC+=sext(offset)	若 rs1 和 rs2 暫存器的值不相等，則 PC 值為當前值與有號擴充立即數的和
blt	bltrs1,rs2,imm[11:0]	if(x(rs1)<x(rs2)) PC+=sext(offset)	若 rs1 暫存器值小於有號 rs2 暫存器的值，則 PC 值為當前值與有號擴充立即數的和
bge	bgers1,rs2,imm[11:0]	if(x(rs1)>=x(rs2)) PC+=sext(offset)	若 rs1 暫存器值大於或等於有號 rs2 暫存器的值，則 PC 值為當前值與有號擴充立即數的和
bltu	blturs1,rs2,imm[11:0]	if(x(rs1)<x(rs2)) PC+=sext(offset)	若 rs1 暫存器值小於無號 rs2 暫存器的值，則 PC 值為當前值與有號擴充立即數的和
bgeu	bgeurs1,rs2,imm[11:0]	if(x(rs1)>=x(rs2)) PC+=sext(offset)	若 rs1 暫存器值大於或等於無號 rs2 暫存器的值，則 PC 值為當前值與有號擴充立即數的和

2. J 類型無條件跳躍指令

J 類型指令為無條件跳躍，即一定會發生跳躍，主要有 jal、jalr 指令，指令格式如表 1.10 所示。

▼ 表 1.10 J 類型無條件跳躍指令格式

31~25	24~20	19~15	14~12	11~7	6~0	位元 / 指令
imm[20|10:1|11|19:12]				rd	1101111	jal
imm[11:0]		rs1	000	rd	1100111	jalr

表 1.11 對 J 類型無條件跳躍指令進行了說明。

▼ 表 1.11　J 類型無條件跳躍指令說明

指令類型	指令操作	指令描述	指令說明
jal	jalrd,offset	x(rd)=PC+4; PC+ =sext({offset[20:1],1'b0})	首先將下一行指令 PC 值存入 rd 暫存器，當前 PC 值與立即數值的 2 倍相加得到新的 PC 值
jalr	jalrrd,offset(rs1)	x(rd)=PC+4; PC=(x(rs1)+sext(offset[11:0]))& (~'h1)	首先將下一行指令 PC 值存入 rd 暫存器，rs1 暫存器的值和有號擴充的立即數相加得到新的 PC 值，新的 PC 值最高位元清零

1.3.3　記憶體存取指令

記憶體存取指令分為 I 類型記憶體 load 指令和 S 類型記憶體 store 指令。

1. I 類型記憶體 load 指令

I 類型記憶體 load 指令進行記憶體讀取操作，存取記憶體的位址均為 x(rs1)+sext(offset[11:0]),主要有 lb、lh、lw、lbu 和 lhu 指令，指令格式如表 1.12 所示。

表 1.13 對 I 類型記憶體 load 指令進行了說明。

▼ 表 1.12　I 類型記憶體 load 指令格式

31~25	24~20	19~15	14~12	11~7	6~0	位元 / 指令
offset[11:0]		rs1	000	rd	0000011	lb
offset[11:0]		rs1	001	rd	0000011	lh
offset[11:0]		rs1	010	rd	0000011	lw
offset[11:0]		rs1	100	rd	0000011	lbu
offset[11:0]		rs1	101	rd	0000011	lhu

▼ 表 1.13 I 類型記憶體 load 指令說明

指令類型	指令操作	指令描述	指令說明
lb	lbrd,offset(rs1)	x(rd)=sext(M(x(rs1)+ sext(offset))[7:0])	offset 有號擴充後與 rs1 暫存器的值相加作為位址,從該位址讀取低 8 位元資料,經過有號擴充後存入 rd 暫存器
lh	lhrd,offset(rs1)	x(rd)=sext(M(x(rs1)+ sext(offset))[15:0])	offset 有號擴充後與 rs1 暫存器的值相加作為位址,從該位址讀取低 16 位元資料,經過有號擴充後存入 rd 暫存器
lw	lwrd,offset(rs1)	x(rd)=sext(M(x(rs1)+ sext(offset))[31:0])	offset 有號擴充後與 rs1 暫存器的值相加作為位址,從該位址讀取 32 位元資料,經過有號擴充後存入 rd 暫存器
lbu	lburd,offset(rs1)	x(rd)=M(x(rs1)+ sext(offset))[7:0]	offset 有號擴充後與 rs1 暫存器的值相加作為位址,從該位址讀取低 8 位元資料,經過高位元補零後存入 rd 暫存器
lhu	lhurd,offset(rs1)	x(rd)=M(x(rs1)+ sext(offset))[15:0]	offset 有號擴充後與 rs1 暫存器的值相加作為位址,從該位址讀取低 16 位元資料,經過高位元補零後存入 rd 暫存器

2. S 類型記憶體 store 指令

S 類型記憶體 store 指令進行記憶體寫入操作,存取記憶體的位址均為 x(rs1)+sext(imm[11:0]),主要有 sb、sh 和 sw 指令,指令格式如表 1.14 所示。

▼ 表 1.14 S 類型記憶體 store 指令格式

31~25	24~20	19~15	14~12	11~7	6~0	位元 / 指令
imm[11:5]	rs2	rs1	000	imm[4:0]	0100011	sb
imm[11:5]	rs2	rs1	001	imm[4:0]	0100011	sh
imm[11:5]	rs2	rs1	010	imm[4:0]	0100011	sw

表 1.15 描述了 S 類型指令操作、指令描述、指令說明等內容。

▼ 表 1.15　S 類型記憶體 store 指令說明

指令類型	指令操作	指令描述	指令說明
sb	sbrs2,offset(rs1)	M(x(rs1)+sext(offset[11:0]))=x(rs2)[7:0]	offset 有號擴充後與 rs1 暫存器的值相加作為位址 , 將 rs2 暫存器中低 8 位元資料寫入該位址
sh	shrs2,offset(rs1)	M(x(rs1)+sext(offset[11:0]))=x(rs2)[15:0]	offset 有號擴充後與 rs1 暫存器的值相加作為位址 , 將 rs2 暫存器中低 16 位元資料寫入該位址
sw	swrs2,offset(rs1)	M(x(rs1)+sext(offset[11:0]))=x(rs2)[31:0]	offset 有號擴充後與 rs1 暫存器的值相加作為位址 , 將 rs2 暫存器中 32 位元資料寫入該位址

1.3.4 控制和狀態指令

　　RISC-V 中除了有記憶體和通用暫存器，還有獨立的控制和狀態暫存器 (Control Status Register，CSR) 用於設定或記錄執行時期的狀態，CSR 作為處理器核心的暫存器使用專有的 12 位元位址編碼空間。RISC-V 中定義了 6 行存取 CSR 的指令，分別是 csrrw、csrrs、csrrc、csrrwi、csrrsi 和 csrrci，用於讀寫 CSR。控制和狀態指令格式如表 1.16 所示。

▼ 表 1.16　控制和狀態指令格式

31~25	24~20	19~15	14~12	11~7	6~0	位元 / 指令
csr		rs1	001	rd	1110011	csrrw
csr		rs1	010	rd	1110011	csrrs
csr		rs1	011	rd	1110011	csrrc
csr		zimm	101	rd	1110011	csrrwi
csr		zimm	110	rd	1110011	csrrsi
csr		zimm	111	rd	1110011	csrrci

　　表 1.17 對控制和狀態指令進行了說明。

▼ 表 1.17 控制和狀態指令說明

指令類型	指令操作	指令描述	指令說明
csrrw	csrrwrd,csr,rs1	x(rd)=CSR(csr); CSR(csr)=x(rs1);	完成兩項操作：將 csr 索引的 CSR 值讀出並寫回結果暫存器 rd 中；將運算元暫存器 rs1 中的值寫入 csr 索引的 CSR 中
csrrs	csrrsrd,csr,rs1	var=CSR(csr);x(rd)=var; CSR(csr)=x(rs1)|var	完成兩項操作：將 csr 索引的 CSR 值讀出並寫回結果暫存器 rd 中；以暫存器 rs1 值逐位元為參考，如果 rs1 中的值某位元為 1，則將 csr 索引的 CSR 中對應的位置 1，其他位元不受影響
csrrc	csrrcrd,csr,rs1	var=CSR(csr);x(rd)=var; CSR(csr)=~x(rs1)&var	完成兩項操作：將 csr 索引的 CSR 值讀出並寫回結果暫存器 rd 中；以暫存器 rs1 值逐位元為參考，如果 rs1 中的值某位元為 1，則將 csr 索引的 CSR 中對應的位元清零，其他位元不受影響
csrrwi	csrrwird,csr,zimm[4:0]	x(rd)= CSR(csr); CSR(csr)=zimm[4:0];	完成兩項操作：將 csr 索引的 CSR 值讀出並寫回結果暫存器 rd 中將 5 位元立即數 (高位元補 0 擴充) 值寫入 csr 索引的 CSR
csrrsi	csrrsird,csr,zimm[4:0]	var= CSR(csr); x(rd)=var; CSR(csr)=zimm[4:0]|var	完成兩項操作：將 csr 索引的 CSR 值讀出並寫回結果暫存器 rd 中以 5 位元立即數 (高位元補 0 擴充) 值逐位元為參考，如果該值某位元為 1，則將 csr 索引 CSR 對應位置 1，其他位元不受影響
csrrci	csrrcird,csr,zimm[4:0]	var= CSR(csr); x(rd)=var; CSR(csr)=~zimm[4:0]&var	完成兩項操作：將 csr 索引 CSR 值讀出並寫回結果暫存器 rd 中；以 5 位元立即數 (高位元補 0 擴充) 值逐位元為參考，如果該值某位元為 1，則將 csr 索引 CSR 對應位元清零，其他位元不受影響

1.4　RISC-V 擴充指令集

RISC-V 指令集架構使用模組化的組織方式，如 RV32I，還有本節內容將要介紹的幾種具有代表性的指令集模組。

(1) 支援整數乘除法的 M 型指令集模組。

(2) 支援儲存原子操作的 A 型指令集模組。

(3) 壓縮指令的 C 型指令集模組。

(4) 支援單精度浮點的 F 型指令集模組。

(5) 支援雙精度浮點的 D 型指令集模組。

RISC-V 指令集架構要求強制執行的指令集為 I 型基本整數指令集，其他的指令集作為可選的標準擴充模組，使用者可以選擇 I 型指令集模組和擴充指令集的或多個模組組合，如上述模組的萬用群組合表示為 RV32IMAFD，也可以用 RV32G 表示。

1.4.1　RV32M 整數乘除法指令

RISC-V 根據乘數和被乘數是否為有號數和無號數，以及結果的截斷範圍的差異，定義了 4 行乘法指令，乘法指令格式如表 1.18 所示。

▼ 表 1.18　乘法指令格式

31~25	24~20	19~15	14~12	11~7	6~0	位元 / 指令
0000001	rs2	rs1	000	rd	0110011	mul
0000001	rs2	rs1	001	rd	0110011	mulh
0000001	rs2	rs1	010	rd	0110011	mulhsu
0000001	rs2	rs1	011	rd	0110011	mulhu

表 1.19 對整數乘法指令進行了說明。

RISC-V 根據除數和被除數是否為有號數和無號數，以及求商或求餘數，定義了 4 行除法指令，除法指令格式如表 1.20 所示。

▼ 表 1.19 乘法指令說明

指令類型	指令操作	指令描述	指令說明
mul	mulrd,rs1,rs2	x(rd)=x(rs1)*x(rs2)	暫存器 rs1、rs2 值當作有號數相乘，結果的低 32 位元寫入暫存器 rd
mulh	mulhrd,rs1,rs2	x(rd)=x(rs1)*x(rs2)	暫存器 rs1、rs2 值當作有號數相乘，結果的高 32 位元寫入暫存器 rd
mulhsu	mulhsurd,rs1,rs2	x(rd)=x(rs1)*x(rs2)	兩個暫存器值分別當作有號數和無號數相乘，結果高 32 位元寫入暫存器 rd
mulhu	mulhurd,rs1,rs2	x(rd)=x(rs1)*x(rs2)	暫存器 rs1、rs2 值當作無號數相乘，結果的高 32 位元寫入暫存器 rd

▼ 表 1.20 除法指令格式

31~25	24~20	19~15	14~12	11~7	6~0	位元 / 指令
0000001	rs2	rs1	100	rd	0110011	div
0000001	rs2	rs1	101	rd	0110011	divu
0000001	rs2	rs1	110	rd	0110011	rem
0000001	rs2	rs1	111	rd	0110011	remu

表 1.21 對除法指令進行了說明。

▼ 表 1.21 除法指令說明

指令類型	指令操作	指令描述	指令說明
div	divrd,rs1,rs2	x(rd)=x(rs1)/x(rs2)	暫存器 rs1、rs2 值當作有號數相除，結果寫入暫存器 rd
divu	divurd,rs1,rs2	x(rd)=x(rs1)/x(rs2)	暫存器 rs1、rs2 值當作無號數相除，結果寫入暫存器 rd
rem	remrd,rs1,rs2	x(rd)=x(rs1)%x(rs2)	暫存器 rs1、rs2 值當作有號數進行求餘，餘數寫入暫存器 rd
remu	remurd,rs1,rs2	x(rd)=x(rs1)%x(rs2)	暫存器 rs1、rs2 值當作無號數進行求餘，餘數寫入暫存器 rd

1.4.2　RV32A 原子指令

RISC-V 指令集架構定義的原子指令有兩種操作類型：載入保留 (Load Reserved)/ 條件儲存 (Store Conditional) 操作和原子記憶體 (Atomic Memory Operation,AMO) 操作。

1. 載入保留 / 條件儲存指令

載入保留 / 條件儲存指令格式如表 1.22 所示。

▼ 表 1.22　載入保留 / 條件儲存指令格式

31~25			24~20	19~15	14~12	11~7	6~0	位元 / 指令
00010	aq	rl	00000	rs1	010	rd	0101111	lr.w
00011	aq	rl	rs2	rs1	010	rd	0101111	sc.w

表 1.23 對載入保留 / 條件儲存指令進行了說明。

▼ 表 1.23　載入保留 / 條件儲存指令說明

指令類型	指令操作	指令描述	指令說明
lr.w	lr.wrd,rs1	x(rd)= load _ reserved (M (x (rs1)))	從記憶體中位址為 x(rs1) 位置載入 4 位元組，符號位元擴充後寫入 x(rd)，並對記憶體字註冊保留
sc.w	sc.wrd,rs2,rs1	x(rd)=store_conditional(M (x (rs1)),x(rs2))	將暫存器 rs2 值寫入記憶體 (記憶體位址為暫存器 rs1 值)，如果執行成功，則向位址 rd 暫存器寫入 0, 否則寫入一個非 0 的錯誤碼

判斷指令 sc.w 中記憶體寫入成功的條件如下。

(1) lr 和 sc 指令成對地存取相同的位址。

(2) lr 和 sc 指令之間沒有任何其他的寫入操作存取過相同的位址。

(3) lr 和 sc 指令之間沒有任何中斷和異常。

(4) lr 和 sc 指令之間沒有執行 mret 指令。

2. 原子記憶體操作指令

原子記憶體操作指令用於從記憶體 (記憶體位址為暫存器 rs1 值) 讀出資料，儲存到暫存器 rd 中，並且將讀出的資料與暫存器 rs2 值進行計算，再將計算後的結果寫回相同位址的記憶體中。原子記憶體操作指令要求整個「讀─算─寫」過程必須為原子操作，即整個「讀─算─寫」過程必須能夠保證完成，在讀出和寫回之間的間隙，記憶體的該位址不能被其他的處理程序存取。原子記憶體操作指令格式如表 1.24 所示。

▼ 表 1.24 原子記憶體操作指令格式

31~25			24~20	19~15	14~12	11~7	6~0	位元 / 指令
00001	aq	rl	rs2	rs1	010	rd	0101111	amoswap.w
00000	aq	rl	rs2	rs1	010	rd	0101111	amoadd.w
00100	aq	rl	rs2	rs1	010	rd	0101111	amoxor.w
01100	aq	rl	rs2	rs1	010	rd	0101111	amoand.w
01000	aq	rl	rs2	rs1	010	rd	0101111	amoor.w
10000	aq	rl	rs2	rs1	010	rd	0101111	amomin.w
10100	aq	rl	rs2	rs1	010	rd	0101111	amomax.w
11000	aq	rl	rs2	rs1	010	rd	0101111	amominu.w
11100	aq	rl	rs2	rs1	010	rd	0101111	amomaxu.w

原子記憶體操作指令格式均為 R 型，指令操作均為 < 原子指令 > rd，rs2，rs1。表 1.25 對原子記憶體操作指令進行了說明。

▼ 表 1.25 原子記憶體操作指令說明

指令類型	指令操作	指令描述	指令說明
amoswap.w	amoswap.wrd,rs1,rs2	x(rd)= AMO (M (swap (x (rs1),x(rs2))))	將讀出的資料與暫存器 rs2 值互換 , 結果寫回記憶體
amoadd.w	amoadd.wrd,rs1,rs2	x(rd)= AMO(M (x(rs1)+x (rs2)))	將讀出的資料與暫存器 rs2 值進行加法運算
amoxor.w	amoxor.wrd,rs1,rs2	x(rd)= AMO (M (x(rs1)^x (rs2)))	將讀出的資料與暫存器 rs2 值進行互斥運算

指令類型	指令操作	指令描述	指令說明
amoand.w	amoand.wrd,rs1,rs2	x(rd)= AMO(M (x(rs1)&x (rs2)))	將讀出的資料與暫存器 rs2 值進行與運算
amoor.w	amoor.wrd,rs1,rs2	x(rd)= AMO(M (x(rs1)|x (rs2)))	將讀出的資料與暫存器 rs2 值進行或運算
amomin.w	amomin.wrd,rs1,rs2	x(rd)=AMO(M(min(x(rs1), x(rs2))))	將讀出的資料與暫存器 rs2 值取最小值，有號數運算
amomax.w	amomax.wrd,rs1,rs2	x(rd)=AMO(M(max(x(rs1), x(rs2))))	將讀出的資料與暫存器 rs2 值取最大值，有號數運算
amominu.w	amominu.wrd,rs1,rs2	x(rd)=AMO(M(min(x(rs1), x(rs2))))	將讀出的資料與暫存器 rs2 值取最小值，無號數運算
amomaxu.w	amomaxu.wrd,rs1,rs2	x(rd)=AMO(M(max(x(rs1), x(rs2))))	將讀出的資料與暫存器 rs2 值取最大值，無號數運算

1.4.3　RV32C 壓縮指令

　　RISC-V 擴充了一種標準壓縮指令集，被命名為 C，壓縮指令可以增加到任何的基本 ISA 上，透過對常用操作加入短的 16 位元指令編碼，可以減少靜態和動態程式尺寸。壓縮指令的設計理念在於為嵌入式應用程式提高程式密度，以提高應用程式的性能和功耗效率。在一般情況下，程式中 50% ～ 60% 的 RISC-V 指令可以被壓縮指令集代替，可以節約 25% ～ 30% 程式空間。表 1.26 所示為 9 種 16 位元壓縮指令格式。

▼ 表 1.26　9 種 16 位元壓縮指令格式

15~13	12	11~10	9~7	6~4	3~2	1~0	位元 / 指令格式	格式含義
funct4		rd/rs1		rs2		op	cr	暫存器
funct3	imm	rd/rs1		imm		op	ci	立即數
funct3	imm			rs2		op	css	堆疊相關 store
funct3	imm				rd'	op	ciw	寬立即數
funct3	imm		rs1'	imm	rd'	op	cl	load
funct3	imm		rs1'	imm	rs2'	op	cs	store
funct6			rd'/rs1'	funct2	rs2'	op	ca	算術
funct3	offset		rs1'		offset	op	cb	分支
funct3	jumptarget					op	cj	跳躍

表 1.26 中的 cr、ci 和 css 指令格式可以使用所有 32 個 RV32I 暫存器,而 ciw、cl、cs、ca、cb 被限制只能使用所有 32 個暫存器中的 8 個暫存器。壓縮浮點 load 和 store 也分別使用 cl 和 cs 格式,8 個暫存器映射到 f8 ~ f15。表 1.27 舉出了這些暫存器的對應關係,其中 ABI(Application Binary Interface) 為二進位介面。

▼ 表 1.27　壓縮指令格式中 rs1'、rs2' 和 rd' 指向的暫存器

RV32C 暫存器編號	000	001	010	011	100	101	110	111
整數暫存器編號	x8	x9	x10	x11	x12	x13	x14	x15
整數暫存器 ABI 名	s0	s1	a0	a1	a2	a3	a4	a5
浮點暫存器編號	f8	f9	f10	f11	f12	f13	f14	f15
浮點暫存器 ABI 名	fs0	fs1	fa0	fa1	fa2	fa3	fa4	fa5

1. load 和 store 指令

1) 基於堆疊指標的 load 指令

指令格式參考表 1.26 立即數 ci 指令格式。表 1.28 對 RV32C 堆疊指標 (Stack Point,SP) 的 load 指令進行了說明。

▼ 表 1.28 堆疊指標的 load 指令說明

指令類型	指令操作	指令描述	指令說明
cl.wsp	cl.wsprd,uimm(x2)	x(rd)=sext(M(x(2)+ uimm)[31:0])	堆疊指標相關字載入,將一個 32 位數值從記憶體讀取暫存器 rd 中。記憶體有效位址為零擴充偏移量乘 4(即左移 2 位元),再加上堆疊指標 x2
c.flwsp	c.flwsprd,uimm(x2)	f(rd)=sext(M(x(2)+ uimm)[31:0])	堆疊指標相關浮點字載入,是 RV32FC 指令,將一個單精度浮點數從記憶體讀取暫存器 rd,記憶體有效位址為零擴充偏移量乘 4,再加上堆疊指標 x2
cf.ldsp	cf.ldsprd,uimm(x2)	f(rd)=sext(M(x(2)+ uimm)[63:0])	堆疊指標相關浮點雙字載入,是一行 RV32DC 僅有指令,將一個雙精度浮點數值從記憶體讀取浮點暫存器 rd 中,記憶體有效位址為立即數零擴充偏移量乘 8,再加上堆疊指標 x2

2) 基於堆疊指標的 store 指令

指令格式參考表 1.26 css 指令格式。表 1.29 對 RV32C 堆疊指標的 store 指令進行了說明。

▼ 表 1.29 堆疊指標的 store 指令說明

指令類型	指令操作	指令描述	指令說明
c.swsp	c.swsprs2,uimm(x2)	M(x(2)+uimm)[31:0]= x(rs2)	堆疊指標相關字儲存,將暫存器 rs2 中 32 位元值儲存到記憶體,記憶體有效位址為零擴充偏移量乘 4,再加上堆疊指標 x2
cf.swsp	c.fswsprs2,uimm(x2)	M(x(2)+uimm)[31:0]= f(rs2)	堆疊指針相關浮點字存儲,是 RV32FC 指令,將浮點暫存器 rs2 中的單精度浮點數值儲存到記憶體。記憶體有效位址為零擴充偏移量乘 4,再加上堆疊指標 x2
cf.sdsp	c.fsdsprs2,uimm(x2)	M(x(2)+uimm)[63:0]= f(rs2)	堆疊指標相關浮點雙字儲存,是 RV32DC 指令,將浮點暫存器 rs2 中的雙精度浮點數儲存到記憶體。記憶體有效位址為零擴充偏移量乘 8,再加上堆疊指標 x2

3) 基於暫存器的 load 指令

指令格式參考表 1.26 cl 指令格式。表 1.30 對 RV32C 暫存的器的 load 指令進行了說明。

▼ 表 1.30　暫存器的 load 指令說明

指令類型	指令操作	指令描述	指令說明
cl.w	cl.wrd',uimm(rs1')	x(8+rd')=sext(M(x(8+rs1')+uimm)[31:0])	字載入，將 32 位數值從記憶體讀取暫存器 rd'，記憶體有效位址為將零擴充的偏移量乘 4，再加上暫存器 rs1' 中的基址形式
cf.lw	cf.lwrd',uimm(rs1')	f(8+rd')=sext(M(x(8+rs1')+uimm)[31:0])	浮點字加載，是 RV32FC 僅有指令，將一個單精度浮點數值從記憶體讀取浮點暫存器 rd' 中，記憶體有效位址為零擴充的偏移量乘 4，再加上暫存器 rs1'+8 中的基址形式
cf.ld	cf.ldrd',uimm(rs1')	f(8+rd')=sext(M(x(8+rs1')+uimm)[63:0])	浮點雙字載入，是 RV32DC 僅有指令，將一個雙精度浮點數值從記憶體讀取浮點暫存器 rd' 中，記憶體有效位址為零擴充的偏移量乘 8，再加上暫存器 rs1' 中的基址形式

4) 基於暫存器的 store 指令

指令格式參考表 1.26 cs 指令格式。表 1.31 對 RV32C 暫存器的 store 指令進行了說明。

▼ 表 1.31　暫存器的 store 指令說明

指令類型	指令操作	指令描述	指令說明
c.sw	c.swrs2',uimm(rs1')	M(x(8+rs1')+uimm)[31:0]=x(8+rs2')	將 rs2' 暫存器中的 32 位元資料存入記憶體中，記憶體的有效位址由零擴充的 4 倍偏移加上 rs1' 暫存器的值獲得
cf.sw	cf.swrs2',uimm(rs1')	M(x(8+rs1')+uimm)[31:0]=f(8+rs2')	將 rs2' 浮點暫存器中的單精度浮點資料存入記憶體中，記憶體的有效位址由零擴充的 4 倍偏移加上 rs1' 暫存器的值獲得

指令類型	指令操作	指令描述	指令說明
cf.sd	c.fsdrs2',uimm(rs1')	M(x(8+rs1')+uimm)[63:0]=f(8+rs2')	將 rs2' 浮點暫存器中的雙精度浮點資料存入記憶體中，記憶體的有效位址由零擴充的 8 倍偏移加上 rs1' 暫存器的值獲得

2. 控制轉移指令

1) 無條件跳躍指令

RVC(RV32C) 提供無條件跳躍指令 c.j、c.jal(指令格式如表 1.26 cj 指令格式) 和 c.jr、c.jalr(指令格式如表 1.26 cr 指令格式)。表 1.32 對 RV32C 無條件跳躍指令進行了說明。

▼ 表 1.32　無條件跳躍指令說明

指令類型	指令操作	指令描述	指令說明
cj.	cj.offset	PC+= sext(offset)	無條件跳躍指令。跳躍目的位址為 PC 值加上符號擴充後的偏移。該指令允許在 ±2KB 的空間內跳躍
cj.al	cj.aloffset	x(1)=PC+2;PC+=sext(offset)	無條件跳躍指令。跳躍目的位址為 PC 值加上符號擴充後的偏移，同時將下一行指令的位址寫入連結暫存器 x1。該指令允許在 ±2KB 的空間內跳躍
cj.r	cj.rrs1	PC=x(rs1)	無條件跳躍到 rs1 暫存器中的位址
cj.alr	cj.alrrs1	PC=x(rs1);x(1)= PC+2	無條件跳躍到 rs1 暫存器中的位址，同時將下一行指令的位址寫入連結暫存器 x1

2) 條件分支指令

RVC(RV32C) 提供條件分支指令，指令格式參考表 1.26 cb 指令格式。表 1.33 對 RV32C 條件分支指令進行了說明。

▼ 表 1.33　行件分支指令說明

指令類型	指令操作	指令描述	指令說明
c.beqz	c.beqzrs1',offset	if(x(8+rs1')==0)PC+=sext(offset)	當 rs1' 中的值為 0 時，進行條件跳躍。跳躍目的位址為 PC 值加上符號擴充後的偏移。該指令允許在 ±256B 的空間內跳躍

指令類型	指令操作	指令描述	指令說明
c.bnez	c.bnezrs1',offset	if(x(8+rs1')!=0) PC+=sext(offset)	當 rs1' 中的值不為 0 時 , 進行條件跳躍。跳躍目的位址為 PC 值加上符號擴充後的偏移。該指令允許在 ±256B 的空間內跳躍

3. 整數計算指令

1) 整數常數 - 生成指令

指令格式參考表 1.26 cl 指令格式。表 1.34 對 RV32C 整數常數 - 生成指令進行了說明。

▼ 表 1.34　整數常數 - 生成指令說明

指令類型	指令操作	指令描述	指令說明
cl.i	cl.ird,imm	x(rd)=sext(imm)	將符號擴充的 6 位元立即數載入到目的暫存器 rd 中
cl.ui	cl.uird,imm	x(rd)=sext(imm[17:12]<<12)	將非零的 6 位元立即數載入到目的暫存器的 17~12 位元 , 其餘高位元進行符號擴充 , 其餘低位元清零

2) 整數暫存器 - 立即數指令

指令格式參考表 1.26 cl 指令格式。表 1.35 對 RV32C 整數暫存器 - 立即數指令進行了說明。

▼ 表 1.35　整數暫存器 - 立即數指令說明

指令類型	指令操作	指令描述	指令說明
c.addi	c.addird,imm	x(rd)+=sext(imm)	將非零的 6 位元立即數符號擴充後加上目的暫存器 rd 的值 , 再寫回目的暫存器 rd 中
c.addi16sp	c.addi16spimm	x(2)+=sext(imm)	將非零的 6 位元立即數擴大 16 倍並符號擴充後加上堆疊指標 x2 , 再寫回 x2 中

指令類型	指令操作	指令描述	指令說明
c.addi4spn	c.addi4spnrd', uimm	x(8+rd')=x(2)+uimm	將非零的立即數擴大 4 倍並零擴充後加上堆疊指標 x2,再寫回目的暫存器 rd' 中
c.slli	c.sllird,uimm	x(rd)=x(rd)<<uimm	將目的暫存器 rd 中的值使用立即數邏輯左移後寫目的暫存器 rd 中
c.srli	c.srlird',imm	x(8+rd')=x(8+rd')>>uimm	將目的暫存器 rd' 中的值使用立即數邏輯右移後寫目的暫存器 rd' 中
c.srai	c.sraird,imm	x(8+rd')=x(8+rd')>>>suimm	將目的暫存器 rd' 中的值使用立即數算術右移後寫目的暫存器 rd' 中
c.andi	c.andird',imm	x(8+rd')= x(8+rd')&sext (imm)	將符號擴充 6 位元立即數與目的暫存器 rd' 中的值進行逐位元元邏輯與運算,再寫回目的暫存器 rd' 中

3) 整數暫存器 - 暫存器指令

c.mv、c.add 指令格式參考表 1.26 cr 指令格式,其他指令參考表 1.26 cs 指令格式。表 1.36 對 RV32C 整數暫存器 - 暫存器指令進行了說明。

▼ 表 1.36　整數暫存器 - 暫存器指令說明

指令類型	指令操作	指令描述	指令說明
c.mv	c.mvrd,rs2	x(rd)=x(rs2)	將 rs2 暫存器中的值複製到目的暫存器 rd 中
c.add	c.addrd,rs2	x(rd)= x(rd)+x(rs2)	將 rs2 暫存器中的值與 rd 暫存器中的值相加,再寫回目的暫存器 rd 中
c.and	c.andrd',rs2'	x(8+rd')= x(8+rd')&x(8+rs2')	將 rs2' 暫存器中的值與 rd' 暫存器中的值進行邏輯與運算,再寫回目的暫存器 rd' 中

指令類型	指令操作	指令描述	指令說明
c.or	c.orrd',rs2'	x(8+rd')= x(8+rd')|x(8+rs2')	將 rs2' 暫存器中的值與 rd' 暫存器中的值進行邏輯或運算，再寫回目的暫存器 rd' 中
c.xor	c.xorrd',rs2'	x(8+rd')= x(8+rd')^x(8+rs2')	將 rs2' 暫存器中的值與 rd' 暫存器中的值進行邏輯互斥運算，再寫回目的暫存器 rd' 中
c.sub	c.subrd',rs2'	x(8+rd')= x(8+rd')-x(8+rs2')	將 rd' 暫存器中的值減去 rs2' 暫存器中的值，再寫回目的暫存器 rd' 中

4) NOP 指令

表 1.37 對 RV32C NOP 指令進行了說明。

▼ 表 1.37 NOP 指令說明

指令類型	指令操作	指令描述	指令說明
c.nop	c.nop	addix0,x0,0	除了增加 PC 值和影響效能計數器的值，本指令不產生任何使用者可見的狀態改變

5) 中斷點指令

表 1.38 對 RV32C 中斷點指令進行了說明。

▼ 表 1.38 斷點指令說明

指令類型	指令操作	指令描述	指令說明
c.ebreak	c.ebreak	RaiseException(Breakpoint)	偵錯器可以透過該指令將控制權交還給偵錯環境

1.4.4 RV32F 單精度浮點指令

RV32F 擴充了 32 個 32 位元寬的浮點暫存器 f0 ~ f31，一個包含了操作模式和浮點單元異常狀態的浮點控制和狀態暫存器 fcsr。其中，大多數的浮點指令可對暫存器組中的值操作，浮點 load 和 store 指令在暫存器和記憶體之間傳輸浮點值，RV32F 也提供了從整數暫存器組讀寫數值的指令。表 1.39 為 RV32F 指令操作碼。

▼ 表 1.39 RV32F 指令操作碼

31~25	24~20	19~15	14~12	11~7	6~0	位元 / 指令
imm[11:0]		rs1	010	rd	0000111	flw
imm[11:5]	rs2	rs1	010	imm[4:0]	0100111	fsw
{rs3,2'b00}	rs2	rs1	rm	rd	1000011	fmadd.s
{rs3,2'b00}	rs2	rs1	rm	rd	1000111	fmsub.s
{rs3,2'b00}	rs2	rs1	rm	rd	1001011	fnmsub.s
{rs3,2'b00}	rs2	rs1	rm	rd	1001111	fnmadd.s
0000000	rs2	rs1	rm	rd	1010011	fadd.s
0000100	rs2	rs1	rm	rd	1010011	fsub.s
0001000	rs2	rs1	rm	rd	1010011	fmul.s
0001100	rs2	rs1	rm	rd	1010011	fdiv.s
0101100	00000	rs1	rm	rd	1010011	fsqrt.s
0010000	rs2	rs1	000	rd	1010011	fsgnj.s
0010000	rs2	rs1	001	rd	1010011	fsgnjn.s
0010000	rs2	rs1	010	rd	1010011	fsgnjx.s
0010100	rs2	rs1	000	rd	1010011	fmin.s
0010100	rs2	rs1	001	rd	1010011	fmax.s
1100000	00000	rs1	rm	rd	1010011	fcvt.w.s
1100000	00001	rs1	rm	rd	1010011	fcvt.wu.s
1110000	00000	rs1	000	rd	1010011	fmv.x.w
1010000	rs2	rs1	010	rd	1010011	feq.s
1010000	rs2	rs1	001	rd	1010011	flt.s
1010000	rs2	rs1	000	rd	1010011	fle.s
1110000	00000	rs1	001	rd	1010011	fclass.s
1101000	00000	rs1	rm	rd	1010011	fcvt.s.w
1101000	00001	rs1	rm	rd	1010011	fcvt.s.wu

31~25	24~20	19~15	14~12	11~7	6~0	位元 / 指令
1111000	00000	rs1	000	rd	1010011	fmv.w.x

1. 浮點數讀寫指令

表 1.40 對 RV32F 浮點數讀寫指令進行了說明。

▼ 表 1.40 浮點數讀寫指令說明

指令類型	指令操作	指令描述	指令說明
flw	flwrd,offset(rs1)	f(rd)= M (x(rs1)+sext(offset)) [31:0]	從記憶體中載入一個單精度浮點數到浮點目的暫存器 rd
fsw	fswrs2,offset(rs1)	M(x(rs1)+sext(offset))=f(rs2) [31:0]	將浮點暫存器 rs2 中的單精度浮點數存入記憶體

2. 浮點數運算指令

表 1.41 對 RV32F 浮點數運算指令進行了說明。

▼ 表 1.41 浮點數運算指令說明

指令類型	指令操作	指令描述	指令說明
fadd.s	fadd.srd,rs1,rs2	f(rd)=f(rs1)+f(rs2)	將浮點暫存器 rs1 和 rs2 中的單精度浮點數相加,結果寫入浮點目的暫存器 rd 中
fsub.s	fsub.srd,rs1,rs2	f(rd)=f(rs1)-f(rs2)	將浮點暫存器 rs1 中的單精度浮點數減去 rs2 中的單精度浮點數,結果寫入浮點目的暫存器 rd 中
fmul.s	fmul.srd,rs1,rs2	f(rd)=f(rs1)* f(rs2)	將浮點暫存器 rs1 和 rs2 中的單精度浮點數相乘,結果寫入浮點目的暫存器 rd 中
fdiv.s	fdiv.srd,rs1,rs2	f(rd)=f(rs1)/f(rs2)	將浮點暫存器 rs1 中的單精度浮點數除以 rs2 中的單精度浮點數,結果寫入浮點目的暫存器 rd 中

指令類型	指令操作	指令描述	指令說明
fsqrt.s	fsqrt.srd,rs1	f(rd)=sqrt(f(rs1))	計算浮點暫存器 rs1 中的單精度浮點數的平方根，結果寫入浮點目的暫存器 rd 中
fmin.s	fmin.srd,rs1,rs2	f(rd)=min(f(rs1),f(rs2))	將浮點暫存器 rs1 和 rs2 中的單精度浮點數較小者寫入浮點目的暫存器 rd 中
fmax.s	fmax.srd,rs1,rs2	f(rd)=max(f(rs1),f(rs2))	將浮點暫存器 rs1 和 rs2 中的單精度浮點數較大者寫入浮點目的暫存器 rd 中
fmadd.s	fmadd.srd,rs1,rs2,rs3	f(rd)=f(rs1)*f(rs2)+f(rs3)	將浮點暫存器 rs1 和 rs2 中的單精度浮點數相乘，再加上浮點暫存器 rs3 中的單精度浮點數，結果寫入浮點目的暫存器 rd 中
fmsub.s	fmsub.srd,rs1,rs2,rs3	f(rd)=f(rs1)*f(rs2)-f(rs3)	將浮點暫存器 rs1 和 rs2 中的單精度浮點數相乘，再減去浮點暫存器 rs3 中的單精度浮點數，結果寫入浮點目的暫存器 rd 中
fnmadd.s	fnmadd.srd,rs1,rs2,rs3	f(rd)=-(f(rs1)*f(rs2)+ f(rs3))	將浮點暫存器 rs1 和 rs2 中的單精度浮點數相乘，再加上浮點暫存器 rs3 中的單精度浮點數，結果取負數後寫入浮點目的暫存器 rd 中
fnmsub.s	fnmsub.srd,rs1,rs2,rs3	f(rd)=-(f(rs1)*f(rs2)- f(rs3))	將浮點暫存器 rs1 和 rs2 中的單精度浮點數相乘，再減去浮點暫存器 rs3 中的單精度浮點數，結果取負數後寫入浮點目的暫存器 rd 中

3. 浮點數格式轉換指令

表 1.42 對 RV32F 浮點數格式轉換指令進行了說明。

▼ 表 1.42 浮點數格式轉換指令說明

指令類型	指令操作	指令描述	指令說明
fcvt.w.s	fcvt.w.srd,rs1	x(rd)=sext(s32f32(f(rs1)))	將浮點暫存器 rs1 中的單精度浮點數轉為 32 位元有號整數，寫入整數目的暫存器 rd 中
fcvt.s.w	fcvt.s.wrd,rs1	f(rd)=f32s32(x(rs1))	將整數暫存器 rs1 中 32 位元有號整數轉為單精度浮點數，寫入浮點目的暫存器 rd 中
fcvt.wu.s	fcvt.wu.srd,rs1	x(rd)=u32f32(f(rs1))	將浮點暫存器 rs1 中的單精度浮點數轉為 32 位元不帶正負號的整數，寫入整數目的暫存器 rd 中
fcvt.s.wu	fcvt.s.wurd,rs1	f(rd)=f32u32(x(rs1))	將整數暫存器 rs1 中 32 位元不帶正負號的整數轉為單精度浮點數，寫入浮點目的暫存器 rd 中

4. 浮點數符號注入指令

表 1.43 對 RV32F 浮點數符號注入指令操作、指令進行了說明。

▼ 表 1.43 浮點數符號注入指令說明

指令類型	指令操作	指令描述	指令說明
fsgnj.s	fsgnj.srd,rs1,rs2	f(rd)= {f(rs2)[31],f(rs1) [30:0]}	使用 rs2 的符號位元及 rs1 的指數和有效數，構造一個新的單精度浮點數，寫入浮點目的暫存器 rd 中
fsgnjn.s	fsgnjn.srd,rs1,rs2	f(rd)= {~f(rs2)[31],f(rs1) [30:0]}	使用 rs2 符號位元反轉及 rs1 的指數和有效數，構造一個新的單精度浮點數，寫入浮點目的暫存器 rd 中
fsgnjx.s	fsgnjx.srd,rs1,rs2	f(rd)= {f(rs1)[31]^f(rs2) [31],f(rs1)[30:0]}	使用 rs1 和 rs2 符號位元的互斥值及 rs1 的指數和有效數，構造一個新的單精度浮點數，寫入浮點目的暫存器 rd 中

5. 浮點數與整數互搬指令

表 1.44 對 RV32F 浮點數與整數互搬指令進行了說明。

▼ 表 1.44 浮點數與整數互搬指令說明

指令類型	指令操作	指令描述	指令說明
fmv.x.w	fmv.x.wrd,rs1	x(rd)=sext(f(rs1)[31:0])	將浮點暫存器 rs1 中以 IEEE754-2008 格式表示的單精度浮點數，直接寫入整數目的暫存器 rd 中
fmv.w.x	fmv.w.xrd,rs1	f(rd)=x(rd)	將整數暫存器 rs1 中以 IEEE754—2008 格式表示的單精度浮點數，直接寫入浮點目的暫存器 rd 中

6. 浮點數比較指令

表 1.45 對 RV32F 浮點數比較指令進行了說明。

▼ 表 1.45　浮點數比較指令說明

指令類型	指令操作	指令描述	指令說明
flt.s	flt.srd,rs1,rs2	x(rd)=(f(rs1)<f(rs2))? 1:0	若浮點暫存器 rs1 中的單精度浮點數小於浮點暫存器 rs2 中的單精度浮點數，則將 1 寫入整數目的暫存器 rd,否則將 0 寫入整數目的暫存器 rd
fle.s	fle.srd,rs1,rs2	x(rd)= (f(rs1)< =f(rs2)) ? 1:0	若浮點暫存器 rs1 中的單精度浮點數小於或等於浮點暫存器 rs2 中的單精度浮點數，則將 1 寫入整數目的暫存器 rd,否則將 0 寫入整數目的暫存器 rd
feq.s	feq.srd,rs1,rs2	x(rd)=(f(rs1)==f(rs2))? 1:0	若浮點暫存器 rs1 中的單精度浮點數等於浮點暫存器 rs2 中的單精度浮點數，則將 1 寫入整數目的暫存器 rd,否則將 0 寫入整數目的暫存器 rd

7. 浮點數分類指令

表 1.46 對 RV32F 浮點數分類指令進行了說明。

▼ 表 1.46 浮點數分類指令說明

指令類型	指令操作	指令描述	指令說明
fclass.s	fclass.srd,rs1	x(rd)=classifys(f(rs1))	執行浮點數分類操作,對通用浮點暫存器 rs1 的單精度浮點數進行判斷,根據其所屬類型生成 10 位元 one-hot 結果,並將結果寫入通用整數暫存器 rd

1.4.5 RV32D 雙精度浮點指令

表 1.47 為 RV32D 指令操作碼。

▼ 表 1.47 RV32D 指令操作碼

31~25	24~20	19~15	14~12	11~7	6~0	位元 / 指令
imm[11:0]		rs1	011	rd	0000111	fld
imm[11:5]	rs2	rs1	011	imm[4:0]	0100111	fsd
{rs3,2'b01}	rs2	rs1	rm	rd	1000011	fmadd.d
{rs3,2'b01}	rs2	rs1	rm	rd	1000111	fmsub.d
{rs3,2'b01}	rs2	rs1	rm	rd	1001011	fnmsub.d
{rs3,2'b01}	rs2	rs1	rm	rd	1001111	fnmadd.d
0000001	rs2	rs1	rm	rd	1010011	fadd.d
0000101	rs2	rs1	rm	rd	1010011	fsub.d
0001001	rs2	rs1	rm	rd	1010011	fmul.d
0001101	rs2	rs1	rm	rd	1010011	fdiv.d
0101101	00000	rs1	rm	rd	1010011	fsqrt.d
0010001	rs2	rs1	000	rd	1010011	fsgnj.d
0010001	rs2	rs1	001	rd	1010011	fsgnjn.d
0010001	rs2	rs1	010	rd	1010011	fsgnjx.d
0010101	rs2	rs1	000	rd	1010011	fmin.d

31~25	24~20	19~15	14~12	11~7	6~0	位元 / 指令
0010101	rs2	rs1	001	rd	1010011	fmax.d
0100000	00001	rs1	rm	rd	1010011	fcvt.s.d
0100001	00000	rs1	rm	rd	1010011	fcvt.d.s
1010001	rs2	rs1	010	rd	1010011	feq.d
1010001	rs2	rs1	001	rd	1010011	flt.d
1010001	rs2	rs1	000	rd	1010011	fle.d
1110001	00000	rs1	001	rd	1010011	fclass.d
1100001	00000	rs1	rm	rd	1010011	fcvt.w.d
1100001	00001	rs1	rm	rd	1010011	fcvt.wu.d
1101001	00000	rs1	rm	rd	1010011	fcvt.d.w
1101001	00001	rs1	rm	rd	1010011	fcvt.d.wu

1. 浮點數讀寫指令

表 1.48 對 RV32D 浮點數讀寫指令進行了說明。

▼ 表 1.48　浮點數讀寫指令說明

指令類型	指令操作	指令描述	指令說明
fld	fldrd,imm(rs1)	f(rd)= M (x(rs1)+sext(imm))[63:0]	浮點載入雙字 , 以 rs1 為基底位址 ,imm 為偏移量計算記憶體位址 x(rs1)+sign_extend(imm), 從該 位址載入雙精度浮點數存入 f(rd)
fsd	fsdrs2,imm(rs1)	M(x(rs1)+sext(imm))= f(rs2)[63:0]	雙精度浮點儲存 , 以 rs1 為基底位址 ,imm 為偏移量計算記憶體位址 x(rs1)+sign_extend(imm), 將 f(rs2) 中的雙精度浮點數存入該記憶體位址

2. 浮點數運算指令

表 1.49 對 RV32D 浮點數運算指令進行了說明。

▼ 表 1.49 浮點數運算指令說明

指令類型	指令操作	指令描述	指令說明
fadd.d	fadd.drd,rs1,rs2	f(rd)=f(rs1)+f(rs2)	將暫存器 rs1、rs2 中雙精度浮點數進行加法操作，結果寫入暫存器 rd
fsub.d	fsub.drd,rs1,rs2	f(rd)=f(rs1)-f(rs2)	將暫存器 rs1、rs2 中雙精度浮點數進行減法操作，結果寫入暫存器 rd
fmul.d	fmul.drd,rs1,rs2	f(rd)=f(rs1)*f(rs2)	將暫存器 rs1、rs2 中雙精度浮點數進行乘法操作，結果寫入暫存器 rd
fdiv.d	fdiv.drd,rs1,rs2	f(rd)=f(rs1)/f(rs2)	將暫存器 rs1、rs2 中雙精度浮點數進行除法操作，結果寫入暫存器 rd
fsqrt.d	fsqrt.drd,rs1	f(rd)=sqrt(f(rs1))	將暫存器 rs1 中雙精度浮點數進行平方根操作，結果寫入暫存器 rd
fmin.d	fmin.drd,rs1,rs2	f(rd)= min(f(rs1), f(rs2))	將暫存器 rs1、rs2 中雙精度浮點數進行比較，將數值小的一方作為結果寫入暫存器 rd
fmax.d	fmax.drd,rs1,rs2	f(rd)= max(f(rs1), f(rs2))	將暫存器 rs1、rs2 中雙精度浮點數進行比較，將數值大的一方作為結果寫入暫存器 rd
fmadd.d	fmadd.drd,rs1,rs2,rs3	f(rd)=f(rs1)*f(rs2)+ f(rs3)	把暫存器 rs1、rs2 中的雙精度浮點數相乘，再和暫存器 rs3 中的雙精度浮點數相加，結果寫入 f(rd)
fmsub.d	fmsub.drd,rs1,rs2,rs3	f(rd)=f(rs1)*f(rs2)- f(rs3)	把暫存器 rs1、rs2 中的雙精度浮點數相乘，再和暫存器 rs3 中的雙精度浮點數相減，結果寫入 f(rd)
fnmadd.d	fnmadd.drd,rs1,rs2, rs3	f(rd)= - (f(rs1)* f(rs2)+f(rs3))	將暫存器 rs1、rs2 中雙精度浮點數相乘，結果取負數，再和暫存器 rs3 中雙精度浮點數相加，結果寫入 f(rd)
fnmsub.d	fnmsub.drd,rs1,rs2, rs3	f(rd)= - f(rs1)* f(rs2)-(f(rs3))	將暫存器 rs1、rs2 中雙精度浮點數相乘，結果取負數，再和暫存器 rs3 中雙精度浮點數相減，結果寫入 f(rd)

3. 浮點數格式轉換指令

表 1.50 對 RV32D 浮點數格式轉換指令進行了說明。

▼ 表 1.50　浮點數格式轉換指令說明

指令類型	指令操作	指令描述	指令說明
fcvt.w.d	fcvt.w.drd,rs1	x(rd)=sext(s32f64 (f(rs1)))	雙精度浮點數向字轉換,將 rs1 通用浮點暫存器中的雙精度浮點數轉為有號整數,將結果寫入通用整數暫存器 rd
fcvt.d.w	fcvt.d.wrd,rs1	f(rd)=f64s32(x(rs1))	字向雙精度浮點數轉換,將通用整數暫存器 rs1 中的有號整數轉為雙精度浮點數,將結果寫入通用浮點暫存器 rd
fcvt.wu.d	fcvt.wu.drd,rs1	x(rd)=sext(us32f64 (f(rs1)))	雙精度浮點數向無號字轉換,將通用浮點暫存器 rs1 中的雙精度浮點數轉為不帶正負號的整數,將結果寫入通用整數暫存器 rd
fcvt.d.wu	fcvt.d.wurd,rs1	f(rd)=f64us32(x(rs1))	無號字向雙精度浮點數轉換,將通用整數暫存器 rs1 中的不帶正負號的整數轉為雙精度浮點數,將結果寫入通用浮點暫存器 rd
fcvt.s.d	fcvt.s.drd,rs1	f(rd)=f32f64(f(rs1))	雙精度浮點數向單精度浮點數轉換,將通用浮點暫存器 rs1 中的雙精度浮點數轉換成單精度浮點數,將結果寫入通用浮點暫存器 rd
fcvt.d.s	fcvt.d.srd,rs1	f(rd)=f64f32(f(rs1))	單精度浮點數向雙精度浮點數轉換,將 rs1 通用浮點暫存器中的單精度浮點數轉換成雙精度浮點數,將結果寫入 rd 通用浮點暫存器

4. 浮點數符號注入指令

表 1.51 對 RV32D 浮點數符號注入指令進行了說明。

▼ 表 1.51 浮點數符號注入指令說明

指令類型	指令操作	指令描述	指令說明
fsgnj.d	fsgnj.drd,rs1,rs2	f(rd)= {f(rs2)[63],f(rs1)[62:0]}	使用 f(rs2) 的符號位元, 以及 f(rs1) 中除符號位元外的其他位元 (即指數位元和有效數字位元) 組成一個雙精度浮點數, 將其寫入 f(rd)
fsgnjn.d	fsgnjn.drd,rs1,rs2	f(rd)= {~f(rs2)[63], f(rs1)[62:0]}	使用 f(rs2) 的符號位元反轉, 以及 f(rs1) 中除符號位元外的其他位元 (即指數位元和有效數字位元) 組成一個雙精度浮點數, 將其寫入 f(rd)
fsgnjx.d	fsgnjx.drd,rs1,rs2	f(rd)= {f(rs1)[63]^f(rs2)[63],f(rs1)[62:0]}	使用 f(rs1)、f(rs2) 的符號位元的互斥結果, 以及 f(rs1) 中除符號位元外的其他位元 (即指數位元和有效數字位元) 組成一個雙精度浮點數, 將其寫入 f(rd)

5. 浮點數比較指令

表 1.52 對 RV32D 浮點數比較指令進行了說明。

▼ 表 1.52 浮點數比較指令說明

指令類型	指令操作	指令描述	指令說明
flt.d	flt.drd,rs1,rs2	x(rd)=(f(rs1)<f(rs2))? 1:0	f(rs1)、f(r2) 為儲存在通用浮點暫存器的雙精度浮點數, x(rd) 為通用整數暫存器。若 f(rs1) 小於 f(r2), 則 x(rd) 等於 1, 否則等於 0
fle.d	fle.drd,rs1,rs2	x(rd)=(f(rs1)<= f(rs2))? 1:0	f(rs1)、f(r2) 為儲存在通用浮點暫存器的雙精度浮點數, x(rd) 為通用整數暫存器。若 f(rs1) 小於或等於 f(r2), 則 x(rd) 等於 1, 否則等於 0
feq.d	feq.drd,rs1,rs2	x(rd)=(f(rs1)== f(rs2))? 1:0	f(rs1)、f(r2) 為儲存在通用浮點暫存器的雙精度浮點數, x(rd) 為通用整數暫存器。若 f(rs1) 等於 f(r2), 則 x(rd) 等於 1, 否則等於 0

6. 浮點數分類指令

表 1.53 對 RV32D 浮點數分類指令進行了說明。

▼ 表 1.53　浮點數分類指令說明

指令類型	指令操作	指令描述	指令說明
fclass.d	fclass.drs,rs1	x(rd)=classifyd(f(rs1))	執行浮點數分類操作,對通用浮點暫存器 rs1 的雙精度浮點數進行判斷,根據其所屬類型生成 10 位元 one-hot 結果,並將結果寫入通用整數暫存器 rd

1.5 RISC-V 64 位元基礎指令

RISC-V 官方標準根據處理器位元組長度的不同,將基礎指令集分為 32 位元整數指令集 (RV32I)、64 位元整數指令集 (RV64I)。RV64I 包括 RV32I 所有指令和 RV32I 擴充指令。

本節將介紹 RV64I 中新增的指令,表 1.54 對 RV64I 新增的擴充指令進行了說明。

▼ 表 1.54　RV64I 新增的擴充指令說明

指令類型	指令操作	指令描述	指令說明
ld	ldrd,offset(rs1)	x(rd)=M(x(rs1)+sext(offset))[63:0]	雙字載入,從記憶體讀出八個位元組寫入暫存器 rd,記憶體位址為 x(rs1)+ sign_ extend (offset)
lwu	lwurd,offset(rs1)	x(rd)=M(x(rs1)+sext(offset))[31:0]	無號字載入,從記憶體讀出四個位元組,零擴充後寫入暫存器 rd,記憶體位址為 x(rd)+ sign_ extend(offset)
sd	sdrs2,offset(rs1)	M (x (rs1)+ sext(offset))=x(rs2)[63:0]	存雙字,將暫存器 rs2 中 64 位元值存入存儲器中,位址為 x(rs1)+sign_extend(offset)

指令類型	指令操作	指令描述	指令說明
addiw	addiwrd,rs1,imm	x(rd)= sext((x(rs1)+ sext (imm))[31:0])	加立即數，將立即數進行符號位元擴充之後與暫存器 rs1 相加，保留結果的低 32 位元，並進行符號位元擴充到 64 位元，然後寫入暫存器 rd。結果忽略計算溢位
slliw	slliwrd,rs1,shamt	x(rd)=sext((x(rs1)<<ushamt)[31:0])	立即數邏輯左移，將暫存器 rs1 左移 shamt 位元後，高位元補零，保留結果的低 32 位元，並進行符號位元擴充後寫入暫存器 rd
srliw	srliwrd,rs1,shamt	x(rd)=sext(x(rs1)[31:0]> > ushamt)	立即數邏輯右移，將暫存器 rs1 右移 shamt 位元後，高位元補零，保留結果的低 32 位元，並進行符號位元擴充後寫入暫存器 rd
sraiw	sraiwrd,rs1,shamt	x(rd)=sext(x(rs1)[31:0]>>> sshamt)	立即數算術右移，對暫存器 rs1 的低 32 位元操作：先 右移 shamt 位元，再使用 x(rs1)[31] 填充空出的高位元。對該結果進行符號位元擴充後寫入暫存器 rd
addw	addwrd,rs1,rs2	x(rd)=sext((x(rs1)+x(rs2))[31:0])	將暫存器 rs1 與暫存器 rs2 相加，保留結果的低 32 位元，並進行符號位元擴充到 64 位元，然後寫入暫存器 rd。結果忽略計算溢位
subw	subwrd,rs1,rs2	x(rd)=sext((x(rs1)-x(rs2))[31:0])	將暫存器 rs1 與暫存器 rs2 相減，保留結果的低 32 位元，並進行符號位元擴充到 64 位元，然後寫入暫存器 rd。結果忽略計算溢位
sllw	sllwrd,rs1,rs2	x(rd)=sext((x(rs1)[31:0]<< x(rs2)[4:0])[31:0])	邏輯左移，將暫存器 rs1 值低 32 位元左移，移位量為暫存器 rs2 值，高位元補零，結果寫入暫存器 rd。x(rs2) 的低 5 位元代表移動位元數，其高位元則被忽略

指令類型	指令操作	指令描述	指令說明
srlw	srlwrd,rs1,rs2	x(rd)=sext(x(rs1)[31:0]> > x(rs2)[4:0])	邏輯右移,將暫存器 rs1 值低 32 位元右移,移位量位元暫存器 rs2 值,高位元補零,結果寫入暫存器 rd
sraw	srawrd,rs1,rs2	x(rd)=sext(x(rs1)[31:0]>>> x(rs2)[4:0])	算術右移,把 暫存器 rs1 的低 32 位元右移,移位量為暫存器rs2值,空出的高 位元用 x(rs1)[31] 填充,結果進行有號擴充後寫入暫存器 rd

1.6 RISC-V 特權指令

　　RV32I/RV64I 引入了 4 種類型的特權指令: sret、mret、wfi 和 sfence.vma。本節將介紹特權架構引入的指令格式及指令說明。表 1.55 為特權指令格式。

▼ 表 1.55 特權指令格式

31~25	24~20	19~15	14~12	11~7	6~0	位元 / 指令
0001000	00010	00000	000	00000	1110011	sret
0011000	00010	00000	000	00000	1110011	mret
0001000	00101	00000	000	00000	1110011	wfi
0001001	rs2	rs1	000	00000	1110011	sfence.vma

　　表 1.56 對特權指令進行了說明。

▼ 表 1.56 特權指令說明

指令類型	指令操作	指令描述	指令說明
sret	sret	管理員模式異常返回	在 S 態的例外處理常式中,使用 sret 指令退出異常服務程式。執行 sert 指令後,硬體進行以下操 作 :PC 跳躍到 sepc 暫存器中存放的位址 ;特權 等級恢復為 sstatus.SPP 儲存的等級 ;sstatus. SIE 恢復為 sstatus.SPIE 的值 ;sstatus.SPIE 置 1;sstatus.spp 設定成 0(即 U 態)

指令類型	指令操作	指令描述	指令說明
mret	mret	機器模式異常返回	在 M 態的例外處理常式中 , 使用 mret 指令退出異常服務程式。執行 mert 指令後 , 硬體進行以下 操作 :PC 跳躍到 mepc 暫存器中存放的位址特權等級恢復為 mstatus.MPP 儲存的等級 ;mstatus. MIE 恢復為 mstatus.MPIE 的值 ;mstatus.MPIE 置 1;mstatus.mpp 設定成 0(即 U 態)
wfi	wfi	等待中斷	將當前處理器暫停 (如關斷時鐘、進入低功耗模式), 直到有等待服務的中斷到來
sfence.vma	sfence.vmars1,rs2	虛擬記憶體屏障	虛擬記憶體屏障指令 , 用於同步對記憶體管理資料結構的更新操作。指令執行會引起對這些資料結構的隱式讀寫 , 而 load/store 指令也會顯式更新這些資料結構 , 這兩種操作的前後順序通常無法保證。透過執行 sfence.vma 指令可以確保 , 在 sfence.vma 指令之前本 hart 看到的對記憶體管理資料結構的 store 操作 , 都被排在 sfence.vma 指令後面的隱式操作之前

1.7 本章小結

　　本章介紹了 RISC-V 指令集架構，重點介紹了 RISC-V 基礎指令集和擴充指令集各個指令的格式和操作說明，同時對 RV64 新增的指令格式和指令操作舉出了說明。最後介紹了 RISC-V 特權指令相關內容。透過本章的閱讀，讀者能夠對 RISC-V 指令集架構有一個基本的認識。

第二部分

處理器微架構

第2章
微架構頂層分析

　　電腦系統架構是**微架構**(Micro Architecture) 和**指令集架構** (Instruction Set Architecture，ISA) 的聯合體，定義了微架構和指令集架構的對話模式。微架構是 ISA 在處理器中的具體實現方案，定義了算術邏輯元件、暫存器和快取等處理器元件之間的連接關係，指定了資料路徑和控制路徑。由於設計目標不同，一種指令集架構可以有多種微架構實現方案。指令集架構是電腦的抽象模型，定義了電腦軟硬體互動介面或規範。這個介面或規範包括資料型態、指令編碼、暫存器、定址模式、儲存結構、中斷、異常處理和外部輸入輸出等。編譯器可以將軟體程式碼翻譯成微架構硬體能夠辨識，且能按照事先約定語義執行的指令，這個約定或規範屬於指令集架構。指令集架構可以使符合其規範的軟體跨平臺執行，而不必限定於特定硬體平臺，事實上實現了軟體和硬體的解耦。微架構設計包含資料路徑和控制路徑的設計。管線常見於現代處理器、微控制器或數位訊號處理器等，可以使指令重疊執行，極大提高處理器執行效率，是微架構設計的一項重要工作。RISC-V 是一種 RISC 指令架構，與 CISC 架構相比具有指令格式相對固定以及指令類型較少等特點。本章將以 RISC-V 指令集架構為例介紹對應微架構的設計。

2.1 管線

　　深入認識微架構需要對指令及管線有所了解。本節首先從 RISC-V 指令集入手介紹指令執行及管線化實現，其次分析管線性能及影響性能提升的因素，最後介紹管線冒險、分支預測及純量管線局限性。

2.1.1　RISC-V 指令集

本節以 RISC-V 指令集架構為例來闡述微架構中管線的相關概念和思想。這些概念和思想同樣適合於其他指令集架構處理器。RISC-V 指令集架構本身固有的特性使其指令實現方式更加簡捷高效：一是 RISC-V 所有資料操作都在暫存器層面，二是與記憶體讀寫相關的操作只有載入和儲存指令；三是指令格式固定且數量較少。

RISC-V 指令集架構通常具有 3 類指令：**算術邏輯元件** (Arithmetic Logic Unit，ALU) 指令、**載入和儲存** (Load Store) 指令以及分支跳躍指令。以下是 3 類指令的詳細介紹。

(1) 算術邏輯元件指令。算術邏輯元件指令主要完成加、減算數運算和或、與邏輯運算等。指令欄位主要包含操作碼、兩個暫存器索引或一個暫存器索引和一個立即數。按照操作碼指定的操作對兩個暫存器中的數或一個暫存器中的數和立即數進行算術或邏輯運算。算術邏輯元件指令通常包括有號運算和無號運算。

(2) 載入和儲存指令。載入和儲存指令完成從記憶體讀取資料到暫存器，以及將資料從暫存器寫回記憶體的操作。指令欄位中包含操作碼、兩個暫存器索引和一個立即數。操作代碼區段指定指令為載入指令還是儲存指令。其中，一個暫存器指定了基底位址，立即數欄位指定了偏移量，基底位址加上偏移量即為記憶體位址。對於載入指令，另一個暫存器用於儲存從記憶體指定位址讀出的資料；對於儲存指令，該暫存器儲存的資料為將被寫回指定記憶體位址的資料。

(3) 分支跳躍指令。分支跳躍指令進行有條件或無條件轉移。透過指定暫存器對的比較來判斷是否跳躍。在 RISC-V 指令集架構中，跳躍位址的計算通常是將指令中立即數經符號擴充得到的偏移量與當前**程式計數器** (Program Counter，PC) 進行求和。

在認識 RISC-V 指令之後，對微架構中指令資料路徑的介紹將有助深入理解指令集架構。在 RISC-V 指令集架構中，每行指令的執行都由多個階段接力來完成。下面介紹每個階段完成的工作。這幾個階段如何劃分才能使指令執行更加高效，這是指令管線化所要討論的問題，將在 2.1.2 節進行討論。

(1) 指令提取 (Instruction Fetch，IF)。根據程式計數器儲存的指令位址，提取記憶體中的指令資料。指令長度一般為 4 位元組，因此提取指令後將程式計數器的值加 4，並將該值更新至程式計數器。

(2) 指令解碼 / 暫存器提取 (Instruction Decode，ID)。對指令提取階段提取的指令進行解碼，從通用暫存器組中提取運算元並對指令欄位中立即數進行符號擴充。指令解碼和從暫存器提取運算元可以並行進行，這是由 RISC-V 指令中暫存器欄位位置和位元寬相對固定的特性所決定的。

(3) 執行 (Execution，EX)。根據解碼結果，ALU 對指令解碼階段提取的運算元進行算術邏輯運算、載入和儲存指令有效位址計算、分支跳躍指令跳躍條件判斷或跳躍位址計算。主要有以下 4 類具體操作。

① 計算有效位址。ALU 將從暫存器中提取的基底位址與立即數擴充後表示的偏移量進行相加得到有效記憶體位址。該位址用於載入和儲存指令將資料從記憶體或快取中讀取到指定的暫存器，或將指定暫存器中的資料寫回記憶體中。

② 暫存器間運算。根據指令指定的操作碼對從兩個暫存器中提取的運算元進行算數運算、邏輯運算或其他特殊運算。

③ 暫存器與立即數運算。同樣根據指令指定的操作碼，對從暫存器中提取的運算元和符號擴充後的立即數進行算數運算、邏輯運算或其他特殊運算。

④ 計算分支跳躍條件和跳躍位址。比較從暫存器提取的兩個運算元，確定當前指令的分支跳躍條件是否成立。若判斷出當前指令跳躍條件成立，則對指令中的偏移量欄位進行符號擴充。透過偏移量和 PC 值計算可能的跳躍位址。

(4) 存取記憶體 (Memory Access，MEM)。存取記憶體階段用來處理對記憶體的存取。若指令為載入指令，則從執行時得到的有效位址讀出資料；若為儲存指令，則將指定暫存器中儲存的資料寫回有效位址對應的儲存單元。

(5) 寫回 (Write Back，WB)。寫回階段完成指令執行結果寫回指定暫存器的操作。

▊2.1.2 管線化實現▊

　　從指令執行過程可知，一行指令的執行需要經過多個不同階段。若當前指令尚未完成執行，則下一行指令就無法開始執行。指令需要等待前一行指令執行完畢，這樣使得所有步驟中同時只能有一行指令在執行。

　　管線是一種在當前處理器設計中廣泛運用的技術，可以使多筆處於不同階段或不同執行步驟的指令重疊執行。重疊執行是指每個階段同時都可以處理一行指令，不同階段接續完成一行指令的執行。管線類似於手機自動裝配線。手機自動裝配線有許多裝配步驟，這些裝配步驟按照裝配任務的先後次序排列起來，每個裝配步驟只完成一項指定的裝配任務。一個步驟完成一項裝配任務後交付下一個步驟完成下一項裝配任務。管線上這些裝配步驟可以對應指令執行的不同階段，例如 IF、ID 等。指令執行的不同階段稱為管線級。指令執行按照管線的定義進行任務劃分和指令重疊執行的過程稱為指令的管線化。

　　RISC-V 指令集架構中指令的執行過程可以劃分為 5 個階段，根據管線定義將指令執行過程管線化，得到表 2.1 所示的指令管線化執行模式以及圖 2.1 所示的指令管線化資料路徑，一般稱其為經典 5 級管線。表 2.1 顯示一個時鐘週期完成指令一個步驟的執行，一行指令需要 5 個時鐘週期，但是每個時鐘週期都可以開啟一行指令的執行，不必等待前一行指令執行完成。管線可以減少每行指令的平均執行時間。

▼ 表 2.1　指令管線化執行模式

指令編號	時鐘週期編號								
	1	2	3	4	5	6	7	8	9
1	IF	ID	EX	MEM	WB				
2		IF	ID	EX	MEM	WB			
3			IF	ID	EX	MEM	WB		
4				IF	ID	EX	MEM	WB	
5					IF	ID	EX	MEM	WB

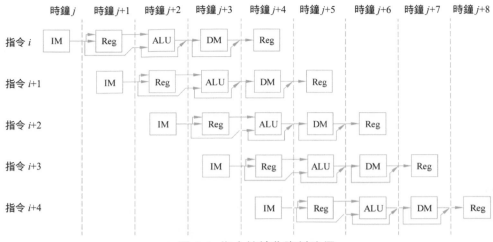

▲ 圖 2.1 指令管線化資料路徑

從圖 2.1 可知，指令首先從**指令記憶體** (Instruction Memory，IM) 中取出送到指定的暫存器暫存，在第二管線級進行指令解碼並存取**通用暫存器組** (Register Files，Reg) 提取運算元或直接從指令相應欄位提取立即數，然後 ALU 按照指令操作碼指定的操作對前一管線級提取的資料進行運算，管線第四級從**資料記憶體** (Data Memory，DM) 中讀出指定儲存位址的資料或將指定暫存器中的資料寫回 DM 中指定位址單元，第五級將載入指令的讀出資料或 ALU 運算結果資料寫入 Reg。

在理想情況下，採用經典 5 級管線技術可以使指令執行效率提高 5 倍。基於這種假設，可以設想將每個時鐘週期內執行的任務繼續細分實現更深的管線級數，從而將指令執行效率提高到更高的水準。目前，高性能處理器的管線的確是採用該思想進行設計的。採用管線化設計確實可以提升指令執行效率，但同時也會帶來諸如延遲及硬體銷耗增加等代價。實際上最佳設計並不會採用最大的管線深度。由於多方面因素的限制，管線設計帶來的指令執行效率提升與管線級數並不呈線性關係。管線如何設計才能最大限度提升指令執行效率，以及在設計管線時需要考慮哪些因素將在 2.1.3 節進行詳細介紹。

2.1.3 管線性能

首先引入一個管線性能的量化指標 —— 平均運算速度數 (Cycles Per Instruction，CPI) 來衡量管線的性能，CPI 的定義如：

$$CPI = \frac{\sum_i 指令 i 佔用的時鐘週期數 \times 指令 i 的數量}{程式中總指令數}$$

程式中指令總數指令執行管線化設計降低了 CPI，縮短了指令的平均執行時間，提高了處理器的吞吐量。吞吐量提高表示指令可以得到更快執行。在理想情況下，一個擁有 k 級流水深度的處理器，其 CPI 為管線化之前的 $1/k$。事實上，管線設計的引入並不會縮減單行指令的執行時間。管線設計需要在各級管線級之間增加暫存器，鄰近管線級透過這些暫存器暫存和傳遞指令資料，這樣會使單行指令的執行時間略大於管線化之前。管線化改造後的指令資料路徑如圖 2.2 所示。除了管線帶來的延遲外，管線級長度失衡以及管線化帶來的硬體銷耗增加也會限制管線的性能，使其對指令執行效率的提升遠達不到理想情況的 k 倍。以下詳細闡述影響管線效率提升的 3 個因素。

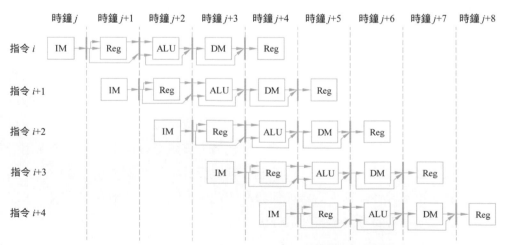

▲ 圖 2.2　包含管線級間暫存器的指令管線化資料路徑

1. 管線級長度失衡

在理想情況下，指令執行過程管線化設計時通常將相對獨立的步驟劃分為一個管線級，同時所有步驟對應管線級時間延遲相等。若管線級深度為 k，此時可將時鐘頻率提高到原來的 k 倍。實際上這樣的情況不可能出現，均勻劃分管線級作為管線化的理想設計目標，只能無限接近而不可能達到。以下舉例說明管線級長度失衡對管線效率提升的影響。假設一個特殊的算數運算單元總延遲為 100ns，根據運算過程特徵將該運算過程分為 5 個管線級。管線各級的運算延遲分別為 15ns、23ns、20ns、22ns、20ns。在理想情況下，管線每級的運算延遲應該為 20ns，然而管線的時鐘週期取決於運算延遲最長的管線級，因此上述特殊運算單元管線化之後，管線的時鐘週期為 23ns。在不考慮管線級間暫存器延遲的情況下，上述運算單元管線化之後總延遲為 115ns。除第二管線級之外，其他管線級分別有 8ns、3ns、1ns 和 3ns 無效時間，這些無效時間被稱為**內部碎片** (Internal Fragmentation)。內部碎片時間的存在，使得完成一次運算的時長為 115ns，而非 100ns。在此情況下，設計管線時可以透過進一步細化運算過程，減小單級管線級長度，儘量使管線級長度保持平衡，以減少內部碎片時間，同時採用高速閂鎖器來降低管線級之間的延遲。在實際情況中，可能總會有一個運算步驟無法繼續分解為更小的運算過程。處理器和記憶體之間越來越大的存取速度差距，使得大量時間浪費在資料搬移上，這種現象被稱為**儲存牆** (Memory Wall)，致使記憶體存取在管線中扮演了這樣一個角色。因此，最佳化微架構定址模式的同時採用速度更快的快取，以此來緩解記憶體存取速度瓶頸。

2. 指令一致性不足

指令一致性不足是指具體指令在執行過程中對每個管線級的使用率並不一致。與支援單一指令的管線不同，處理器中指令管線的設計要滿足多種或多類指令的執行。與之矛盾的是，不是所有的指令執行都經過所有的管線級。舉例來說，在 RISC-V 指令集架構經典 5 級管線中，除了載入和儲存指令外，其他指令並不需要流經第四管線級，或流經這些管線級時什麼也不執行。這些在某些指令中沒有使用或空閒的管線級是另一種形式的無效時間，這些無效時間被稱為外部碎片 (External Fragmentation)。這是指令之間的差異引起的管線級使用率問題。另外，應注意到這樣一個問題：第一行指令從進入管線到執行完成，需要經過與管線級深度一致的時鐘週期數，這段時間內管線級存在閒置時間。在經典 5 級管線中，這種閒置時間為 5 個時鐘週期，這段空閒的時鐘週期被稱為指令填充時間。與之對應的是，最後一行指令從進入管線到離開管線，管線上同樣存在空閒時鐘週期，這樣的閒置時間被稱為指令排空時間。同樣地，經典 5 級管線的排空時間也為 5 個時鐘週期。為了提高管線的吞吐量應該儘量降低指令填充時間和排空時間在指令總執行時間中的比例，這在大量指令需要執行時成為可能。不同類型的指令對硬體資源需求是不一樣的，整合並儘量統一具有較大差異的硬體資源，做到支援所有類型的指令同時儘量減少外部碎片是管線設計的一大挑戰。減少指令的種類並降低指令的複雜度是解決這個挑戰的關鍵。RISC 架構正是為解決這樣的問題而生的。

3. 指令存在時間相關性

管線在指令執行過程中會出現各種原因的停頓，嚴重影響管線吞吐量。避免出現管線停頓的必要條件之一是指令之間相互獨立，特別是同時在管線上執行的指令避免存在資料或控制相關性。如果後續指令的執行需要當前指令的運算結果才能繼續，而當前指令還沒有執行到產生結果的管線級，那麼後續所有指令必須暫停並等待當前指令輸出運算結果，這一現象稱為**管線停頓** (Pipeline Stall)。管線停頓不可避免地導致後續管線級出現空閒。事實上，指令不可能完全相互獨立。指令管線必須採用一套指令相關性檢測機制檢測指令相關性，提前干預，盡可能避免出現管線停頓的現象。指令相關性檢測的難度與定址模式的複雜度有關，定址模式複雜度越高，相關性檢測難度越大。一般來說，暫存器定址模式下相關性檢測比較容易，而記憶體定址模式下較為困難。暫存器定址模式下相關性檢測可以透過在微架構硬體實現上增加部分銷耗來實現，也可以在程式編譯階段來檢測。

以上 3 個影響管線性能的因素需要在微架構設計時予以重點考慮，並與其他手段結合，如編譯器，儘量減小上述因素對流水線性能的影響。

2.1.4 管線冒險

管線冒險是指由於潛在不可控因素導致指令不能繼續執行或錯誤改變處理器狀態的情況。管線冒險致使當前指令需要停頓直到冒險解除，導致管線外部碎片的產生，降低了管線吞吐量。一般來說可能出現的冒險情形有 3 類：一是結構冒險，通常由硬體資源不足以滿足所有的指令組合而產生；二是資料冒險，由管線中指令間的相關性引起；三是控制冒險，分支指令或其他改變程式計數器的指令會導致此類冒險情況發生。以下詳細闡述上述 3 類冒險的產生原因以及應對方案。

1. 結構冒險

結構冒險最常見的原因是部分參與管線處理程序的硬體沒有完全管線化，不能滿足一個時鐘週期執行一行指令的要求；另一個原因是參與管線處理程序的硬體資源不足，無法同時回應一個以上的服務請求。舉例來說，如圖 2.3 所示，在 RISC-V 指令集架構經典 5 級管線中，指令提取階段和存取記憶體階段都要存取記憶體。如果指令和資料位於同一個記憶體，或這樣的記憶體只有一個通訊埠，那麼此時就會出現結構冒險。處於指令提取管線級的指令必須等待當前處於 MEM 管線級的指令完成對記憶體的存取。以上處理結構冒險的方法稱為管線停頓。管線停頓能夠處理這種冒險情況，但是管線會因此產生大量停頓 (原文為 Bubble，或 Stall) ，導致 CPI 升高和管線效率降低，應該儘量避免使用這種方法來處理結構冒險。處理結構冒險的另一種常用方法是改造導致結構冒險的硬體。上述結構冒險可以透過在記憶體中單獨設定 IM 和 DM 來解決，如圖 2.4 所示。實際上，這是處理器中一級快取常採用的儲存模式。需要特別指出的是，指令和資料在記憶體中是統一儲存的。除了記憶體會導致結構冒險，其實同時對通用暫存器組進行讀寫也會產生結構冒險，處理方法是為通用暫存器組增加單獨的讀寫通訊埠。在微架構設計中要考慮一個問題：如果解決結構冒險要付出超越管線停頓的代價，是否還要避免結構冒險？

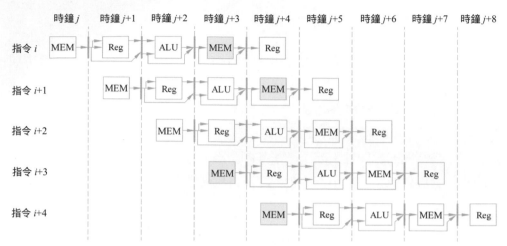

▲ 圖 2.3　管線結構冒險範例──記憶體存取

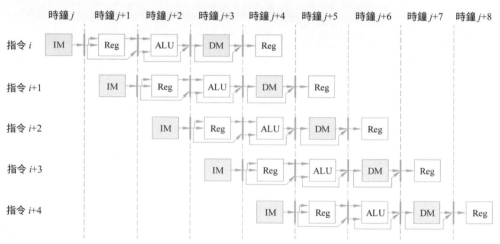

▲ 圖 2.4 管線結構冒險化解範例──單獨設定 IM 和 DM

2. 資料冒險

　　有別於非管線化處理,管線的引入改變了運算元的存取順序,資料存取順序與指令執行循序串列在潛在的違反情形。資料冒險是指當前指令執行需要前序指令的執行結果,但前序指令的結果在需要時仍未返回或未生成的情況。資料冒險按照是否可以化解且不會造成管線停頓分為兩種情況：一種情況資料冒險可以透過增加必要的硬體來化解；另一種情況即使增加硬體也無法化解，受影響的指令必須停止執行等待前序指令結果傳回。以下分別對這兩種情況詳細說明。首先考慮以下指令部分的管線化執行。

```
sub  x2, x1, x3
and  x4, x2, x5
add  x6, x2, x7
or  x8, x2, x9
xor x10, x2, x11
```

從以上指令部分可以看出，指令 sub 之後的指令都要用到該指令的運算結果。sub 指令在 WB 階段會將結算結果寫入暫存器 x2，然而指令 and、add 和 or 在 ID 階段就要用到 sub 指令的結果。若前一行指令未將結果寫回到暫存器，而後續指令從該暫存器讀取資料進行運算，則 and、add 和 or 指令的執行必然會發生資料冒險。and、add 和 or 指令處於 ID 階段時，sub 指令分別處於 EX 階段、MEM 階段和 WB 階段。透過硬體設計使資料可以在時鐘上昇緣寫入暫存器 x2，在此時鐘週期的後段就可以讀取該暫存器，並能獲取到預期資料，此時可以解決 or 指令執行過程的資料冒險。

然而，同樣的方法無法用來解決指令 and 和 add 遇到的資料冒險情況。透過仔細觀察可以發現，sub 指令的運算結果在 EX 階段結束後已經產生，儲存在管線級間暫存器中，同時 and 和 add 指令真正需要暫存器 x2 中資料在 EX 階段的輸入端。此時可以透過改造硬體轉發 sub 指令 ALU 產生的結果到 and 和 add 指令 ALU 的輸入端。這種解決資料冒險的技術稱為轉發 (Forwarding)。上述解決 and、add 和 or 指令執行過程資料冒險的方法如圖 2.5 所示。轉發技術的工作方式如下。

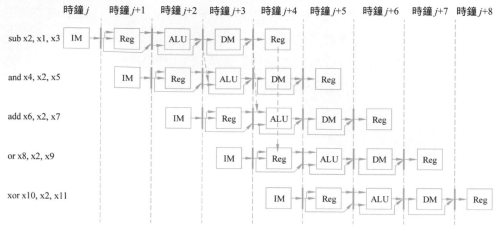

▲ 圖 2.5　管線轉發技術範例

(1) 將 EX 和 MEM 管線級執行結果總是轉發到 ALU 的輸入端。

(2) 透過硬體轉發邏輯檢測前序指令的 ALU 操作是否對當前指令的 ALU 操作的來源暫存器進行了寫入操作。若進行了寫入操作，則選擇轉發結果作為輸入，否則選擇從指定暫存器中讀出的資料作為運算元。

透過使用轉發技術，大部分的資料冒險都可以解決。然而，並不是所有的資料冒險都可以透過轉發技術消解。假如當前指令需要使用的資料在 EX 階段之前仍然沒有產生，那麼此時當前指令的執行必然會遇到資料冒險且無法透過轉發技術來解決。舉例來說，這樣的指令部分：

```
lw   x1, 0(x2)
add  x4, x1, x5
```

lw 指令用於從記憶體指定位址讀取資料，然後儲存在暫存器 x1 中，在 MEM 管線級結束之前並不會得到記憶體指定位址儲存的資料，然而 add 指令在 EX 階段就要真正使用該資料。這種情況必然會導致 add 指令資料冒險，而且無法透過硬體轉發來解決。這種情況可以透過增加硬體來檢測冒險。如果檢測到冒險，則透過互鎖機制，使當前指令管線停頓，直到資料冒險情況解除或前序指令執行完成。然而，管線停頓必然會導致停頓產生，導致管線降低效率。

3. 控制冒險

控制冒險是指由分支跳躍指令引入的潛在錯誤取指情況。跳躍位址或跳躍條件在指令解碼階段或執行時才能知曉，分支指令的下一個時鐘週期無法正確取到下一行指令。管線停頓可以用來處理控制冒險，但會降低管線執行效率。控制冒險造成的管線性能損失大於結構冒險和資料冒險。一個停頓週期管線會損失 10% ～ 30% 性能。控制冒險造成的停頓週期數取決於具體的分支跳躍指令。RISC-V 指令集架構中具有潛在控制冒險的情形包括無條件直接跳躍指令、無條件間接跳躍指令、有條件直接跳躍指令，以及函數呼叫和函數返回。其中，由於發生函數呼叫時函數入口位址位於指令立即數欄位或透過計算獲得，而函數返回時需要先從通用暫存器組內取出下一行指令的位址。因此，函數呼叫可以歸屬為無條件直接跳躍指令或無條件間接跳躍指令，而函數返回屬於無條件間接跳躍指令。下面介紹上述 3 類指令相關控制冒險情況。

(1) 無條件直接跳躍指令包含操作碼和立即數兩個欄位，是一行確定性跳躍指令，且跳躍位址在指令解碼階段才能透過當前 PC 值和指令中的立即數欄位計算得到。無條件直接跳躍指令可以透過增加硬體在取指階段計算跳躍位址，然後直接從計算得到的位址取下一行指令，這樣可以確保無條件直接跳躍指令不會引起管線停頓。

(2) 無條件間接跳躍指令在取指階段並不能直接得到跳躍位址，因為跳躍位址需要在執行時透過立即數和暫存器索引對應的暫存器中的基底位址計算得到，然後根據該跳躍位址從指令記憶體中獲取下一行指令。對於無條件間接跳躍指令，由於在執行時結束後才能獲取跳躍位址，因此解決無條件間接跳躍指令造成的控制冒險管線需要停頓兩個時鐘週期。

(3) 有條件直接跳躍指令具體是否進行跳躍要透過比較指令中兩個暫存器索引對應暫存器中的內容進行判斷，而這兩個暫存器中的內容在指令解碼階段結束時才能獲取。跳躍條件是否成立在執行時才能得到結果。因此，有條件直接跳躍指令需要使管線停頓兩個時鐘週期才能得到下一行指令的取指位址和跳躍條件。由於兩個數比較在硬體實現層面相對 ALU 來說相對簡單，因此在指令解碼階段透過專用的硬體來判斷跳躍條件是否成立。從有條件直接跳躍指令的欄位來看，立即數欄位包含了跳躍位址資訊，在指令提取階段可以透過與 PC

值一起計算得到跳躍位址。若跳躍條件成立，則將計算得到的跳躍位址存入 PC 暫存器，下一行指令從該位址取指。經過增加必要硬體，可以使有條件直接跳躍指令的管線停頓縮減為一個時鐘週期。

　　無條件直接跳躍指令透過硬體改造可以避免控制冒險，但是無條件間接跳躍指令和有條件直接跳躍指令必須使管線至少停頓一個時鐘週期才能消除控制冒險。為了使上述兩類指令在解決控制冒險時不會導致管線停頓，下面介紹一種延遲轉移技術。延遲轉移技術在程式碼編譯階段透過調整指令的執行順序，將符合要求的指令放在跳躍指令後面執行，這樣可以保持管線不停頓。用來填充時鐘空隙的指令要滿足兩個條件：一是該指令一定會執行；二是該指令不會改變跳躍指令的跳躍條件。這樣的指令一般從跳躍指令的前序指令去尋找，或直接是跳躍位址處的指令，甚至可以是跳躍指令後面未選中的指令。雖然延遲轉移技術可以解決控制冒險情況，但也有其局限性：一是滿足填充時鐘空隙條件的指令有限；二是編譯器預測能力有限。更有效的控制冒險解決機制將在 2.1.5 節介紹。

2.1.5　分支預測

　　隨著管線深度增加，跳躍或分支指令帶來的管線性能下降變得更加明顯，因此需要尋找一種更加積極的分支預測演算法，降低分支指令對流水線性能的影響。現有分支預測機制分為兩種：靜態分支預測和動態分支預測。以下簡單介紹這兩種分支預測機制，具體的分支預測演算法將在後續章節中詳細闡述。

　　靜態分支預測根據編譯時可用的資訊以及程式執行時期的統計資訊來嘗試預測分支是否會跳躍。這種分支預測機制有據可循，大量的統計資訊表明具體的分支指令總是傾向於跳躍或不跳躍。同時，靜態分支預測的準確性由預測機制的精確度和條件分支出現的頻度決定。SPEC 基準測試發現靜態分支預測機制在整數程式中預測錯誤率比浮點程式高。一般來說，這是因為整數程式中條件分支指令出現的頻率更高。

　　動態分支預測根據程式中分支指令的跳躍統計情況來預測當前的跳躍是否發生。分支歷史表或分支目標緩衝器用來統計分支指令過去的跳躍情況。以具有兩位元狀態位元的動態分支預測器為例，分支歷史表包含了 3 個欄位，分別儲存了分支指令位址、預測的目標位址以及兩位元預測狀態位元。當一個分支指令第一次執行時，將該指令放入分支歷史表並記錄分支跳躍情況。取指時，將指令位址同時發送到指令記憶體和分支歷史表，如果當前指令位址命中分支歷史表中的一筆記錄，則將該筆記錄中預測目標位址欄位中的位址取出，將預測的目標位址發送到指令記憶體，取出對應的指令然後循序執行。當前指令執行完成後，根據預測的分支位址是否正確來更新分支歷史表中對應的記錄。動態分支預測具有較高的預測準確性。一個具有 4K 分支歷史記錄的動態預測機制的錯誤率為 1% ～ 8%。

2.1.6 純量管線局限性

經典 5 級管線屬於純量管線。管線技術確實能夠提高處理器性能，但同時也有很大的局限性，使其性能無法繼續提升。純量管線主要有 3 方面的問題。

(1) 純量管線具有吞吐量上限。純量處理器只有一行指令管線，每一管線級同時只能處理一行指令，所有指令都要經過所有管線級。因此，純量管線的吞吐量上限不會超過每時鐘週期一行指令。雖然增加管線深度可以提高時鐘頻率，但這是以增加管線的硬體銷耗為代價。為提高管線吞吐量上限，可以考慮在一個流水段同時處理多行指令。

(2) 純量管線為指令統一管線。在前述經典 5 級管線中，第四管線級用來存取記憶體，只有載入和儲存指令需要經過第四管線級，其餘指令均不需要經過該管線級的處理。浮點指令或其他特殊的運算指令的執行需要多個時鐘週期且結構複雜，很難統一到一行管線中。複雜指令甚至不同類型的指令採用專用硬體來處理將是未來管線設計的方向。

(3) 純量管線為嚴格管線。在純量管線中，所有指令必須按照先後次序、步調一致處理。一旦管線冒險的情況發生，管線中後續指令必須停頓等待冒險解除。管線停頓必然導致管線性能下降。

以上是限制純量管線性能提升的 3 個問題。為了繼續提升處理器性能，現代處理器架構多採用超純量管線來處理指示。超純量管線一個週期可以發射多行指令，指令並存執行；支援指令亂序執行，進一步增強並行度。本書以純量管線為例進行撰寫，後續內容不對超純量管線繼續探究。

2.2 Ariane 微架構

2.1 節對處理器微架構中的重要組成——管線進行了介紹。接下來，以一個開放原始碼處理器核心——Ariane 為例，介紹 RISC-V 處理器的微架構實現細節。本節首先對 Ariane 開放原始碼專案介紹，然後從頂層介面、管線架構、資料流程、模組層次 4 個角度對 Ariane 的整體設計進行分析。

2.2.1 Ariane 簡介

Ariane 是由蘇黎世聯邦理工學院 (ETH Zurich) 設計開發並經過流片驗證的一款開放原始碼 64 位元 RISC-V 處理器核心。Ariane 的設計定位是應用級 (Application Class) 處理器，可以完整支援 Linux 作業系統，其基本特性如下。

(1) 6 級管線，單發射，循序執行架構。

(2) 支援 RISC-V64 GC 指令集，支援 M、S、U 特權等級。

(3) 支援動態分支預測，預測元件記錄深度可以參數化設定。

(4) 使用硬體乘法器、除法器，可設定的硬體浮點處理單元 (Floating-point Processing Unit，FPU)。

(5) 支援儲存管理元件 (Memory Management Unit，MMU)。

(6) 獨立的指令快取 (Instruction Cache，I-Cache) 和資料快取 (Data Cache，D-Cache)。

Ariane 使用 SystemVerilog 語言進行設計，程式風格良好，可讀性高，是學習 RISC-V 處理器設計的極佳範例。2020 年 6 月，Ariane 改名為 CVA6，作為 OpenHw 組織 Core-V 專案的一部分，移交 OpenHw 進行維護，本書後續統一以 Ariane 表示這個開放原始碼專案。

除了 Ariane，ETH Zurich 的 PULP(Parallel Ultra Low Power) 專案還開放了一系列原始程式碼，包括 32 位元處理器核心 RI5CY(4 級管線)，32 位元處理器核心 Zero-riscy(2 級管線)，AXI、APB 等匯流排 IP，以及 I2C、SPI、UART 等一系列外接裝置 IP，感興趣的讀者可到 PULP 的官方網站及 Github 上獲取更詳細的資訊。

2.2.2 頂層介面

Ariane 的頂層介面設計非常簡潔，除了時鐘、重置、中斷等必要的設定訊號外，主要透過一個 AXI Master 介面與其他模組進行資料互動。Ariane 頂層介面訊號及描述見表 2.2。表格中，「位元寬 / 類型」一列如果是數字，則表示該訊號的資料位元寬；如果是一個英文變數名稱，則表示該介面訊號是用結構定義的一組訊號的集合。

▼ 表 2.2　Ariane 頂層介面訊號及描述

訊號	方向	位元寬 / 類型	描述
clk_i	輸入	1	時鐘
rst_ni	輸入	1	重置
boot_addr_i	輸入	64	重置撤離後第一行指令的指令提取位址
hart_id_i	輸入	64	本 hart 的標識 ID
irq_i	輸入	2	外部中斷輸入 ,bit0 是 M 模式中斷 ,bit1 是 S 模式中斷
ipi_i	輸入	1	軟體插斷輸入 , 來自 CLINT
time_irq_i	輸入	1	計時器中斷輸入 , 來自 CLINT
debug_req_i	輸入	1	debug 請求輸入
trace_o	輸出	trace_port_t	定義 FIRESIM_TRACE 巨集的時候才生效 , 用於模擬時候輸出 trace 資訊
115_req_o	輸出	115_req_t	定義 PITON_ ARIANE 巨集的時候才生效 , 用於 OpenPiton 系統
115_rtrn_i	輸入	115_rtrn_t	定義 PITON_ ARIANE 巨集的時候才生效 , 用於 OpenPiton 系統
axi_req_o	輸出	req_t	從快取記憶體 (Cache) 發往匯流排的請求 , 包含所有輸出給 AXI 匯流排的訊號
axi_resp_i	輸入	resp_t	從匯流排返回 Cache 的回應 , 包含所有從 AXI 匯流排輸入的訊號

上述 Ariane 介面訊號，clk_i、rst_ni 是時鐘、重置訊號。boot_addr_i 可以用來設定處理器核心的啟動位址，在重置撤離之後，Ariane 會從 boot_addr_i 設定的位址開始提取指令。hart_id_i 被用作處理器核心的標識，其設定值會直接被映射到一個唯讀的控制和狀態暫存器 mhartid 中。irq_i、ipi_i、time_irq_i 是

中斷輸入訊號，關於中斷的詳細介紹，請讀者參考第 9 章。debug_req_i 是請求進入 debug 模式的輸入訊號。

　　axi_req_o、axi_resp_i 是一組 AXI Master 介面，這是 Ariane 與其他模組進行資料互動的主要通道。透過這組 AXI 介面，Ariane 可以控制各種外部設備，也能與存放裝置進行資料互動。採用通用的匯流排界面，使得 Ariane 可以便捷地整合到各種 AXI 系統單晶片中。

　　需要注意的是 trace_o、l15_req_o 和 l15_rtrn_i 這 3 組訊號，它們並不是必需的，可以透過巨集定義關閉。

　　trace_o 是軟體模擬偵錯介面，當打開 FIRESIM_TRACE 巨集，使用 EDA 軟體對暫存器傳輸級 (Register Transfer Level，RTL) 程式進行驗證時，該介面會輸出處理器核心在執行過程中的一些狀態資訊，並列印到記錄檔中，便於模擬偵錯。在進行 ASIC 實現時，該巨集被關閉，trace_o 介面也被關閉。

　　l15_req_o 和 l15_rtrn_i 介面在定義 PITON_ARIANE 巨集的時候生效，在將 Ariane 整合到 OpenPiton 系統時，這組介面才會被使用，用於處理器核心 Ariane 與 OpenPiton 系統的通訊。OpenPiton 是普林斯頓大學 (Princeton University) 設計並開放原始碼的一套多核心處理器框架。本書主要分析 Ariane 的設計，對於 OpenPiton 不做進一步的介紹，讀者可以登入 OpenPiton 專案官網進行了解。

　　在 Ariane 的原始程式碼中，將常用的訊號都打包成結構，在後續的使用中直接使用結構對這組訊號進行定義和引用。舉例來說，axi_req_o、axi_resp_i 分別被定義成 req_t、resp_t 類型，這是對 AXI 匯流排訊號的打包，req_t 類型定義了所有從 Ariane 發往 AXI 匯流排的訊號，resp_t 類型定義了所有從 AXI 匯流排傳回 Ariane 的訊號。這兩個資料型態的定義如下。

```
ariane_axi_pkg.sv
//Request/Response structs
typedef struct packed {
    aw_chan_t       aw;
    logic           aw_valid;
    w_chan_t        w;
```

```
    logic           w_valid;
    logic           b_ready;
    ar_chan_t       ar;
    logic           ar_valid;
    logic           r_ready;
} req_t;
typedef struct packed {
    logic           aw_ready;
    logic           ar_ready;
    logic           w_ready;
    logic           b_valid;
    b_chan_t        b;
    logic           r_valid;
    r_chan_t        r;
} resp_t;
```

以 AXI 匯流排中的 AW 通道為例，共包括 aw、aw_valid、aw_ready 3 個訊號。其中 aw_valid、aw_ready 被定義成單位的 logic 類型，組成 AW 通道的交握訊號。aw 訊號又被進一步巢狀結構定義成 aw_chan_t 類型，定義如下。

```
ariane_axi_pkg.sv
//AW Channel
typedef struct packed {
    id_t                id;
    addr_t              addr;
    axi_pkg::len_t len;
    axi_pkg::size_t     size;
    axi_pkg::burst_t    burst;
    logic               lock;
    axi_pkg::cache_t    cache;
    axi_pkg::prot_t     prot;
    axi_pkg::qos_t qos;
    axi_pkg::            region_tregion;
```

```
    axi_pkg::              atop_tatop;
} aw_chan_t;
typedef logic[ariane_soc::IdWidth-1:0]  id_t;
typedef logic [AddrWidth-1:0]                   addr_t;
axi_pkg.sv
typedef logic[1:0]         burst_t;
typedef logic[1:0]         resp_t;
typedef logic[3:0]         cache_t;
typedef logic[2:0]         prot_t;
typedef logic[3:0]         qos_t;
typedef logic[3:0]         region_t;
typedef logic[7:0]         len_t;
typedef logic[2:0]         size_t;
typedef logic[5:0]         atop_t;//atomic operations
typedef logic[3:0]         nsaid_t; //non-secure address identifier
```

透過把常用的公共訊號提取出來，定義成資料結構使用，可以大大降低程式的維護難度，提高程式的可攜性以及可讀性。

在 Ariane 原始程式碼中，與 RISC-V 架構相關的資料結構被定義在 riscv_pkg.sv 中；與 Ariane 核心緊密相關的資料結構被定義在 ariane_pkg.sv 中；與 AXI 匯流排相關的資料結構被定義在 ariane_axi_pkg.sv 中以及 AXI 原始程式碼的 axi_pkg.sv 中；與 Cache 相關的資料結構被定義在 std_cache_pkg.sv、wt_cache_pkg.sv 中。讀者可以在學習原始程式碼時自行查閱。

▌2.2.3 管線架構 ▌

2.1 節對通用的管線設計方法進行了介紹，本節以 Ariane 為例，介紹管線設計方法在實際微架構實現中的應用。

Ariane 是一個 6 級管線，單發射循序執行的處理器核心，其管線結構如圖 2.6 所示。圖中，灰色方框部分是管線暫存器，包括 PC-IF、IF-ID、ID-Issue、Issue-EX、EX-Commit。與 2.1 節介紹的經典 5 級管線相比，為了提高時鐘頻率，

Ariane將指令提取管線級拆分成PC生成、取指兩個管線級，取消MEM管線級，增加指令發射管線級，同時使用指令提交管線級替代寫回管線級，以支援硬體推測技術。

　　PC 生成管線級主要生成取指位址，然後向 I-Cache 發出請求，傳回的資料被放到 PC-IF 管線暫存器暫存。因為從 I-Cache 的**靜態隨機記憶體 (Static Random Access Memory，SRAM)** 傳回的資料延遲時間比較大，透過 PC-IF 暫存器暫存資料，可以減小組合邏輯的深度，降低關鍵路徑的延遲。取指管線級對 I-Cache 傳回的資料做指令重新對齊、分支預測後，送入 IF-ID 管線暫存器暫存。IF-ID 是一個暫存器佇列，也被稱為**指令佇列 (Instruction Queue)**，以此為界限，Ariane 可以被劃分為**前端 (Frontend)** 和**後端 (Backend)**。

　　需要注意的是，EX-Commit 管線暫存器，在圖 2.6 中用虛線表示，因為在 Ariane 的實現中，EX-Commit 並不是一個物理上獨立實現的管線暫存器。在微架構中，指令執行的結果被傳回到指令發射級，存放在記分板 (Scoreboard) 中。因此，記分板實際上有著 EX-Commit 管線暫存器的作用。

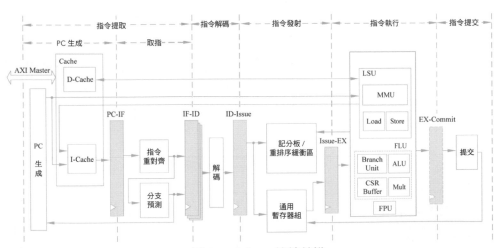

▲ 圖 2.6　Ariane 管線結構

　　下面，對 Ariane 管線中各級功能做進一步介紹。

1. PC 生成

產生下一行指令的取指位址，向 I-Cache 發出請求，並接收指令資料後暫存到 PC-IF 暫存器。PC 生成邏輯向 I-Cache 發出的是虛擬位址，I-Cache 需要向 MMU 請求位址翻譯，得到物理位址之後，獲取相應指令資料並傳回。

2. 取指

從 I-Cache 取資料的位元寬是 32/64 位元。由於存在 16 位元壓縮指令的間插，因此指令資料在記憶體中並不是 32 位元位址對齊的。可能存在本次取回來的最後一行指令只取回低 16 位元資料，需要再執行一次取指操作才能得到指令資料的高 16 位元，再將其拼成一行完整指令的情況。因此需要對 I-Cache 取回來的指令做重新對齊處理 (Instr_Realign)，統一變成 32 位元資料位元寬之後儲存到指令佇列中。同時，還要對指令做分支預測，將預測結果傳回給 PC 生成管線級用於提取下一行指令。

3. 指令解碼

從指令佇列取指令之後，首先將壓縮指令展開成等效的 32 位元完整指令形式，然後統一對 32 位元指令進行解碼，解碼後的指令以記分板的資料結構 (圖 2.7 中 scb 域區段) 儲存在暫存器中。

4. 指令發射

從指令解碼管線級接收指令，並將其發送到指令執行管線級中對應的功能單元中。指令發射的功能可以進一步劃分為 3 部分。

(1) 讀取操作數。維護處理器核心的通用暫存器組，從指令解碼管線級接收到指令後，將來源運算元 rs1、rs2、rs3(僅浮點指令需要 rs3) 讀出再暫存到 Issue-EX 暫存器。

(2) 發射。根據指令的類型、來源運算元的狀態 (是否已經讀出) 和功能單元的狀態 (是否空閒)，將指令發射到對應的功能單元執行。指令發射管線級中維護一個發射佇列，用來追蹤已經被發射但是還沒有被提交的指令，發射佇列的資料結構如圖 2.7 所示。指令被發射到功能單元後，issued 域區段被置 1；指令被提交後，issued 域區段清零。功能單元執行完指令之後，scb.valid 域區段被置 1，同時結果被寫入 scb.result 中。

▲ 圖 2.7 發射佇列的資料結構

(3) 寫回。功能單元執行完成後的結果先寫回 scb.result 中，在這行指令被提交時，結果才會被真正寫入通用暫存器組。

5. 指令執行

從指令發射管線級接收資料並執行具體的運算。指令執行管線級中的功能單元包括以下 3 類。

(1) 固定延遲單元 (Fixed Latency Unit，FLU)。可以在固定的時鐘週期內輸出運算結果，所有的 FLU 共用一個向記分板寫回結果的通訊埠。

(2) 載入和儲存單元 (Load Store Unit，LSU)。專門用於處理載入和儲存指令，其中包含了 MMU 模組進行虛擬位址的轉換，LSU 的執行時間不確定。

(3) 浮點處理單元 (Floating-point Processing Unit，FPU)。專門用於處理浮點指令。

6. 指令提交

管線的最後一級，指令執行管線級寫回記分板的資料還沒有被真正寫入通用暫存器組，處於可以被撤銷的狀態。只有指令被提交時才會改變處理器核心中的控制和狀態暫存器、通用暫存器組等。

2.2.4 資料流程

2.2.3 節分析了 Ariane 管線結構，本節介紹在處理器中一行指令從取指到提交的全過程。

　　Ariane 取指令執行的資料流程如圖 2.8 所示。圖中，黑色粗線標示的就是指令在處理器核心 Ariane 中的流動過程，粗線中的阿拉伯數字所代表的具體操作如下。

　　(1) PC 生成管線級產生取指位址後，向 I-Cache 發出取指請求，取回的指令資料暫存到 PC-IF 暫存器。

　　(2) I-Cache 取回的資料，經過指令重新對齊、分支預測處理後暫存到 IF-ID 暫存器 (即指令佇列)。

　　(3) 指令解碼管線級從指令佇列取出指令，解碼之後暫存到 ID-Issue 暫存器。

　　(4) 指令發射管線級從 ID-Issue 暫存器取出指令，將運算元讀出之後儲存在 Issue-EX 暫存器，所有被發射出去的指令都在記分板中分配一個記錄儲存指令資訊。

　　(5) 指令執行管線級從 Issue-EX 暫存器取指令，根據指令類型將其分配到不同的功能單元中進行運算，運算結果被寫回指令發射管線級中的記分板中。

　　(6) 指令提交管線級首先檢查指令是否執行完 (scb.valid=1)，然後再判斷該指令是否符合提交條件，如果符合則將暫存在記分板的指令結果寫回通用暫存器組。當一行指令被提交後，它就走完在處理器中的全流程。

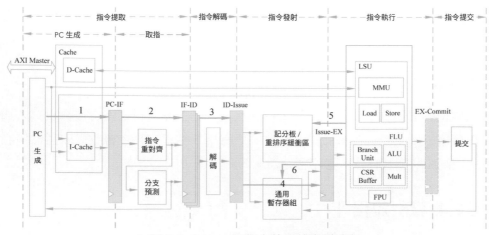

▲ 圖 2.8　Ariane 取指令執行的資料流程

2.2.5 模組層次

Ariane 的模組頂層名稱是 ariane，對應的原始檔案是 ariane.sv。Ariane 的頂層實體化的子模組如圖 2.9 所示。

▲ 圖 2.9 Ariane 頂層模組

各模組的功能簡介如下：

(1) Frontend： 處理器核心前端，包括 PC 生成、取指兩級管線級。

(2) ID_Stage： 指令解碼管線級。

(3) Issue_Stage： 指令發射管線級。

(4) EX_Stage： 指令執行管線級。

(5) Commit_Stage： 指令提交管線級。

(6) CSR_Regfile： CSR。

(7) Perf_Counter： 效能計數器，對指定的事件進行計數。

(8) Controller： 控制器，用於產生管線刷新訊號。

(9) Cache_Subsystem：Cache 子系統，可以被設定成 Std_Cache 或 Wt_Cache。

Ariane 在 RTL 程式中的實體化層次如表 2.3 所示。其中，LEVEL1 表示 Ariane 頂層實體化的一級模組；LEVEL2 表示對應的一級模組下實體化的二級模組；LEVEL3 表示對應的二級模組下實體化的三級模組。

Ariane 中模組實體化名稱的命名規則是在模組名稱加上 i_ 首碼或 _i 尾碼，模組對應的原始檔案的檔案名稱與模組名稱一致。舉例來說，i_frontend 是 Frontend 模組在 Ariane 頂層中的實體化名稱，對應的原始檔案是 frontend.sv。根據表 2.3，讀者可以快速找到各級子模組在整個處理器核心 Ariane 中的層次位置，以及對應的原始程式碼檔案。

▼ 表 2.3 Ariane RTL 程式層次結構

TOP	LEVEL1	LEVEL2	LEVEL3	模塊說明
Ariane 頂層 ariane	指令提取頂層模組 i_frontend	i_instr_realign		指令重對齊
		i_ras		RAS 分支預測元件
		i_btb		BTB 分支預測元件
		i_bht		BHT 分支預測元件
		i_instr_scan		預解碼邏輯
		i_instr_queue		指令佇列
	指令解碼頂層模組 id_stage_i	compressed_decoder_i		壓縮指令解碼
		decoder_i		標準指令解碼
	指令發射頂層模組 issue_stage_i	i_re_name		暫存器重新命名
		i_scoreboard		記分板 / 重排序緩衝區
Ariane 頂層 ariane	指令執行頂層模組 ex_stage_i	讀取操作數邏輯 i_issue_read_operands	i_ariane_regfile	通用暫存器組
		alu_i		ALU 模組
		branch_unit_i		分支執行模組
		csr_buffer_i		CSR 緩衝暫存器
		乘除法模組頂層 i_mult	i_multiplier	乘法器
			i_div	除法器
		fpu_i		FPU 模組頂層
		LSU 模組頂層 lsu_i	i_mmu	MMU 模組
			i_store_unit	儲存模組
			i_load_unit	載入模組
			lsu_bypass_i	LSU 旁路模組
	commit_stage_i			指令提交模組
	csr_regfile_i			CSR
	i_perf_counter			效能計數器
	controller_i			控制器
	i_cache_subsystem			Cache 子系統頂層

2.3 本章小結

　　微架構是指令集的一種具體實現方案。本章首先介紹了處理器微架構中管線的相關概念以及設計方法，然後以開放原始碼處理器核心 Ariane 為例介紹了其頂層微架構設計。第 3 ～ 7 章以 Ariane 為例，進一步介紹管線中各級流水的功能及設計方案。第 8 章介紹了儲存管理子系統，第 9 章介紹了中斷和異常子系統的設計。

第3章
指令提取

指令提取 (Instruction Fetch)，又稱取指，位於處理器管線架構的第一級，主要功能是從記憶體中取出指令，並送給解碼單元。本章首先概述指令提取單元的功能；其次對指令提取單元中的關鍵模組——分支預測進行詳細介紹；最後以開放原始碼 Ariane 處理器核心為例，介紹指令提取單元設計的細節。

3.1 指令提取概述

指令資料通常儲存在**指令緊耦合記憶體** (Instruction Tightly Coupled Memory，ITCM) 或**指令快取** (I-Cache) 中。ITCM 一般用片上 SRAM 實現。ITCM 硬體實現簡單、速度快、存取延遲確定，適合即時性要求較高的場景或嵌入式裝置，但容量有限。如果指令資料比較大，就需要把程式儲存在片外的 DDR 或 Flash 記憶體中。由於外部記憶體存取速度很慢，通常使用 I-Cache 作為處理器跟片外存放裝置之間的緩衝，此時，指令提取單元直接從 I-Cache 取出指令。

指令提取單元吞吐量會影響解碼、發射、執行等後續管線級的吞吐量。取指位於管線第一級，管線吞吐量受限於取指管線級的吞吐量。一旦指令提取出現停頓，管線必然產生停頓。因此，為了提高處理器的性能，指令提取單元必須能夠快速連續地從指令記憶體中取出正確的指令。在微架構實現中，影響取指效率的主要因素有以下兩個。

1. 非對齊指令

指令集中可能存在不同位元寬的指令。RISC-V 指令集架構中，存在 32 位元位元寬的標準指令和 16 位元位元寬的壓縮指令。一行完整指令的 2 進制表示稱為指令字。壓縮指令混合在標準指令中，導致指令字在記憶體中的儲存位置不是 32 位元位址對齊。一次取指操作取回來的資料稱作取指資料。取指位元寬是 32 位元，取指操作中取回來一筆壓縮指令和一行標準指令的低 16 位元資料，則稱這次取指取到了非對齊指令。非對齊指令需要經過兩次取指操作，分別取回低 16 位元資料和高 16 位元資料，然後才能拼湊出一個完整的指令字。

2. 控制流指令

當指令序列存在可能影響處理器架構狀態的 CSR 指令和 fence 指令，或出現中斷和異常等情況，進行管線刷新時，指令提取單元就需要重新取指。另外，分支指令在執行單元進行分支解析之後才能準確知道分支是否跳躍，以及跳躍目標位址，因此分支指令也會對取指連續性造成影響。

在超純量處理器中，指令提取單元一次取出多筆完整指令，除了受上述因素限制之外，取指位元寬也會對吞吐量造成影響。假設超純量處理器一次需要取回 m 筆位址連續的指令，如果這 m 行指令的第一筆剛好位於取指資料的中部或尾部，那麼就需要執行兩次取指操作，才能完整取回這 m 筆位址連續的指令。

3.2　分支預測演算法

指令提取單元取到分支指令之後，如果等待執行單元進行分支解析，得到分支結果後才繼續取下一行指令，則會造成管線出現停頓。為了保持管線的連續性，指令提取單元需要對分支指令進行預測並根據預測結果取下一行指令。如果預測正確，則不會對管線造成任何影響；如果預測失敗，則需要刷新管線，並從正確的位址重新開始取指。

分支預測的目標可以分為兩類：預測分支是否跳躍以及跳躍的目標位址。針對跳躍位址的預測，可以採用**分支目標緩衝器** (Branch Target Buffer，BTB) 或**返回位址堆疊** (Return Address Stack，RAS)。針對分支是否跳躍的預測，則可以採用靜態分支預測方法或動態分支預測演算法。

靜態分支預測演算法很容易理解，對於所有分支指令，指令提取單元總是預測為跳躍或不跳躍。靜態分支預測在硬體實現上簡單，但是預測準確性較低。為了提高分支預測的準確性，可以採用動態分支預測演算法。下面對幾種常見的動態分支預測演算法介紹。

3.2.1　2 位元飽和計數器

動態分支預測演算法使用分支跳躍的歷史資訊來預測當前分支的結果。

最簡單的動態分支預測演算法是用一個 1 位元記錄暫存器來儲存最近一行分支指令的執行結果，然後把記錄暫存器的值作為下一條分支的預測值。舉例來說，執行單元每次完成分支指令解析之後，都更新記錄暫存器：如果該分支發生跳躍，則記錄暫存器置 1，否則清零。指令提取單元在取指過程中遇到分支指令，就查詢這個記錄暫存器，如果為 1，則預測這條分支需要跳躍，並從預測的跳躍位址取指令；如果為 0，則預測分支不跳躍，直接取下一行指令。

使用 1 位元記錄暫存器進行預測，雖然簡單，但具有較高的預測準確性。為了進一步提高預測準確性，可以增大記錄暫存器位元寬。最常用的方法是採用一個 2 位元飽和計數器來記錄分支跳躍的歷史資訊。2 位元飽和計數器如圖 3.1 所示。

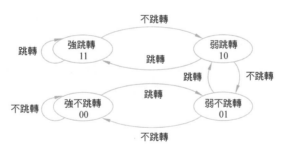

▲ 圖 3.1　2 位元飽和計數器

這個飽和計數器有 4 個狀態：**強跳躍** (Strong Taken)、**弱跳躍** (Weak Taken)、**強不跳躍** (Strong Not Taken) 和**弱不跳躍** (Weak Not Taken)。飽和計數器初始狀態為強不跳躍，執行分支指令之後根據執行結果按照上面的狀態轉移圖進行狀態遷移。當分支指令連續出現跳躍，飽和計數器就處於強跳躍狀態，此時只有連續出現兩行分支指令都不跳躍，飽和計數器才會從強跳躍狀態切換到弱不跳躍狀態，預測結果從判定跳躍變成判定不跳躍。2 位元飽和計數器記錄了更多的分支歷史資訊，在強跳躍到強不跳躍之間設定兩個緩衝狀態可以取得更好的預測精度。

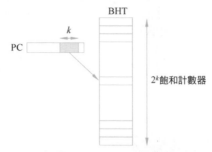

▲ 把圖 3.2　BHT 的硬體實現

多個 2 位元飽和計數器組織到一起組成一個分支歷史表 (Branch History Table，BHT)。所有分支指令在 BHT 中都可以有獨立的記錄用於分支歷史記錄。使用分支指令 PC 值的低位元作為索引來搜索 BHT。由於 RISC-V 指令位元寬是 16 位元或 32 位元，PC 值的最低位元沒有任何表徵意義，需要捨棄。

BHT 的硬體實現如圖 3.2 所示。使用 PC 值中的低 k 位元作為索引，則 BHT 需要包含 2^k 個記錄。在指令提取單元中，當取到分支指令之後，使用其 PC 值從 BHT 中查詢到對應的記錄，並根據記錄中的 2 位元飽和計數器的值進行分支預測。

由於硬體資源有限，分支歷史表容量不可能無限大，使得每條分支指令都有自己獨立的記錄記錄。實際上，可能出現多個不同的分支指令共用同一個資料表項的情況，這樣會造成不同分支之間互相干擾，降低預測準確性。在具體的微架構實現中，需要在記錄的數量和硬體資源之間進行權衡。

3.2.2　兩級分支預測器

2 位元飽和計數器只利用了預測分支的歷史資訊，並沒有使用預測分支之外的其他分支的資訊，因此這種方法屬於局部分支預測演算法。與此相對應，全域分支預測演算法不僅利用預測分支的歷史資訊，還同時使用與其臨近的分支的歷史跳躍資訊。

1991 年，密西根大學 Tse-Yu Yeh 等人首次提出了兩級自我調整分支預測器，這種預測器也稱相關預測器。兩級分支預測器由一個分支歷史暫存器

(Branch History Register，BHR)和模式歷史表(Pattern History Table，PHT)組成，
結構如圖 3.3 所示。

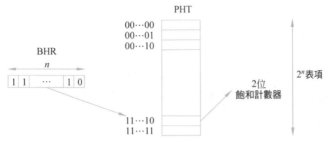

▲ 圖 3.3 兩級分支預測器

　　BHR 記錄了最近的分支跳躍資訊，1 表示該分支發生跳躍，0 表示沒有跳
躍。每次執行單元完成分支解析之後，就將結果更新到 BHR 中。PHT 是一個
記錄分支歷史跳躍資訊的表格，每個記錄可以用 1 個 2 位元飽和計數器實現，
也可以用其他預測演算法實現。指令提取單元取到分支指令之後，以 BHR 的
值作為 PHT 的索引，根據索引到的記錄資料預測該分支是否跳躍。

3.2.3 Gshare 分支預測器

　　兩級分支預測器使用 BHR 中儲存的最近分支歷史資訊作為 PHT 的索引，
會存在嚴重的別名衝突。不同分支資訊互相干擾，從而降低了預測準確性。
Gshare 分支預測器額外使用了分支 PC 值作為索引資訊，這樣可以減少干擾。
Gshare 預測演算法如圖 3.4 所示。

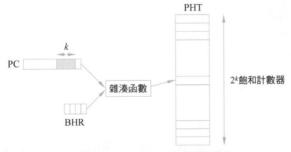

▲ 圖 3.4 Gshare 分支預測器

　　該演算法與兩級分支預測器的主要區別在於索引部分。預測分支的 PC 值
與 BHR 的值先做一次雜湊運算之後，再把結果作為 PHT 的索引。實驗表明，

把 PC 值跟 BHR 逐位元互斥後作為 PHT 的索引，就可以簡單有效地減少分支衝突。

3.2.4 分支目標緩衝器

對於分支目標預測，通常採用分支目標緩衝器 (BTB) 實現。BTB 的結構與圖 3.2 的結構類似，只是記錄中儲存的是預測的分支跳躍位址 (簡稱預測位址)，如圖 3.5 所示。

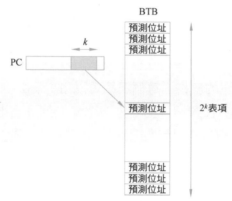

▲ 圖 3.5 分支目標緩衝器

BTB 的預測原理很簡單： 把上一次的分支跳躍結果作為本次分支的預測值。每次執行一行分支指令後，就把其跳躍位址更新到 BTB 中。下一次指令提取單元遇到這條分支，就從 BTB 中查詢對應的記錄，把資料作為預測的跳躍位址。由於記錄的容量有限，必然存在不同的分支指令共用同一個記錄的情況，造成分支間的干擾，降低預測準確性。

3.2.5 返回位址堆疊

對於函數呼叫和函數返回指令，雖然也可以使用 BTB 進行分支位址預測，但是有一種更簡單高效的方式可以對這種指令進行位址預測，那就是返回位址堆疊 (RAS)。發生函數呼叫時，將函數呼叫的下一行指令的 PC 值存入堆疊。在函數返回時，從 RAS 彈出一個 PC 值，作為返回位址的預測結果。在

RISC-V 指令集標準手冊中，對 RAS 存入堆疊及移出堆疊的行為做了明確定義，當 JAL、JALR 指令滿足表 3.1 的條件時，需要執行對應的 RAS 操作 (表 3.1 中的 link 表示 x1 或 x5 暫存器)。

rd	rs1	rs1=rd	RAS 行為
!link	!link	—	—
!link	link	—	移出堆疊
link	!link	—	存入堆疊
link	link	0	移出堆疊 , 然後存入堆疊
link	link	1	存入堆疊

3.3 指令提取單元設計

3.1、3.2 節對指令提取單元的功能及分支預測演算法介紹，本節將以開放原始碼處理器核心 Ariane 為例，分析其指令提取單元設計的細節。Ariane 指令提取單元是 Frontend 模組，頂層模組原始程式碼檔案是 frontend.sv。本節首先從模組頂層對其進行整體分析，介紹 Frontend 的內部結構及其週邊連接關係，然後對指令提取單元中的指令重新對齊、分支檢測、分支預測、指令佇列等子模組進行詳細分析。

3.3.1 整體設計

Ariane 指令提取單元的整體設計如圖 3.6 所示。

在 Ariane 的微架構實現中，指令被儲存在外部記憶體中，Cache 是資料緩衝區。因此為了取指令，需要有介面邏輯負責與 Cache 之間的資料互動，這部分功能由左邊虛線框中的 Cache_Itf 完成。

在透過 Cache_Itf 向 Cache 發出請求時，需要產生取指位址，PC_Gen 是取指位址的生成邏輯。存在多種場景會造成取指位址不連續，產生跳躍，PC_Gen 要對這些情況進行監控，並選擇正確的取指位址，生成 fetch_addr 送給 Cache_Itf。

Ariane 支援 RISC-V 壓縮子集，16 位元壓縮指令與 32 位元標準指令混合

儲存在指令記憶體中。從 Cache 取回來的資料可能是非對齊指令，因此需要先
對取回來的資料做重新對齊處理，恢復完整的指令字。

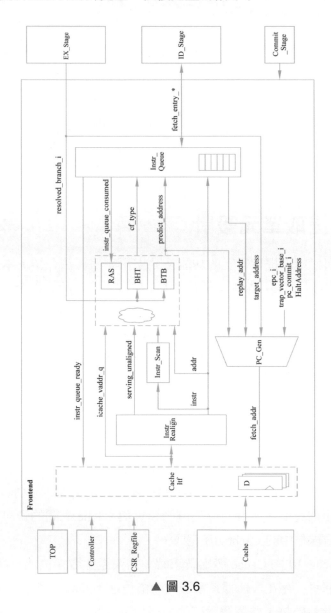

▲ 圖 3.6

在指令提取單元中，分支指令會對取指位址產生影響，因此首先需要判斷
是否取到分支指令。Instr_Scan 是嵌入 Frontend 中的輕量級預解碼邏輯，可以

判斷取回來的指令是不是分支指令，從而決定是否進行分支預測。如果是分支指令，需要預測其是否跳躍，以及跳躍的位址。3.2 節已經介紹了幾種常用的分支預測演算法，在 Ariane 中，採用 RAS、BHT 和 BTB 進行動態分支預測。

經過重新對齊後的指令字及分支預測結果最終被儲存到指令佇列中，等待後級的指令解碼單元取出。

圖 3.6 中，標示出了 Frontend 與其他模組的連接關係，表 3.2 對 Frontend 模組介面進行了詳細說明。

▼ 表 3.2 Frontend 模組介面清單

	訊號	方向	位元寬 / 類型	描述
TOP	clk_i	輸入	1	時鐘
	rst_ni	輸入	1	重置
	flush_bp_i	輸入	1	刷新分支預測管線
	boot_addr_i	輸入	64	啟動位址，重置時生效
Controller	set_pc_commit_i	輸入	1	將 PC 值設定為 commit 指令的下一個位址
	flush_i	輸入	1	刷新 PC_Gen 管線
CSR_Regfile	debug_mode_i	輸入	1	debug 模式
	set_debug_pc_i	輸入	1	跳躍到 debug 位址 (由硬體編碼決定)
	epc_i	輸入	VLEN	異常 PC, 當 eret_i 有效時跳躍
	eret_i	輸入	1	跳躍到 epc
	trap_vector_base_i	輸入	VLEN	ex_valid_i 有效時跳躍
Cache	icache_dreq_i	輸入	icache_dreq_o_t	Cache 返回的回應
	icache_dreq_o	輸出	icache_dreq_i_t	給 Cache 發出的請求
EX_Stage	resolved_branch_i	輸入	bp_resolve_t	EX_Stage 級返回分支執行情況，更新分支預測元件
Commit_Stage	pc_commit_i	輸入	VLEN	Commit_Stage 返回 PC 值由 set_pc_commit_i 指示
	ex_valid_i	輸入	1	異常 valid 訊號

	訊號	方向	位元寬 / 類型	描　　　　述
ID_Stage	fetch_entry_ready_i	輸入	1	送給指令佇列的 ready 訊號
	fetch_entry_o	輸出	fetch_entry_t	指令佇列輸出的資料結構
	fetch_entry_valid_o	輸出	1	指令佇列輸出資料 valid 標識

　　管線資料路徑上，Frontend 與前級的 I-Cache 進行互動。Frontend 向 I-Cache 發出請求的介面是 icache_dreq_o，被定義為 icache_dreq_i_t 資料型態，具體定義如下：

```
ariane_pkg.sv
typedef struct packed {
    logic           req;        //we request a new word
    logic           kill_s1;    //kill the current request
    logic           kill_s2;    //kill the last request
    logic [riscv::VLEN-1:0]vaddr;
} icache_dreq_i_t;
```

　　Frontend 透過將 req 置高向 Cache 發出取指請求，請求的位址 vaddr 是虛擬位址。在出現管線刷新、分支預測失敗等情況時，Frontend 會將 kill_s1 或 kill_s2 置高，通知 Cache 撤銷之前發出的取指請求。

　　Cache 向 Frontend 傳回的資料介面是 icache_dreq_i，被定義成 icache_dreq_o_t 資料型態，具體定義如下：

```
ariane_pkg.sv
typedef struct packed {
    logic                   ready;  //icache is ready
    logic                   valid;  //signals a valid read
    logic[FETCH_WIDTH-1:0]  data;   //2+cycle out: tag
    logic[riscv::VLEN-1:0]  vaddr;  //virtual address out
    exception_t             ex;     //we've encountered an exception
} icache_dreq_o_t;
```

ready 是 Cache 與 Frontend 之間的交握訊號。valid 是 Cache 傳回的資料是否有效的指示訊號,高電位表示資料有效。Cache 傳回的資訊包括資料 data、該資料對應的虛擬位址 vaddr 及異常資訊 ex。

Frontend 與後級 ID_Stage 進行互動的介面是 fetch_entry_*。其中,fetch_entry_valid_o、fetch_entry_ready_i 是 Frontend 和 ID_Stage 兩級管線之間的交握訊號。fetch_entry_o 是互動資料,被定義成 fetch_entry_t 資料型態,具體定義如下:

```
ariane_pkg.sv
typedef struct packed {
    logic [riscv::VLEN-1:0]    address;           //instruction address
    logic [31:0]               instruction;       //instruction word
    branchpredict_sbe_t        branch_predict;    //branch prediction
    exception_t                ex;                //exceptions
} fetch_entry_t;
```

address 是指令位址,Instruction 是 32 位元的指令字,branch_predict 是指令提取單元對分支指令的預測結果,ex 是異常資訊。

透過上面的分析,讀者可以對 Ariane 中指令提取單元 Frontend 模組的功能、外部介面有一個整體認識,接下來對 Frontend 中幾個關鍵子模組的設計進行詳細分析。

3.3.2 指令重新對齊

Frontend 每次從 Cache 中取回 32 位元的資料。由於壓縮指令的間插,這 32 位元的取指資料不一定是一個完整的指令字,因此需要透過 Instr_Realign 模組進行重新對齊,恢復出完整的指令字。指令重新對齊模組 Instr_Realign 的邏輯設計方塊圖如圖 3.7 所示。

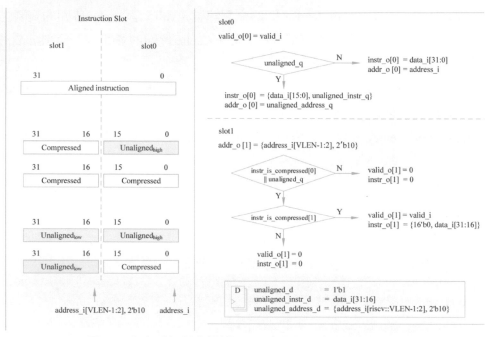

▲ 圖 3.7　指令重新對齊模組 Instr_Realign 的邏輯設計方塊圖

當取指寬度為 32 位元時，由於壓縮指令的間插，從 Cache 取回來的指令資料的可能組合如圖 3.7 中的 Instruction Slot(指令槽) 所示。取指資料可能是以下 5 種情況。

(1) 組合 1： 一行完整的 32 位元標準指令。

(2) 組合 2： 一行完整的壓縮指令加上一行標準指令的高 16 位元。

(3) 組合 3： 兩行完整的壓縮指令。

(4) 組合 4： 一行標準指令的低 16 位元加上另一行標準指令的高 16 位元。

(5) 組合 5： 一行標準指令的低 16 位元加上一行完整的壓縮指令。

在極限情況下，這 32 位元資料可能包含兩個完整的壓縮指令，也就是一次取指解析出兩行指令。因此，以 16 位元為單位，將這 32 位元的取指資料劃分為兩個指令槽 slot0 和 slot1。slot0 的輸出是 valid_o[0]、instr_o[0]、addr_o[0]；slot1 的輸出是 valid_o[1]、instr_o[1]、addr_o[1]。valid_o[] 表示對應的 slot 是否有有效指令，instr_o[] 是其對應的指令字。

　　組合 4 和組合 5 的兩種情況，取指資料的高 16 位元都是一行標準指令的低 16 位元，需要與下一個取指資料拼接起來才能湊成一行完整的標準指令。因此，用暫存器 unaligned_instr_d 把資料先暫存起來，等待下一次取指資料回來後對其進行拼接，同時，將 unaligned_d 置 1。

　　slot0 的輸出是如何賦值的？觀察圖 3.7 中組合情況，可以發現，無論是出現哪種情況，slot0 始終是可以解析出一行完整的指令的，因此 valid_o[0]=valid_i，即只要輸入有效，valid_o[0] 就有效。對於指令資料的輸出，先判斷 unaligned_q，如果為 0，表示上一次取指沒有出現組合 4、組合 5，則本次取指必定為組合 1、組合 3 或組合 5 中的一種，slot0 不需要拼接，可以直接輸出，令 instr_o[0]=data_i[31:0]。如果 unaligned_q 等於 1，則本次取指是組合 2 或組合 4 中的一種，本次取指資料的低 16 位元需要與暫存在 unaligned_instr_d 中的資料拼接成一行 32 位元的標準指令，令 instr_o[0]={data_i[15:0]，unaligned_instr_q}。

　　slot1 的輸出相對複雜一點。首先要判斷取指資料是否為組合 1，如果 slot0 不是壓縮指令 (instr_is_compressed[0]=0)，並且上一次取指沒有殘留待拼接的資料 (unaligned_q=0)，則表示本次取指取到了一行完整的標準指令，輸出 valid_o[1] 直接置 0 表示 slot1 無效。不然要進一步判斷 slot1 是否為一行壓縮指令 (instr_is_compressed[1]=1)，如果是，則只要輸入資料有效，valid_o[1] 就可以置 1，並且把取指資料的高 16 位元放在 instr_o[1] 的低 16 位元輸出；如果不是壓縮指令，則表示 slot1 儲存的是一筆標準指令的低 16 位元資料，輸出 valid_o[1] 直接置 0 表示 slot1 資料無效。

3.3.3 分支檢測

　　在做分支預測之前，首先要辨識當前指令是否分支跳躍指令。所以 Instr_Scan 模組會先對指令字做一次輕量級解碼，其邏輯方塊圖如圖 3.8 所示。在 RISC-V 指令集中，直接對指令字的低 7 位元進行判斷，就可以知道指令是否分支指令了。對於 jal 指令，如果 rd 暫存器是 1 或 5，則表示函數呼叫；對於 jalr 指令，rs1、rd 暫存器是 1 或 5，並且 rs1 不等於 rd，則表示函數返回。

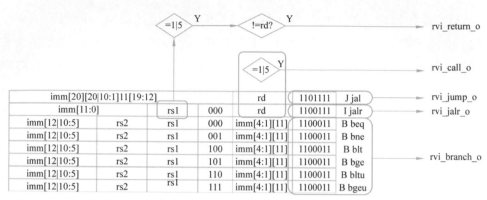

▲ 圖 3.8　Instr_Scan 模組邏輯方塊圖

　　根據 Instr_Sacn 的解碼結果，可以進一步得到 is_branch、is_jump、is_jalr、is_return、is_call 5 組指示訊號，標識該指令所屬的分支類型，根據這幾個訊號可以判斷要使用的分支預測元件，如表 3.3 所示。

▼ 表 3.3　分支指令類型及其預測元件

	類型	是否預測方向	是否預測位址	分支預測元件	備注
is_branch	有條件直接跳躍	Y	N	BHT	
is_jump	無條件直接跳躍	N	N	不用預測	
is_jalr	無條件間接跳躍	N	Y	BTB	
is_return	函數返回	N	Y	RAS	RAS 移出堆疊
is_call	函數呼叫	N	N	RAS	RAS 存入堆疊

3.3.4　分支預測

　　對於分支指令，Ariane 指令提取單元使用 RAS、BHT、BTB 對分支是否跳躍，以及跳躍的目標位址進行預測。

　　Ariane 指令提取單元中，分支預測邏輯方塊圖如圖 3.9 所示。

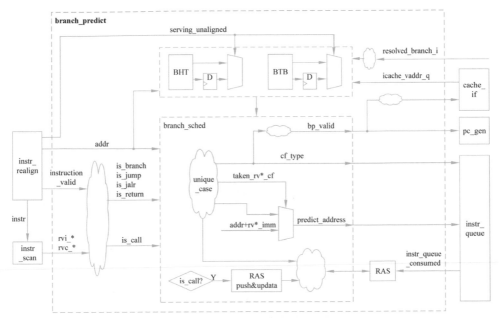

▲ 圖 3.9　分支預測邏輯方塊圖

　　圖 3.9 分支預測邏輯方塊圖圖 3.9 上方的 BHT、BTB 元件是兩個分支預測表，使用指令對應的虛擬位址 icache_vaddr_q 進行索引。serving_unaligned 表示當前正在預測的是一行非對齊指令，該指令的低 16 位元被取出時，就已經知道指令 PC，並索引到一個預測資料，這個資料暫存在 D 觸發器中，等待下一次取指操作把高 16 位元資料取出拼湊成完整指令字之後，再輸出作為預測值。resolved_branch_i 是從執行單元傳回的分支解析結果，用來更新預測記錄的資料。

　　branch_sched 是分支元件的排程邏輯，根據表 3.3 所示，對不同的分支指令類型，選擇不同分支預測元件的輸出作為預測結果，具體輸出如下。

　　(1) predict_address：分支跳躍位址。jalr 分支使用 BTB 的預測值，return 分支使用 RAS 的預測值，jump 和 branch 分支直接由指令字計算得到。

　　(2) taken_rvi_cf/taken_rvc_cf：分支跳躍方向。如果是 jump 類型，則置 1；如果是 branch 類型，則使用 BHT 的預測值。rvi 表示該指令是 32 位元標準指令，rvc 表示該指令是 16 位元壓縮指令。

　　(3) cf_type：控制流類型。表示該指令是否分支指令，以及是哪種類型的分支指令。被定義成 cf_t 資料型態，其定義如下：

```
ariane_pkg.sv
typedef enum logic [2:0] {
    NoCF,       //no control flow prediction
    Branch,     //branch
    Jump,       //jump to address from immediate
    JumpR,      //jump to address from registers
    Return      //return address prediction
} cf_t;
```

3.3.5 指令佇列

　　從 Cache 取回的指令資料，經過重新對齊、分支預測之後，送入指令佇列 (Instr_Queue) 儲存，供處理器後級管線取用。

　　圖 3.10 是指令佇列的電路方塊圖，fifo_instr[0]、fifo_instr[1] 是指令 FIFO，fifo_addr 是位址 FIFO。兩個指令 FIFO 被交替使用，idx_is_q 指示資料要被寫入哪個 FIFO，idx_ds_q 指示資料要從哪個 FIFO 讀出。

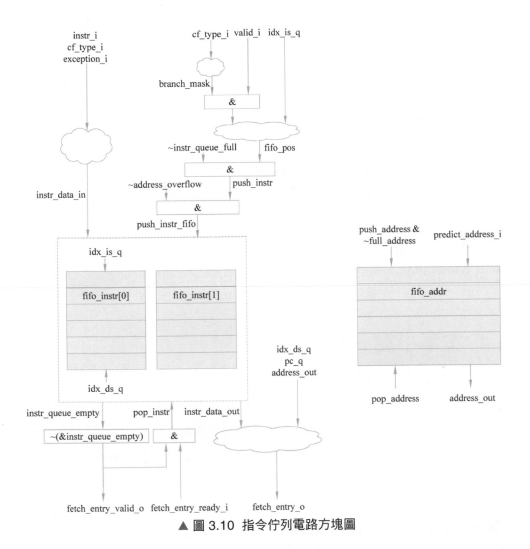

▲ 圖 3.10 指令佇列電路方塊圖

在 Instr_Realign 模組輸出的 valid_i 訊號的指示下，指令 instr_i、分支類型 cf_type_i、異常 exception_i 一同被存入指令 FIFO 中。同時，如果該指令為分支指令，還要產生 push_address 訊號，將其分支預測位址 preditc_address_i 存入位址 FIFO 中。

指令佇列的輸出 fetch_entry_* 與指令解碼單元 ID_Stage 透過交握訊號進行互動。只要指令 FIFO 不可為空，就將 fetch_entry_valid_o 置 1，指示 ID_Stage 可以取資料。當指令被取走時，如果該指令是分支指令，則同時將位址 FIFO 中的 predict_address 取出。

▎3.3.6 取指位址 ▎

　　取指位址生成邏輯 PC_Gen 根據輸入的控制資訊及位址產生 fetch_addr，
送到 Cache 取指令資料，PC 位址的來源按優先順序從高到低列舉如下。

(1) set_debug_pc_i： 跳躍到硬體參數化設定的 debug 位址。

(2) set_pc_commit_i： 設定 CSR 可能引起 PC 跳躍到 pc_commit_i+4。

(3) ex_valid_i： 跳躍到 trap_vector_base_i。

(4) eret_i： 跳躍到 epc_i。

(5) is_mispredict： 分支預測失敗，跳躍到真正的分支目標位址。

(6) replay： 指令 FIFO 存滿，跳躍到 replay_addr。

(7) bp_valid： 分支預測生效，跳躍到預測的分支目標位址。

(8) if_ready： 正常取指，順序取下一個 PC 位址的資料。

3.4　本章小結

　　處理器按照指令集架構預先約定的語義執行各種指令序列。指令以二進
位機器碼的形式儲存在記憶體中，指令提取單元負責把指令資料從記憶體中提
取出來。在管線化處理器設計中，指令提取是管線第一級，需要在設計中解決
指令對齊、分支預測等任務，做到快速連續取指，從而不阻塞整條管線。本章
首先對指令提取的功能及分支預測演算法介紹，然後以開放原始碼處理器核心
Ariane 為例，介紹其指令提取單元——Frontend 的設計細節，透過實例分析加
深讀者對指令提取單元的理解。

第4章
指令解碼

第 3 章主要介紹了管線指令提取單元。取指後透過解碼辨識指令類型和將要進行的操作，然後再將相關資料傳遞給指令執行單元。本章首先簡要概述指令解碼單元功能，然後以開放原始碼處理器核心 Ariane 為例介紹指令解碼單元設計的細節。

4.1 指令解碼概述

指令包含的資訊被編碼在有限長度的指令字中。指令解碼的作用是準確辨識指令語義。指令解碼單元需要辨識的指令語義包含以下 3 種。

(1) 指令類型：控制、存取記憶體和算術邏輯運算等。

(2) 指令內容：算數運算需要執行的 ALU 操作或分支指令的分支條件等。

(3) 指令運算元： 指令運算元的定址模式。舉例來說，立即數或暫存器定址等。

指令解碼單元的輸入是指令原始位元組流。指令解碼單元首先辨識指令邊界將位元組流分割成有效指令，然後為每個有效指令生成一系列控制訊號。指令解碼單元的複雜程度依賴指令集架構和解碼模組的並行度。

在 RISC-V 指令集架構中，指令長度指示標識位元在低位元，使得在緩衝區查詢指令邊界相對簡單。RSIC-V 指令集架構指令編碼格式較少，指令中操作碼、暫存器和立即數域的位置相對固定，如圖 1.2 所示 6 種基本指令類型。同時 RISC-V 指令很少為管線提供控制訊號。RISC-V 指令本身的特點使得其解碼器結構較為簡單，極大地降低了解碼複雜度。使用簡單的邏輯陣列電路或小型查閱資料表即可實現單週期解碼。

4.1.1　壓縮指令

　　微處理器架構設計支援壓縮指令時，指令解碼單元設計必須考慮壓縮指令
解碼問題。壓縮指令縮短了程式長度，但是擴充了指令和指令格式的數目，增
加了指令解碼單元設計的複雜度。得益於 RV-C 的精心設計：每筆壓縮指令必
須和一行標準的 32 位元 RISC-V 指令一一對應，可以使用一個解碼器將 16 位
元壓縮指令轉為等價的 32 位元標準指令，再把統一的 32 位元標準指令送入標
準指令解碼模組解碼，降低實現代價。表 4.1 列出了壓縮指令和標準指令的對
應關係，其中，rd'、rs1' 和 rs2' 指 8 個常用的暫存器 a0 ～ a5 和 s0 ～ s1。

▼ 表 4.1　RV-C 解碼器轉換映射

壓縮指令	等價標準指令
c.addi4spn	addird',x2,imm*4
c.fld	fldrd',rs1',imm*8
cl.w	lwrd',rs1',imm*4
cl.d	ldrd',rs1',imm*8
c.fsd	fsdrs2',rs1',imm*8
c.sw	swrs2',rs1',imm*4
c.sd	sdrs2',rs1',imm*8
c.addi	addird,rd,imm
c.addiw	addiwrd,rd,imm
cl.i	addird,x0,imm
cl.ui	luird,imm
c.addi16sp	addix2,x2,imm*16
c.srli	srlird',rd',shamt
c.srai	sraird',rd',shamt
c.andi	andird',rd',imm
c.sub	subrd',rd',rs2'
c.xor	xorrd',rd',rs2'
c.or	orrd',rd',rs2'

壓縮指令	等價標準指令
c.and	andrd',rd',rs2'
c.subw	subwrd',rd',rs2'
c.addw	addwrd',rd',rs2'
cj.	jalx0,imm
c.beqz	beqrs1',x0,imm
c.bnez	bners1',x0,imm
c.slli	sllird,rd,imm
c.fldsp	fldrd,x2,imm*8
cl.wsp	lwrd,x2,imm*4
cl.dsp	ldrd,x2,imm*8
cj.r	jalrx0,rs1,0
c.mv	addrd,x0,rs2
c.ebreak	ebreak
cj.alr	jalrx1,rs1,0
c.add	addrd,rd,rs2
c.fsdsp	fsdrs2,x2,imm*8
c.swsp	swrs2,x2,imm*4
c.sdsp	sdrs2,x2,imm*8

▌ 4.1.2 解碼異常 ▌

　　指令解碼過程中需要判斷指令的合法性。如果是非法指令，解碼單元產生非法指令異常標識，更新異常原因暫存器 [m|s]cause 值為非法指令異常，並將非法指令編碼更新到異常值暫存器 [m|s]tval 中。非法指令主要有 3 個來源： 一是不存在的指令編碼，如未定義的操作碼或功能碼等；二是來源暫存器或目的暫存器設定錯誤；三是特權或浮點指令與控制狀態暫存器 (CSR) 或特權模式不匹配。下面列出與 CSR 以及特權模式相關的非法指令異常，非法指令異常處理請參考第 9 章。

mret 指令只允許在 M 模式執行。當特權模式為 U 模式或 S 模式時，mret 指令非法。sret 指令只允許在 M 模式和有條件的 S 模式執行。當特權模式為 U 模式或特權模式為 S 模式且 mstatus 暫存器的 TSR(Trap sret) 域為 1 時，sret 指令非法。uret 指令只允許在處理器支援 U 模式的條件下執行，否則觸發非法指令異常。

sfence.vam 指令只允許在 M 模式和有條件的 S 模式執行。當特權模式為 U 或 S 模式且 mstatus 暫存器的 TVM(Trap Virtual Memory) 域為 1 時，sfence.vam 指令非法。

wfi 指令只允許在 M 模式和有條件的 S 模式執行。當特權模式為 U 或 S 模式且 mstatus 暫存器的 TW(Timeout Wait) 域為 1 時，wfi 可能觸發非法指令異常。

mstatus 暫存器的 FS(Float Status) 域為 off 時，任何存取浮點 CSR 或任何浮點指令操作都會產生非法指令異常。

浮點指令捨入模式 (Round Mode，RM) 編碼為 101 或 110，產生非法指令異常；浮點指令捨入模式編碼為 111(動態捨入模式)，浮點 CSR 動態捨入模式域為 101 ～ 111，產生非法指令異常。

4.2　指令解碼單元設計

4.1 節對指令解碼模組的主要功能進行了介紹，本節以開放原始碼處理器核心 Ariane 為例，分析其指令解碼 ID_Stage 模組的設計細節。Ariane 的指令解碼模組是 Ariane 處理器核心 Backend 的第一個階段，屬於第三管線級。本節首先介紹指令解碼單元的整體框架、內部結構及其週邊連接關係，然後對壓縮指令解碼、標準指令解碼子模組進行詳細分析。

4.2.1　整體設計

Ariane 的 ID_Stage 模組主要功能有辨識指令類型，確定具體的指令執行單元，準備操作資料，傳遞分支預測和前級異常等資訊，整體實現如圖 4.1 所示。

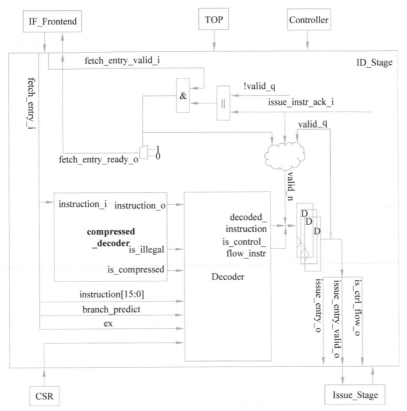

▲ 圖 4.1 ID_Stage 模組整體方塊圖

　　ID_Stage 模組接收 Frontend 模組傳來的 fetch_entry_i 結構資料與 fetch_entry_valid_i 資料 valid 標識。Ariane 微架構支援 RISC-V GC 指令集組合，包含 32 位元標準指令和 16 位元壓縮指令兩種長度的指令資料。由於 Ariane 的指令對齊處理在 Frontend 完成，可參考 3.3.2 節了解指令重新對齊過程，所以 ID_Stage 模組接收的 32 位元指令字資料只包含一行有效指令。ID_Stage 模組只需要處理兩種指令格式解碼，功能相對簡單。為了降低解碼模組規模，ID_Stage 模組不單獨對壓縮指令解碼。ID_Stage 接收的 32 位元指令字先進入壓縮指令解碼 Compressed_Decoder 模組，將壓縮指令轉為等價的 32 位元標準指令，然後統一格式的標準指令送入標準指令解碼 Decoder 模組。解碼後的資料經暫存器快取後發送給下一級 Issue_Stage 模組並等待 Issue_Stage 模組的交握回應訊號 issue_instr_ack_i，同時向前一級 Frontend 模組傳回交握回應訊號 fetch_ entry_ready_o，指示 ID_Stage 模組是否可以接收處理下一個指令字。

　　ID_Stage 模組需要判斷指令是否為非法指令，同時也可以確定中斷點、環境呼叫等插入異常指令。ID_Stage 接收 TOP 模組輸入的外部中斷訊號，和 CSR 模組輸入的全域中斷啟動以及與中斷異常相關暫存器訊號。如果在解碼模組中檢測到異常，將異常資訊記錄下來並傳遞給下一級。ID_Stage 模組同時受 Controller 模組控制，接收刷新管線訊號，刷新指令解碼暫存器資料。

　　在管線資料路徑下，ID_Stage 與前級 Frontend 的資料互動格式和交握訊號在 3.3.1 節已經進行了說明，不再重複。ID_Stage 模組與後級指令執行 Issue_Stage 互動介面是 issue_entry_*。其中，issue_entry_valid_o、issue_instr_ack_i 是 ID_Stage 和 Issue_Stage 兩級管線間的交握訊號，issue_entry_o 是互動資料，互動資料內容參考 4.2.3 節。ID_Stage 模組介面如表 4.2 所示。

▼ 表 4.2　ID_Stage 模組介面清單

	訊號	方向	位元寬 / 類型	描述
TOP	clk_i	輸入	1	時鐘
	rst_ni	輸入	1	重置
	debug_req_i	輸入	1	debug 請求
	irq_i	輸入	2	外部中斷
Controller	flush_i	輸入	1	刷新管線標識
CSR	priv_lvl_i	輸入	pri_lvl_t	特權等級
	fs_i	輸入	xs_t	浮點模組狀態
	frm_i	輸入	3	浮點動態捨入模式
	irq_ctrl_i	輸入	irq_ctrl_t	中斷控制資訊
	debug_mode_i	輸入	1	debug 模式標識
	tvm_i	輸入	1	虛擬記憶體自陷控制
	tw_i	輸入	1	逾時中斷等待控制
	tsr_i	輸入	1	sret 自陷控制

	訊號	方向	位元寬 / 類型	描述
Frontend	fetch_entry_i	輸入	fetch_entry_t	指令佇列輸出的資料結構
	fetch_entry_valid_i	輸入	1	指令佇列輸出的 valid 標識
	fetch_entry_ready_o	輸出	1	送給指令佇列的 ready 標識
Issue_Stage	issue_instr_ack_i	輸入	1	指令發射單元輸入 ready 標識
	issue_entry_o	輸出	scoreboard_entry_t	送給指令發射單元的資料結構體
	issue_entry_valid_o	輸出	1	送給指令發射單元的 valid 標識
	is_ctrl_flow_o	輸出	1	分支指令標識

4.2.2 壓縮指令解碼

從 Frontend 模組接收的 instruction_i 只包含一行有效指令：32 位元標準指令或低 16 位元有效的壓縮指令。RISC-V 將指令長度指示標識放在低位元，標準指令的最低 2 位元資料值為 11，壓縮指令的最低 2 位元資料值為 00、01 或 10。透過最低 2 位元資料值可快速辨識出壓縮指令。

壓縮指令解碼模組主要負責辨識壓縮指令，並將該壓縮指令轉為等價的 32 位元標準指令，壓縮指令解析過程如圖 4.2 所示。將 instruction_i[1:0] 送入 2 位元解碼器 d0，d0 輸出 00 時，選通 3 位元解碼器 d1，d1 的輸入為 instruction_i[15:13]，經 d1 解碼可辨識具體指令。d0 輸出 01 時，選通 3 位元解碼器 d2。d2 輸出 011 時，instruction_i[11:7]=2，該壓縮指令為 c.addi16sp(堆疊指標加上 16 倍立即數)；instruction_i[11:7]=0，該壓縮指令為非法指令；instruction_i[11:7]!=[0||2]，該壓縮指令為 c.lui(高位元立即數載入)。d2 輸出 100 時，將 instrcution_i[11:10]、instruction_i[6:5] 作為索引值，辨識出具體指令。d2 輸出其他值時，可直接判斷出具體指令。同理，d0 輸出 10 時，選通 3 位元解碼器 d3。d3 輸出 100 時，需要參考 instruction_i[12]、instruction_i[11:7] 及 instruction_i[6:2] 域值判斷具體指令。d0 輸出 11 時，該指令為標準指令，不做轉換直接輸出。

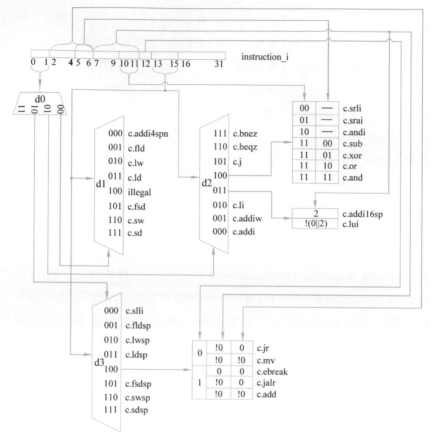

▲ 圖 4.2　壓縮指令解析過程示意圖

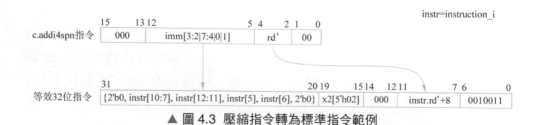

▲ 圖 4.3　壓縮指令轉為標準指令範例

　　解析出具體指令後，根據表 4.1 的對應關係轉為等價的 32 位元指令，輸出壓縮指令 is_compressed 標識。以加 4 倍立即數到堆疊指標 c.addi4spn 指令為例，說明壓縮指令轉為標準指令的過程，如圖 4.3 所示。RV-C 中 c.addi4spn

指令的 8 位元立即數 imm 欄位位於指令的 12 ～ 5 位元，目的暫存器 rd' 索引欄位位於指令的 4 ～ 2 位元。c.addi4spn 指令的算術操作為立即數先左移 2 位元後做無號擴充，擴充後的立即數再與堆疊指標暫存器值相加，相加結果寫入目的暫存器 rd'+8。c.addi4spn 對應的擴充形式為 addi rd，x2，imm*4，其中 rd=rd'+8。根據 RV-I 指令集定義，加立即數 addi 指令的操作碼 opcode 欄位為 7'b0010011，功能碼 funct3 欄位為 000，來源暫存器欄位位於 19 ～ 15 位元，目的暫存器欄位位於 11 ～ 7 位元，12 位元立即數欄位位於 31 ～ 20 位元。因此，等價 addi 指令的來源暫存器索引欄位置為 5'h02，目的暫存器索引欄位置為 8+rd'，12 位元立即數欄位的值為 imm 左移兩位元後左高位元補兩個 0。需要注意 c.addi4spn 指令中的 8 位元立即數亂序存放，而 addi 指令中的 12 立即數是循序串列放的。因此，c.addi4spn 的 8 位元立即數在擴充為 addi 指令格式的 12 位元立即數時重新排序。

壓縮指令需要確認來源暫存器、目的暫存器或立即數設定是否合法。例如 c.addi4spn 的立即數值不能為 0，如果為 0，則該指令非法，非法指令標識 is_illegal 置 1。

4.2.3 標準指令解碼

標準指令解碼模組負責解析標準指令語義，確認指令執行模組，準備操作資料，傳遞分支預測和前級異常資訊。標準指令辨識與壓縮指令辨識過程類似，根據指令的操作碼 opcode 選通不同的解碼模組，再根據功能碼和／或特定域的值確定具體指令。辨識具體指令後，可以確定執行的功能模組、功能模組執行的操作和運算元類型等。解碼資訊儲存格式被定義為 scoreboard_entry_t 資料結構。具體定義如下：

```
ariane_pkg.sv
typedef struct packed {
logic [riscv::VLEN-1:0]          pc;
logic [TRANS_ID_BITS-1:0]        trans_id;
fu_tfu;
fu_opop;
```

```
logic [REG_ADDR_SIZE-1:0]        rs1;
logic [REG_ADDR_SIZE-1:0]        rs2;
logic [REG_ADDR_SIZE-1:0]        rd;
logic [63:0]result;
logic                            valid;
logic                            use_imm;
logic                            use_zimm;
logic                            use_pc;
exception_t                      ex;
branchpredict_sbe_t              bp;
logic                            is_compressed;
} scoreboard_entry_t;
```

pc 是下一行指令的 PC 指標，trans_id 是指令的索引，fu 是執行的功能模組，op 是功能模組執行操作，rs1 是來源暫存器 1 索引，rs2 是來源暫存器 2 索引，rd 是目的暫存器索引，result 是中間結果值，valid 是 result 資料有效標識，use_imm 是有號擴充立即數作為運算元 b 標識，use_zimm 是無號擴充立即數作為運算元 a 標識，use_pc 是使用 PC 值作為運算元 a 標識，ex 是異常資訊，bp 是分支預測資訊，is_compressed 是壓縮指令指示標識。其中，bp、trans_id、valid 資訊不在指令解碼模組確認。bp 來自指令取指模組，trans_id 在指令發射模組設定記錄指令發射順序，valid 在指令發射模組置位元表示該指令可以被提交。

表 4.3 以 opcode 等於 7'b0000011 為例，介紹該類指令語義的解釋過程。根據 RV-I 指令集定義，opcode 等於 7'b0000011 時，當前指令為 I-type 的 LOAD 指令，指令中 12 位元立即數經符號擴充後加上基底位址作為記憶體造訪網址。記憶體定址過程涉及的運算元或暫存器基底位址暫存器 rs1、立即數 imm 以及目的暫存器 rd。因此，scoreboard_entry_t 的 fu 域區段置為記憶體存取 LOAD 模組，rs1 域區段置為 I.rs1，rd 域區段置為 I.rd，use_imm 域區段置為 1，is_compressed 域區段置為 0，result 域區段置為 12 位元立即數符號擴充結果。根據 I-type 的 3 位元功能碼 funct3 確認載入模組執行操作類型，存入 scoreboard_entry_t 的 op 域區段。funct3 等於 3'b000 ～ 3'b110 時，對應的資料載入執行類

型分別為位元組載入 (Load Byte，LB)、半字組載入 (Load Halfword，LH)、字載入 (Load Word，LW)、雙字載入 (Load Doubleword，LD)、無號位元組載入 (Load Byte Unsigned，LBU)、無號半字組載入 (Load Halfword Unsigned，LHU)、無號字載入 (Load Word Unsigned，LWU)。當 funct3 等於 3'b111 時，操作碼非法，觸發非法指令異常，scoreboard_entry_t 的 ex.valid 置 1、ex.cause 置為 ILLEGAL_INSTR。

▼ 表 4.3 語義解釋過程範例

opcode			0000011								
function		I.funct3	000	001	010	011	100	101	110	111	
scoreboard_entry_t		fu	LOAD							—	
		op	LB	LH	LW	LD	LBU	LHU	LWU	—	
		rs1	I.rsl							—	
		rs2	0							—	
		rd	I.rd							—	
scoreboard_entry_t		result	{20{Ii.mm[11]},Ii.mm}							—	
		use_imm	1							—	
		use_zimm	0							—	
		use_pc	0							—	
	ex	valid	0							1	
		cause	0							ILLEGAL_INSTR	
		is_compressed	0							—	

Decoder 模組需要保持前級的異常資訊。若從 Frontend 接收的異常資訊 ex.valid 為高，表明已經出現異常，此時不需要解碼，直接將接收到的異常資訊更新到輸出結構資料傳遞給下一級。前級未出現任何異常時，執行解碼。若解碼過程出現非法指令異常，ecase 更新為非法指令異常，etval 更新為當前非法指令。

4.3　本章小結

　　本章首先簡要概述處理器解碼模組功能，然後以開放原始碼處理器核心 Ariane 為例介紹指令解碼模組設計的細節。得益於 RISC-V 指令集指令格式相對固定且類型較少，Araine 的 ID_Stage 模組整體設計非常簡單，壓縮指令解碼模組以及標準指令解碼模組只需簡單的組合邏輯即可實現，極大簡化解碼複雜度。

第5章
指令發射

指令發射 (Instruction Issue) 的目的是將解碼後的指令發送到處理器的運算單元,由運算單元完成指令的執行。根據每個時鐘週期發射指令的數量,指令發射可分為單發射和多發射;根據指令發射的排程方式則可以分為順序發射和亂序發射。本章首先介紹指令發射單元的基本概念和相關排程演算法,然後以開放原始碼 Ariane 處理器核心為例介紹指令發射單元設計的細節。

5.1 單發射和多發射

單發射是指處理器一個時鐘週期只發射一行指令,而多發射是指一個時鐘週期能夠發射多行指令。多發射技術包括動態多發射和靜態多發射。動態多發射由硬體決定發射的指令數。管線透過增加運算單元,在同一個時鐘週期內支援多行指令同時工作從而實現指令級並行。靜態多發射編譯成功器預先編排指令的方式來實現處理器內部指令的並存執行,如**超長指令字** (Very Long Instruction Word,VLIW) 處理器,VLIW 的實現過程是由編譯器在編譯時找出指令間潛在的並行性,進行適當排程安排,把多個能並存執行的操作組合在一起,成為一行具有多個操作區段的超長指令。

多發射相比單發射具有更寬的資料通路,管線上每個階段處理的指令數也更多,因此多發射相比單發射具有更高的資料吞吐量。但是 , 在多發射中資料的相關性要比單發射更加複雜,在同一階段多行指令可能會存在資料相關。

5.2　順序發射和亂序發射

　　順序發射是指處理器按照程式原始二進位指令流的順序將指令發射到執行單元，因此需要等到前序指令都已發出，同時來源運算元和硬體資源已經就緒才會發射新的指令。亂序發射是指解碼後的指令被分配到發射佇列中，發射佇列中的指令去除相關性後就可以優先發射而不需要等待按序發射，亂序發射佇列通常可以分為分散式發射佇列和統一發射佇列。

　　分散式發射佇列是指不同類型的**功能單元** (Function Units，FU) 具有獨立的發射佇列，每個發射佇列只負責向對應的功能單元發射指令，只要功能單元空閒和來源運算元可用就可以執行發射。該方式可以降低設計複雜度，但效率較低。不同功能單元的使用率不同，導致對應的發射佇列的使用率也會有所差異，如浮點發射佇列已滿，而整數佇列出現空閒的情況。

　　與分散式發射佇列不同，統一發射佇列儲存所有的發射指令，指令發射的過程可以分為發射前讀取來源運算元和發射後讀取來源運算元兩種。發射前讀取來源運算元是指暫存器來源運算元在指令發送到發送佇列之前被讀取，並儲存在發射佇列中，當運算元可用且功能單元空閒時，從發射佇列發出指令用於執行，這種方式需要大量的硬體資源來儲存來源運算元。發射後讀取來源運算元是指來源運算元在指令發射時讀取，發射佇列中儲存暫存器的標號，當實際執行時根據標號讀取實際的值，因此暫存器需要更多的讀取通訊埠，保證同時讀取多個資料。

　　亂序發射可以採用保留站來實現，保留站是每個功能單元的專用緩衝區，用於儲存將要在功能單元上執行的指令及運算元。同時保留站具有暫存器重新命名的功能，在發射階段將待用運算元暫存器重新命名為保留站的名稱，消除因名稱相關而產生的冒險。最後根據保留站中的標識資訊決定哪行指令可以發射執行。

5.3 指令動態排程

　　指令動態排程是指處理器透過硬體重新安排指令執行的順序,減少因指令的相關性而出現管線停頓。相比於指令靜態排程使用編譯器來去除指令的相關性更高效,硬體複雜度也顯著提高。在多級管線中指令從指令解碼到指令發射執行會存在資料相關和結構相關,為了解決這些相關性的問題,可以採用動態排程演算法。經典的動態排程演算法包括記分板演算法和 Tomasulo 演算法;記分板演算法來自 CDC6600 處理器的設計;Tomasulo 演算法是由 R. Tomasulo 提出來的,應用於 IBM 360/91 處理器的設計,主要是透過對暫存器的動態重新命名來處理指示的相關性。這裡主要介紹記分板演算法。

　　為了更進一步地解釋記分板演算法,將 2.1 節介紹的經典 5 級管線中的指令解碼管線級拆分成發射和讀取操作數兩個階段。記分板深度參與以下 4 個階段。

1. 發射階段

　　檢測結構相關或寫後寫 (Write After Write,WAW) 相關。如果待發射指令使用的功能單元空閒 (該功能單元沒有被前序活動指令佔用),或待發射指令所使用的目的暫存器空閒 (該目的暫存器沒有被前序活動指令佔用),則將指令發射到功能單元。不然停止發射當前指令並等待功能單元或目的暫存器被釋放。

2. 讀取操作數階段

　　檢測寫後讀 (Read After Write,RAW) 相關。如果當前指令要讀取的來源運算元暫存器是前序活動指令的目的暫存器,則需要停止讀取操作數並等待前序指令執行完成,更新暫存器值。

3. 執行時

　　根據指令的類型,使用對應的功能單元執行指令,完成後通知記分板。

4. 寫回階段

　　檢測讀後寫 (Write After Read,WAR) 相關。記分板收到指令執行完成的通知後，如果檢測該指令要寫入的目的暫存器是前序活動指令的來源運算元暫存器，並且前序活動指令還沒有完成讀取操作數的動作，則需要停頓已經完成執行時的指令的寫回動作。

　　以下面的 RSIC-V 指令程式部分為例來進一步介紹記分板演算法的執行流程。記分板演算法透過表 5.1 所示的表格來記錄指令的執行狀態並進行動態排程，該表記錄了第二行 lw 指令已經完成執行時，即將進入寫回階段時的處理器狀態。

```
lw     x6, 34(x12)    // 讀取暫存器 mem[Regs[x12]+34] 的運算元到 x6
lw     x2, 45(x13)    // 讀取暫存器 mem[Regs[x13]+45] 的運算元到 x2
mul    x1,x2,x4       / 暫存器 x4 和 x2 的運算元做乘法運算，結果存到 x1
sub    x8,x6,x2       / 暫存器 x2 和 x6 的運算元做減法運算，結果存到 x8
div    x10,x1,x6      / 暫存器 x6 和 x1 的運算元做除法運算，結果存到 x10
add    x6,x8,x2       / 暫存器 x2 和 x8 的運算元做加法運算，結果存到 x6
```

　　表 5.1 中指令狀態子表指示的是每行指令所處的階段，其中數字代表時鐘週期，指令按照時鐘週期進行排程，還未執行的階段用空白表示。第一行 lw 指令在執行時其他指令無法發射 (第 1 ～ 4 個時鐘週期)，因為第二行 lw 指令與第一行 lw 指令存在結構性相關，只能等待第一行 lw 指令結果寫回後才能發射 (第 5 個時鐘週期)。

▼ 表 5.1　記分板結構表

指令狀態				
指令	發射	讀取操作數	執行	寫回結果
lw x6,34(x12)	1	2	3	4
lw x2,45(x13)	5	6	7	
mul x1,x2,x4	6			
sub x8,x6,x2	7			

div x10,x1,x6								
add x6,x8,x2								
功能單元狀態								
名稱	Busy	Op	F_i	F_j	F_k	Qj	Qk	R_j	R_k
Integer	NO								
Mult1	YES	mul	x1	x2	x4	Integer		NO	YES
Mult2	NO								
Add	YES	sub	x8	x6	x2		Integer	YES	NO
Divide	NO								
暫存器狀態								
暫存器	x1	x2	x4	x6	x8	x10	x12	...	x31
功能單元	Mult	Integer			Add				

表 5.1 的功能單元狀態子表指示的是功能單元和暫存器的狀態，表中各參數含義如下。

(1) Busy： 指示功能單元是否空閒。

(2) Op： 對來源運算元 1 和來源運算元 2 執行的運算。

(3) F_i、F_j、F_k： F_i 表示目的暫存器編號，F_j、F_k 分別表示來源暫存器 1 和來源暫存器 2 的編號。

(4) Q_j、Q_k： 產生來源運算元 1 和來源運算元 2 的功能單元。

(5) R_j、R_k： 來源運算元 1 和來源運算元 2 是否就緒，YES 表示就緒，NO 表示未就緒。

表 5.1 記錄的是第 7 個時鐘週期的狀態。此時第二行 lw 指令執行完成，但結果未寫回，後面二行指令已完成發射，但兩行指令中的來源運算元 x2 不可用，需要等待第二行 lw 指令將結果寫回，也就是存在 RAW 相關。因此，表 5.1 中 Mult 一行，Op 指示該功能單元被第三行 mul 指令佔用，R_j 為 NO 指示來源運算元 1 未就緒，Q_j 指示產生來源運算元 1 的功能單元是 Integer 單元。Add 一行，Op 指示該功能單元被第四行 sub 指令佔用，R_k 為 NO 指示來源運算元 2 未就緒，Q_k 指示產生來源運算元 2 的功能單元是 Integer 單元。

記分板演算法的缺陷是對於 WAW 和 WAR 相關，需要等待相關性解除後才能發射指令，造成管線停頓，效率較低。而 Tomasulo 演算法能夠使用暫存器重新命名來解決 WAW、WAR 相關，暫存器重新命名是由保留站提供，保留站用於緩衝待發射指令的運算元，同時將待發射的運算元暫存器重新命名。

5.4 指令發射單元設計

5.1 ～ 5.3 節對指令發射單元的功能及記分板演算法介紹，本節將以開放原始碼 Ariane 處理器核心為例介紹指令發射單元設計的細節。Ariane 的指令發射單元是 Issue_Stage 模組，其頂層模組原始程式碼檔案是 issue_stage.sv。本節首先從模組頂層對其進行分析，介紹指令發射單元的內部結構及其週邊連接關係，然後對發射單元中的 Scoreboard 模組、Issue_Read_Operands 模組進行詳細分析。

5.4.1 整體設計

圖 5.1 為指令發射單元 (Issue_Stage) 整體方塊圖，內部包括 Re_Name、Scoreboard、Issue_Read_Operands 3 個子模組。

(1) Re_Name 在 Regfiles 的索引上增加 1 位元的重新命名標識，但是目前的設計預設設定為關閉，因此相當於直接旁路。

(2) Scoreboard 維護一個發射佇列。指令發射出去的同時被記錄到 Scoreboard 中，該指令提交之後就從 Scoreboard 中撤銷。指令執行單元 (EX_Stage) 執行後的結果被寫入 Scoreboard。值得注意的是，由於不同指令執行的時間不一樣，執行結果不是按照指令發射順序寫回 Scoreboard。

(3) Issue_Read_Operands 維護處理器核心的 Regfiles，Regfiles 只能由指令提交單元 (Commit_Stage) 直接寫入。該模組同時會讀出運算元送給指令執行單元，根據 Scoreboard 的記錄，運算元可能來自 Regfiles，也可能直接來自 Scoreboard。

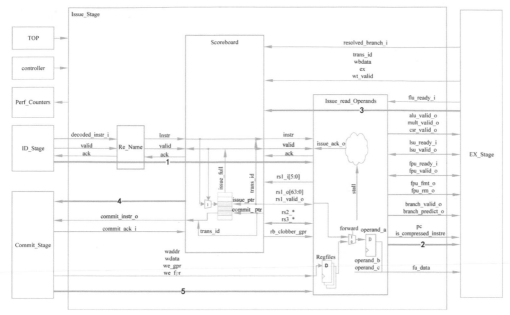

▲ 圖 5.1　指令發射單元整體方塊圖

　　圖 5.1 中箭頭標示**指令發射單元** (Issue_Stage) 與指令解碼單元 (ID_Stage)、指令執行單元 (EX_Stage)、指令提交單元 (Commit_Stage) 之間的資料互動。

　　(1) ID_Stage 將解碼後的指令送到 Issue_Read_Operands 讀取運算元。

　　(2) 根據指令功能單元類型的不同，Issue_Read_Operands 將運算元發送到 EX_Stage 中對應的功能單元。

　　(3) EX_Stage 中的 FU 執行完後，將結果寫回 Scoreboard 暫存，並將 valid 置 1。

　　(4) Scoreboard 中的 valid 被置 1 之後，指令可以被提交。

　　(5) Commit_Stage 傳回 commit_ack，同時指令執行的結果直接被寫入 Regfiles。

　　在管線資料路徑上，指令解碼單元將解碼後的指令，透過 decoded_instr_i 介面，以資料結構 scoreboard_entry_t 的形式發送給指令發射單元，關於該資料結構的詳細定義可以見第 4 章。這兩級管線之間透過交握訊號 valid、ack 進行資料互動的控制。指令發射單元檢測待發射指令要使用的功能單元是否空閒，解除資料相關性，並進行運算元讀取之後，將該指令發送到指令執行單元中對應的功能單元進行處理。

　　指令發射單元與指令執行單元的介面訊號可以分成兩類：資料介面和控制介面。資料介面是 fu_data_o，不管指令要被發射到哪個功能單元中執行，它們都透過該介面進行資料傳遞。fu_data_o 是 fu_data_t 類型的資料結構，其具體定義如下：

```
ariane_pkg.sv
typedef struct packed {
fu_t                          fu;
fu_op                         operator;
logic [63:0]                  operand_a;
logic [63:0]                  operand_b;
logic [63:0]                  imm;
logic [TRANS_ID_BITS-1:0]     trans_id;
 } fu_data_t;
```

　　介面定義中 fu 是指令佔用的功能單元，被定義成 fu_t 的資料型態，具體定義如下。

```
ariane_pkg.sv
typedef enum logic[3:0]    {
    NONE,               //0
    LOAD,               //1
    STORE,              //2
    ALU,                //3
    CTRL_FLOW,          //4
    MULT,               //5
    CSR,                //6
    FPU,                //7
    FPU_VEC             //8
} fu_t;
```

operator 是指令具體要執行的運算，例如該指令是要執行 ADD 運算，或 SUB 運算，或 DIV 運算等。operator 被定義成 fu_op 資料型態，具體定義的運算類型與 RISC-V 指令集的定義是一致的，程式比較多，讀者可以自行查閱 ariane_pkg.sv 檔案。

trans_id 是這行指令在 Scoreboard 中的索引號。由於不同功能單元的延遲時間不一樣，指令執行單元的結果寫回 Scoreboard 可能是亂序的，需要透過 trans_id 索引來判斷資料屬於哪行指令，以及要寫入 Scoreboard 中的哪個記錄。operand_a、operand_b、imm 是從指令中解析出來或從通用暫存器組讀取出來的運算元和立即數，是功能單元執行運算的輸入資料。

指令發射單元與指令執行單元的控制介面，根據功能單元的不同，可以分成以下 3 類。

(1) **固定延遲單元** (FLU) 控制介面： 所有 FLU 共用一個 ready 訊號 flu_ready_i，高電位表示 FLU 空閒，指令可以發射；低電位表示 FLU 被佔用，指令需要等待 FLU 被釋放。根據指令所使用的功能單元的不同，alu_valid_o、branch_valid_o、mult_valid_o、csr_valid_o 中的會被拉高，指示 fu_data_o 資料已經準備好，對應的功能單元可以取資料進行運算。

(2) **載入和儲存單元** (LSU) 控制介面： lsu_ready_i、lsu_valid_o，具體含義與 FLU 的 ready、valid 類似。

(3) **浮點處理單元** (FPU) 控制介面： fpu_ready_i、fpu_valid_o，具體含義與 FLU 的 ready、valid 類似。

指令執行單元的功能單元執行完對應的運算之後，將結果透過寫回通訊埠先寫回 Scoreboard 暫存，寫回通訊埠如下：

```
issue_stage.sv
input logic     [NR_WB_PORTS-1:0][TRANS_ID_BITS-1:0] trans_id_i,
input bp_resolve_t                                    resolved_branch_i,
input logic     [NR_WB_PORTS-1:0][63:0]               wbdata_i,
input exception_t[NR_WB_PORTS-1:0]                    ex_ex_i,
input logic     [NR_WB_PORTS-1:0]                     wt_valid_i,
```

wt_valid_i 是寫回資料有效的指示訊號，當 wt_valid_i 置高時，分支解析結果 resolved_branch_i、運算結果 wbdata_i、異常資訊 ex_ex_i 被寫入 Scoreboard 中 trans_id 所索引到的記錄中。需要注意的是，指令執行單元寫回 Scoreboard 有 4 組獨立的通訊埠，其中，載入單元 load_unit、儲存單元 stroe_unit、浮點處理單元 fpu 各自有自己獨立的寫回通訊埠，而所有的 FLU 單元則共用同一個寫回通訊埠。

暫存在 Scoreboard 中的寫回資料，需要透過指令提交單元寫回暫存器組 Regfiles，由於處理器核心的 Regfiles 也是放在指令發射單元中，因此指令發射模組與指令提交模組也有另外一組介面訊號用於資料寫回。當指令被指令提交模組確認可以提交時，結果透過下面這組介面直接寫入 Regfiles 中：

```
issue_stage.sv        //commit port
input logic [NR_COMMIT_PORTS-1:0][4:0]  waddr_i,
input logic [NR_COMMIT_PORTS-1:0][63:0] wdata_i,
input logic [NR_COMMIT_PORTS-1:0]       we_gpr_i,
input logic [NR_COMMIT_PORTS-1:0]       we_fpr_i,
```

waddr_i 是通用暫存器組的索引，wdata_i 是寫回的資料，we_gpr_i 是寫回整數 Regfiles 的指示訊號，we_fpr_i 是寫回浮點 Regfiles 的指示訊號。wdata_i 在 we_gpr_i、we_fpr_i 的指示下，被寫入 Regfiles 中 waddr_i 所索引到的暫存器中。表 5.2 為 Issue_Stage 模組與各模組之間的介面清單。

▼ 表 5.2 Issue_Stage 模組與各模組之間的介面

訊號		方向	位元寬 / 類型	描述
TOP	clk_i	輸入	1	時鐘
	rst_ni	輸入	1	重置
Controller	flush_unissued_instr_i	輸入	1	flush 訊號
	flush_i	輸入	1	flush 訊號
Perf_Counters	sb_full_o	輸出	1	Scoreboard 訊號

	訊號	方向	位元寬 / 類型	描述
EX_Stage	fu_data_o	輸出	fu_data_t	給 FU 的資料結構，包含運算元
	pc_o	輸出	VLEN	指令 PC 值
	is_compressed_instr_o	輸出	1	壓縮指令標識位元
	flu_ready_i	輸入	1	FU 交握訊號
	alu_valid_o	輸出	1	FU 交握訊號
	branch_valid_o	輸出	1	FU 交握訊號
	branch_predict_o	輸出	branch_predict_sbe_t	分支預測資訊
	resolve_branch_i	輸入	1	沒有被使用
	lsu_ready_i	輸入	1	FU 交握訊號
	lsu_valid_o	輸出	1	FU 交握訊號
	mult_valid_o	輸出	1	FU 交握訊號
	fpu_ready_i	輸入	1	FU 交握訊號
	fpu_valid_o	輸出	1	FU 交握訊號
	fpu_fmt_o	輸出	2	浮點指令 fmt 資訊
	fpu_rm_o	輸出	3	浮點指令 rm 資訊
	csr_valid_o	輸出	1	FU 交握訊號
	resolved_branch_i	輸入	bp_resolve_t	EX_Stage 反向返回真實分支執行情況
	trans_id_i	輸入	NR_WB_PORTS* TRANS_ID_BITS	FU 寫回通訊埠索引
	wbdata_i	輸入	NR_WB_PORTS*64	FU 寫回通訊埠資料
	ex_ex_i	輸入	NR_WB_PORTS	FU 寫回通訊埠異常
	wt_valid_i	輸入	NR_WB_PORTS	FU 寫回通訊埠 valid 訊號

	訊號	方向	位元寬 / 類型	描述
Commit_Stage	waddr_i	輸入	NR_COMMIT_PORTS*5	送到 Regfiles 的寫通訊埠位址
	wdata_i	輸入	NR_COMMIT_PORTS*64	送到 Regfiles 的寫通訊埠資料
	we_gpr_i	輸入	NR_COMMIT_PORTS	整數 Regfiles 寫使能
	we_fpr_i	輸入	NR_COMMIT_PORTS	浮點數 Regfiles 寫使能
	commit_instr_o	輸出	NR_COMMIT_PORTS	等待提交的指令
	commit_ack_i	輸出	NR_COMMIT_PORTS	ack 指示，高電位表示指令被提交
ID_Stage	decoded_instr_i	輸入	scoreboard_entry_t	解碼後的指令
	decoded_instr_valid_i	輸出	1	解碼後的指令交握訊號
	is_ctrl_flow_i	輸入	1	沒有使用到
	decoded_instr_ack_o	輸出	1	解碼後的指令交握訊號

透過上面的分析，讀者可以對 Ariane 中指令發射單元模組的功能、外部介面有一個整體認識，接下來對模組中幾個關鍵子模組的設計進行詳細介紹。

5.4.2 Scoreboard 模組實現

Ariane 指令發射單元中的 Scoreboard 模組雖然稱為記分板，但是在具體實現上與 5.3 節介紹的標準的記分板演算法存在一些差異。這裡的 Scoreboard 模組實際上有著記分板和**重排序緩衝區 (Re-Order Buffer，ROB)** 的作用。ROB 本質上是一個 FIFO 佇列，用來儲存指令完成執行的標識和執行的結果。對於每筆新的指令，先被分配到 FIFO 的尾部，然後當一行指令提交時，FIFO 的頭部被釋放。指令是按 FIFO 指標的順序提交的，當頭部的指令未執行完成，而後面有完成的指令也無法提交，需要從頭部依次按順序提交。下面對 Scoreboard 模組的設計細節進一步分析。

在 Scoreboard 模組中，需要維護一個 mem_q 發射佇列，mem_q 中的每個記錄可以儲存一行指令資訊。圖 5.2 表示 mem_q 的資料結構。

▲ 圖 5.2 發射佇列資料結構

　　從圖 5.2 中可以看到，該資料結構除了具有記分板演算法中記錄功能單元的 fu 域區段，記錄指令類型的 op 域區段，記錄來源暫存器的 rs1、rs2 域區段，記錄目的暫存器的 rd 域區段外，還有用於暫存運算結果的 result、ex、bp 域區段。其中 ,issued 欄位和 valid 欄位是控制位元。當指令被發送出去時，issued 欄位置 1，此時 issued 為 1 的資料會被 Issued_Read_Operands 搜索到，而 issued 為 0 的記錄為無效資料。Scoreboard 中的 valid 欄位表示運算結果域區段是否有效。被發射出去的指令在指令執行單元傳回計算結果時，Scoreboard 中的 valid 會被置 1，同時 result 欄位被更新。只有 Scoreboard 中的 valid 被置 1 後，指令才可以被提交，在接收到 commit_ack 訊號之後，issued 欄位被清零。

　　圖 5.2 中的 issue_pointer 和 commit_pointer 是 Scoreboard 的兩個指標，因為 Ariane 的策略是按序發射、按序提交，所以 Scoreboard 維護的兩個指標也是按照順序遞增，這兩個指標與 result、ex、bp 域區段組成了一個 ROB 結構。issue_pointer 指向的是當前 Scoreboard 中最靠前的空位置，當指令被發射出去後，就被記錄到 issue_pointer 指向的位置。commit_pointer 指向最前面一行被發射的指令，對應的指令直接被送給指令提交單元。

　　Scoreboard 模組每個通用暫存器都對應一個 rd_clobber 訊號，該訊號指示這個暫存器是否已經被 in-flight(已經發射但是未被提交) 指令佔用作為 rd 暫存器，rd_clobber 產生電路如圖 5.3 所示。

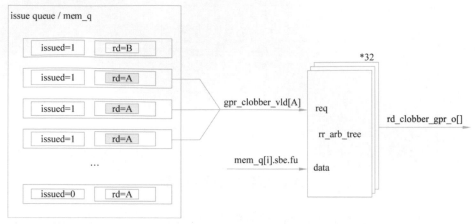

▲ 圖 5.3 rd_clobber 產生電路

如果 rd_clobber 指示某個暫存器 Rx 被佔用，則存在以下兩種情況。

(1) 待發射指令的 rd 暫存器為 Rx，則產生 WAW 衝突，此時要暫停發射 (issue_ack 置 0)，直到 in-flight 指令被提交。

(2) 待發射指令的 rs 暫存器為 Rx，產生 RAW 衝突，此時來源運算元不能從 Regfiles 取出，而是要從 Scoreboard 取出，即讀取操作數轉發 (Forwarding) 模式

圖 5.4 為讀取操作數轉發模式, 在 Ariane 中有以下兩種。

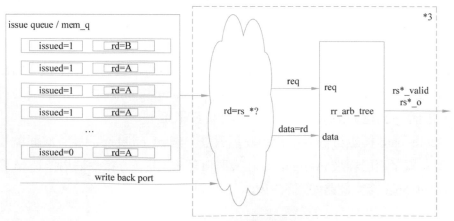

▲ 圖 5.4 讀取操作數轉發模式

(1) 在 Scoreboard 所有 issued 和 valid 為 1 的記錄中，搜索 rd 暫存器，若當前待發射指令的來源運算元暫存器 rs_* 等於 rd，則表示待發射指令的來源運算元已經被更新到 Scoreboard 中，但還沒有被寫回 Regfiles，可以直接從 Scoreboard 取出來源運算元。

(2) 寫回通訊埠的資料項目也符合 rs_* 等於 rd 的條件，這表示待發射指令的來源運算元還沒有被寫入 Scoreboard，下一個時鐘週期才會被寫入 Scoreboard。此時運算元從寫回通訊埠直接取出。

▍5.4.3 Issue_Read_Operands 模組實現 ▍

Issue_Read_Operands 模組主要功能是讀取待發射指令的運算元，並產生與指令解碼單元的交握訊號 issue_ack。根據 5.4.2 節介紹，運算元可能來自 Regfiles 或 Scoreboard。issue_ack 訊號如圖 5.5 所示，當 issue_ack_o 為 1 時，表示 ID_Stage 解碼後的指令已經被發射到 EX_Stage，ID_Stage 可以取新的指令。在滿足以下條件時，issue_ack_0 置 1。

(1) 讀取運算元沒有被阻塞。

(2) 指令需要使用的 FU 處於空閒狀態。

(3) 指令使用的 rd 暫存器沒有被其他 in-flight 指令佔用。

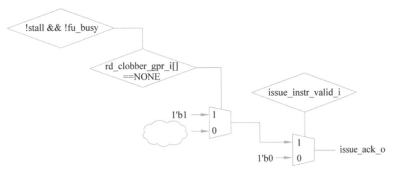

▲ 圖 5.5 issue_ack 訊號

5.5　本章小結

　　指令發射單元是處理器實現硬體動態排程指令的核心元件，經過解碼的指令在消除了相關性之後被發送到功能單元執行。本章首先介紹指令發射的基本概念和記分板演算法的具體實現過程，然後結合 Ariane 處理器核心的設計，對指令發射單元的基本結構、模組介面以及關鍵的子模組做了詳細介紹。希望透過學習本章，能夠幫助讀者更進一步地理解指令發射的過程，對處理器核心的開發有更深入的認識。

第6章
指令執行

指令執行單元的主要功能是接收指令發射單元的指令，經過運算和執行後將結果寫回通用暫存器組。執行單元中包含多個不同類型的功能單元，如載入和儲存單元、算術邏輯元件、分支單元、乘法單元、浮點處理單元。本章首先概述指令執行單元的功能；其次對指令執行單元中的主要功能單元介紹；最後以開放原始碼處理器核心 Ariane 為例，介紹指令執行單元的設計細節。

6.1 指令執行概述

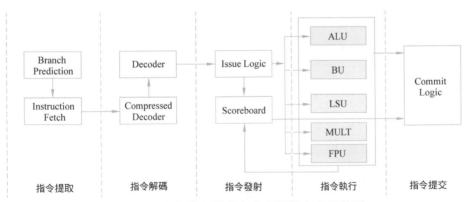

▲ 圖 6.1 指令執行單元在處理器核心中的位置

指令執行單元在處理器核心中的位置如圖 6.1 所示，在管線中，指令執行單元接收發射單元的指令運算元，處理完之後將結果寫回記分板 (Scoreboard)，並允許指令提交單元將結果更新到通用暫存器組 (Reg) 中。指令執行單元封裝了所有的功能單元 (FU)，各 FU 之間一般不存在依賴關係，每個 FU 都能獨立於其他的 FU 執行。通常執行單元包括**算術邏輯元件** (ALU)、**分支單元** (Branch Unit,BU)、**載入和儲存單元** (LSU)、**乘法單元** (Multiplication Unit，MULT) 和**浮點處理單元** (FPU) 等。下面將分別介紹執行單元各 FU 的功能與設計原理。

1. 算術邏輯元件

算術邏輯元件是處理器核心中不可或缺的基本功能單元，主要執行各種基本運算，包括整數算數運算 (如各種資料位元寬的加法、減法)、邏輯運算 (如與、或、非、互斥) 和移位操作 (如邏輯左移、邏輯右移、算術左移、算術右移)。為了降低硬體資源佔用，部分微架構設計會重複使用算術邏輯元件，作為分支指令中跳躍條件的計算單元。

2. 分支單元

分支單元負責執行控制流指令並完成 PC 值的更新。控制流指令可以附帶條件跳躍，也可以不附帶條件跳躍。在控制流指令中，跳躍的目標 PC 可能被編碼成多種形式：直接值、相對當前 PC 值的偏移量，或包含在某個通用整數暫存器中。分支單元會判斷控制流指令是否發生跳躍，以及跳躍的目標位址，並將結果輸出給指令提取模組。

3. 載入和儲存單元

指令發射單元發出的載入和儲存指令，在**位址產生單元** (Address Generation Unit，AGU) 產生虛擬位址。而後載入和儲存指令進入 LSU，經過**儲存管理元件** (MMU) 將虛擬位址轉譯為物理位址，MMU 如果出現資料**轉譯後備緩衝區** (Translation Lookaside Buffer,DTLB) 未命中 (Miss)，則 MMU 向**資料快取** (D-Cache) 發出請求，進行**分頁表遍歷** (Page Table Walk，PTW)。載入和儲存指令完成位址轉譯後，LSU 向 D-Cache 發出存取請求。請求獲得仲裁後透過 D-Cache 執行資料存取。

4. 乘法單元

乘法單元主要完成各種有號數、無號數的乘法、除法、取餘數等運算。由於整數乘法單元電路本身實現較複雜、成本較高,因此其通常會被獨立出來作為一個可選的功能單元,而並不被包含在 ALU 中。

出於降低晶片成本或基於晶片在特定應用場景 (如沒有或很少有整數乘除法運算的場景) 使用的考慮,某些處理器甚至不包含獨立的整數乘法單元電路。當有整數乘除運算需求時,處理器先將輸入的整數轉為浮點數,再交給浮點處理單元進行運算,運算完的結果再轉換成整數輸出。當然,相較於使用獨立整數乘法單元電路進行計算的方式而言,這種處理方式可能會帶來更高的延遲。

5. 浮點處理單元

浮點處理單元完成浮點數的算數運算,包括加法、減法、乘法等,還可以實現其他更複雜的運算,如除法和平方根等。在浮點處理單元中,浮點數值通常以 32 位元單精度或 64 位元雙精度表示。浮點處理單元電路複雜,其面積通常是對應整數運算單元的數倍。

6.2 指令執行單元設計

本節以開放原始碼處理器核心 Ariane 為例,分析執行單元設計的細節。Ariane 的執行單元頂層模組原始程式碼檔案是 ex_stage.sv。本節首先從模組頂層對其進行整體分析,介紹執行單元的內部結構及其週邊連接關係;其次對執行單元中的各子模組進行詳細分析。

6.2.1 整體設計

Ariane 執行單元 EX_Stage 模組如圖 6.2 所示。執行單元按照 FU 分為 ALU、Branch_Unit、CSR_ Buffer、MULT、FPU 和 LSU 6 個模組。由於每個 FU 的功能相對獨立,因此下面圍繞各 FU 分析執行單元與外部模組間連接的關係。

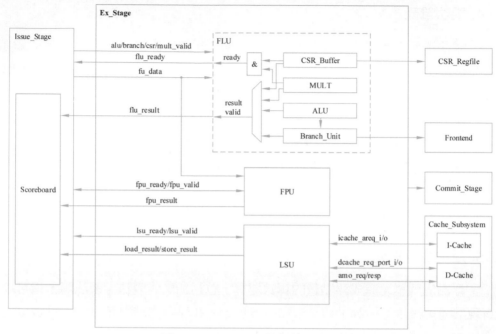

▲ 圖 6.2 EX_Stage 模組整體方塊圖

　　在 Ariane 中，ALU、Branch_Unit、MULT、CSR_Buffer 被統稱為**固定延遲單元 (FLU)**。所有 FLU 共用一組與 Issue_Stage 進行互動的介面。當這個互動介面空閒時，flu_ready 置 1，此時 Issue_Stage 可以透過 fu_data 將資料送給 FLU，並根據指令所使用的 FU 的類型，將 alu/branch/csr/mult_valid 中任意一個訊號置 1。FLU 接收運算元，經過運算後，將結果透過 flu_result 送回給 Issue_Stage，同時將 flu_valid 置 1，指示資料有效。

　　除了與 Issue_Stage 進行資料互動，FLU 中的 Branch_Unit 在計算出分支跳躍目標位址後，還會將其送給 Frontend，以改變取指指令流方向。在 CSR 指令被提交時，CSR_Buffer 將快取的 CSR 位址送回給 CSR_Regfile 模組。

　　與 FLU 類似，FPU/LSU 有獨立的與 Issue_Stage 進行互動的介面，fpu_ready/lsu_ready 指示 FPU/LSU 處於空閒狀態，可以透過 fu_data 接收運算元。運算結果透過 fpu_result/load_result/store_result 傳回給 Issue_Stage 模組。

　　LSU 在接收 Issue_Stage 的請求後，將經過位址轉譯的存取請求透過 dcache_req_ports_o 發送給 D-Cache，存取結果由 D-Cache 透過 dcache_req_ ports_i 傳回給 LSU，並由 LSU 將 D-Cache 的存取結果 load_result、store_result 寫回給 Scoreboard。**原子記憶體操作 (AMO)** 請求也由 LSU 進行處理。LSU 將 AMO 進行位址轉譯後向 D-Cache 發起執行存取請求 amo_req，並由 D-Cache 傳回 AMO 執行的交握訊號 amo_resp。LSU 同時接收來自 I-Cache 的位址轉譯 請求 icache_areq_i，經由 LSU 中的 MMU 完成位址轉譯後傳回 I-Cache 轉譯結 果 icache_areq_o。

　　EX_Stage 模組介面清單如表 6.1 所示。

▼ 表 6.1 EX_Stage 模組介面清單

訊號	方向	位元寬 / 類型	描述
clk_i	輸入	1	時鐘
rst_ni	輸入	1	重置, 低有效
flush_i	輸入	1	來自 Controller 的流水刷新請求
debug_mode_i	輸入	1	未使用
fu_data_i	輸入	fu_data_t	Issue_Stage 發送給 EX_Stage 的指令
pc_i	輸入	VLEN	當前指令對應的 PC
is_compressed_instr_i	輸入	1	當前指令是否為壓縮指令標識
flu_result_o	輸出	64	FLU 的執行結果, 寫回 Scoreboard
flu_trans_id_o	輸出	3	指示寫回 Scoreboard 的 EntryID
flu_exception_o	輸出	exception_t	也作為 FLU 執行的結果, 寫回 Scoreboard
flu_ready_o	輸出	1	FLU 送給 Issue_Stage 的握手訊號, 允許 Issue_Stage 發送指令給 EX_Stage
flu_valid_o	輸出	1	flu_result_o 有效
alu_valid_i	輸入	1	Issue_Stage 指示當前指令發送給 ALU
branch_valid_i	輸入	1	Issue_Stage 指示當前指令發送給 Branch_Unit
branch_predict_i	輸入	branchpredict_sbe_t	Issue_Stage 輸出的分支預測資訊
resolved_branch_o	輸出	bp_resolve_t	ALU 輸出的分支跳躍結果, 寫回 Frontend
resolve_branch_o	輸出	1	未使用
csr_valid_i	輸入	1	Issue_Stage 指示當前指令發送給 CSR_Buffer

訊號	方向	位元寬 / 類型	描述
csr_addr_o	輸出	12	CSR 位址
csr_commit_i	輸入	1	Commit_Stage 完成了 CSR 指令的提交
mult_valid_i	輸入	1	Issue_Stage 指示當前指令發送給 MULT
lsu_ready_o	輸出	1	LSU 與 Issue_Stage 的交握訊號，允許 Issue_Stage 向 LSU 發送指令
lsu_valid_i	輸入	1	Issue_Stage 指示當前指令發送給 LSU
load_valid_o	輸出	1	load_result_o 有效
load_result_o	輸出	64	Load 執行結果，寫回 Scoreboard
load_trans_id_o	輸出	3	指示寫回 Scoreboard 的 EntryID
load_exception_o	輸出	exception_t	也作為 Load 執行的結果，寫回 Scoreboard
store_valid_o	輸出	1	store_result_o 有效
store_result_o	輸出	64	Store 執行結果，寫回 Scoreboard
store_trans_id_o	輸出	3	指示寫回 Scoreboard 的 EntryID
store_exception_o	輸出	exception_t	也作為 Store 執行的結果，寫回 Scoreboard
lsu_commit_i	輸入	1	Commit_Stage 完成載入和儲存指令的提交
lsu_commit_ready_o	輸出	1	Store_Buffer 可以接收 Commit_Stage 的提交
commit_tran_id_i	輸入	3	Commit 模組送往 LSU 的 TransactionID
no_st_pending_o	輸出	1	Store_Unit 的 Commit_Buffer 已經排空
amo_valid_commit_i	輸入	1	Commit 完成了 AMO 指令的提交
fpu_ready_o	輸出	1	FPU 回送給 Issue_Stage 的交握訊號，允許 Issue_Stage 發送指令給 EX_Stage
fpu_valid_i	輸入	1	Issue_Stage 指示當前指令發送給 FPU
fpu_fmt_i	輸入	2	Issue_Stage 送給 FPU, 當前指令的資訊
fpu_rm_i	輸入	3	Issue_Stage 送給 FPU, 當前指令的資訊
fpu_frm_i	輸入	3	Issue_Stage 送給 FPU, 當前指令的資訊
fpu_prec_i	輸入	4	Issue_Stage 送給 FPU, 當前指令的資訊
fpu_trans_id_o	輸出	3	指示寫回 Scoreboard 的 EntryID
fpu_result_o	輸出	64	FPU 執行結果，寫回 Scoreboard
fpu_valid_o	輸出	1	fpu_result_o 有效

訊號	方向	位元寬 / 類型	描述
fpu_exception_o	輸出	exception_t	也作為 FPU 執行的結果 , 寫回 Scoreboard
enable_translation_i	輸入	1	使能虛擬位址翻譯
en_ld_st_translation_i	輸入	1	使能載入和儲存虛擬位址翻譯
flush_tlb_i	輸入	1	刷新 D-Cache 的 TLB
priv_lvl_i	輸入	priv_lvl_t	來自 CSR_Regfile 當前的特權模式
ld_st_priv_lvl_i	輸入	ld_st_priv_lvl_i	載入和儲存指令的特權模式
sum_i	輸入	1	mstatus 暫存器的 SUM 域
mxr_i	輸入	1	mstatus 暫存器的 MXR 域
satp_ppn_i	輸入	44	satp 暫存器的根頁表的物理頁號域
asid_i	輸入	3	satp 暫存器的位址空間標識域
icache_areq_i	輸入	icache_areq_o_t	來自 Frontend 的位址轉譯請求
icache_areq_o	輸出	icache_areq_i_t	去到 Frontend 取指的位址轉譯結果
dcache_req_ports_i	輸入	dcache_req_o_t*3	D-Cache 返回的結果
dcache_req_ports_o	輸出	dcache_req_i_t*3	存取 D-Cache 的請求
dcache_wbuffer_empty_i	輸入	1	D-Cache Wbuffer 空 , 可以接收新 Load 指令
amo_req_o	輸出	amo_req_t	送到 D-Cache 的原子指令請求
amo_resp_i	輸入	amo_resp_t	D-Cache 返回的原子指令結果
itlb_miss_o	輸出	1	MMU 的指令 TLB 未命中
dtlb_miss_o	輸出	1	MMU 的資料 TLB 未命中

6.2.2 LSU 模組設計

LSU 的架構圖如圖 6.3 所示，Issue_Stage 發出載入和儲存指令，在 AGU 產生虛擬位址，而後進入 LSU_Bypass。LSU_Bypass 有一個 2 深度的 buffer，當 buffer 空時，Issue_Stage 的請求可以不經過 buffer 直接旁路到後級模組；當 buffer 不可為空時，可以快取一個請求。

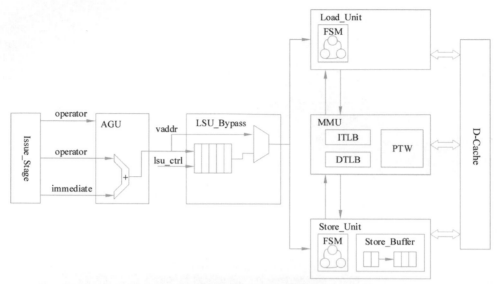

▲ 圖 6.3 LSU 的架構圖

　　LSU_Bypass 的指令被 Load_Unit/Store_Unit 讀出，Load 指令可以立即發送，而 Store 指令被快取到 Store_Buffer 中，在 Commit_Stage 提交 Store 指令時，Store_Buffer 中的指令出隊，向 D-Cache 發出請求。

　　無論 Store 還是 Load 都需要進行位址轉譯，將虛擬位址轉為物理位址。MMU 完成位址轉譯的過程，位址轉譯如果出現 TLB 未命中，則 PTW 儲存虛擬位址並向 D-Cache 發出請求進行分頁表遍歷。

　　D-Cache 將對來自 Load_Unit、Store_Unit、MMU 的請求進行仲裁，獲得仲裁後載入和儲存指令得以在 Cache 中執行。

1. LSU_Bypass

　　LSU_Bypass 是 LSU 與 Issue_Stage 的介面模組。LSU 處理較慢，最主要的銷耗：①位址產生、位址轉譯、Store_Buffer 查詢；② Issue_Stage 依靠 LSU 的 ready 訊號分發新的指令，若 ready 訊號 為 0，則會引起管線停頓。

　　為了緩解這個問題，LSU_Bypass 引入了一個 2 深度 FIFO，多快取一個 Issue_Stage 的請求。因此 ready 標識也可以延遲一拍，以緩解交握電路時序的緊張。LSU_Bypass 模組解耦了 FU 與 Issue_Stage。

2. Load_Unit

Load_Unit 處理所有 Load 指令。Load 不會快取,會儘快發射。發射 Load 之前為了避免載入過期的資料,會將 Load 位址與 Store_Buffer 的 Store 位址相對比。由於全比較代價非常大,所以只有低 12 位元 (page-offset,物理和虛擬位址相同的部分) 被比較。主要有兩個好處: ① 12 位元而非 64 位元的比較會使得完成整個 Store_Buffer 的比對更快; ②物理位址不參與比對,不需要等待位址轉譯完成。如果頁面偏移與一個 Outstanding Store 一致 (命中),Load_Unit 會暫停,等待 Store_Buffer 排出命中的 Store 指令。

由於 Load_Unit 需要位址轉譯,Load 阻塞 D-Cache 的情況也是可能發生的,Load 指令發生 TLB 未命中後,Load_Unit 要給 D-Cache 發出請求,撤銷當前的記憶體介面上的 Load 請求,給硬體 PTW 操作 Cache 讓行。

3. Store_Unit

Store_Unit 處理所有的 Store 指令,計算目的位址,並且設定位元組啟動位元。它與 Load_Unit 進行通訊,檢查 Load 指令是否與 Outstanding Store(Store_Buffer 中快取的而沒有執行的 Store 請求) 出現位址匹配。

Store_Buffer 儲存所有 Store 指令的軌跡。它實際上包括兩個緩衝區: 一個是 commit 指令;另一個是 outstanding 仍處於投機 (Speculative) 狀態的指令。刷新之後已經提交的指令仍然存在,但是投機佇列被完全清空了。為了避免緩衝區溢位,兩個佇列維護了各自的滿標記。投機佇列的滿標記直接送到 Store_Unit,這個滿標記將暫停 LSU_Bypass 模組,使得 LSU 不再接收請求。commit 佇列的滿標記訊號送到了 Commit_Stage。Commit_Stage 將暫停 Store 指令,因為 Store_Buffer 的 commit 佇列不能再接收新資料。

Commit_Stage 模組發送 lsu_commit 訊號,將 Store 指令由投機佇列放入 commit 佇列。

當一個 Store 指令被放入 commit 佇列中,一旦 commit 佇列獲得了 Cache 的仲裁,佇列將發送最先進來的 Store 請求。

commit 佇列需要快取物理位址。當投機佇列中的指令提交時,該指令的轉譯已經完成。投機佇列中其餘 Store 指令的位址還沒有完成轉譯，但是當 MMU 完成這些指令位址轉譯時，攜帶物理位址的資料結構會更新投機佇列。

　　Store_Unit 同時也處理 AMO 指令，當 commit 佇列為空、Commit_Stage 送出 amo_valid_commit_i 且 AMO_Buffer 不可為空時，Store_Unit 向 D-Cache 發出執行 AMO 的請求。注意，AMO_Buffer 是一個 1 深度的 FIFO。當獲得 D-Cache 授權後，Store_Unit 從 AMO_Buffer 讀出 AMO 指令。當 AMO_Buffer 與 Store_Unit 的投機佇列都非滿時才允許讀取 Bypass_Unit 的 FIFO。

6.2.3 FLU 模組設計

　　FLU 包含了 EX_Stage 下共用輸出介面的 4 個子模組，分別為 ALU、Branch_Unit、CSR_Buffer 及 MULT，如圖 6.2 虛線框所示。這些模組透過共用 EX_Stage 上的介面與 Issue_Stage、Scoreboard 模組進行互動。下面將分別對 ALU、Branch_Unit、CSR_Buffer 和 MULT 4 個子模組介紹。

1. ALU

　　ALU 模組的主要功能是完成 32/64 位元加、減、移位和比較運算，並為 Branch_Unit 模組提供有條件跳躍的比較結果。ALU 子模組內部結構如圖 6.4 所示。ALU 內部邏輯電路根據功能可劃分為 adder、shift、comparison 以及兩個 mux。

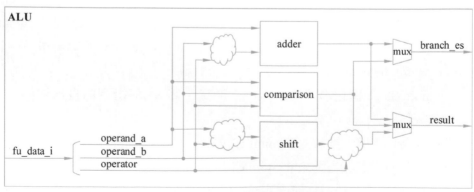

▲ 圖 6.4　ALU 子模組內部結構

(1) adder： 用於 add、sub、addw、subw 指令的執行，同時用於分支跳躍指令 beq 和 bne 的跳躍條件計算。

(2) shift： 用於 slli、srli 和 srai 指令的執行。對於邏輯左移指令，先將運算元反序，進行右移操作後再反序。

(3) comparison： 可用於兩個運算元的比較，應注意是否有號數運算。運算結果可作為 slti、sltiu 指令的比較結果或 blt、bltu、bge、bgeu 指令的跳躍條件。

(4) mux： 兩個 mux 根據指令中的操作符號，選擇對應的結果輸出。

2. Branch_Unit

Branch_Unit 模組的主要功能是產生分支指令的跳躍位址及相關控制訊號，也可用於判斷是否有分支預測失敗 (mis-prediction) 的發生。根據新產生的指令位址是否 16 位元對齊，可判斷是否有異常產生。Branch_Unit 子模組內部結構如圖 6.5 所示。

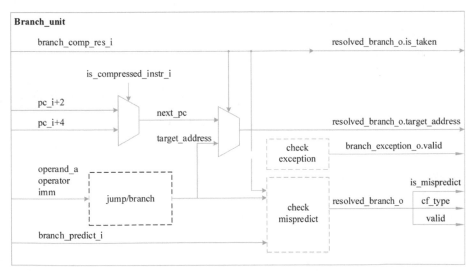

▲ 圖 6.5 Branch_Unit 子模組內部結構

Branch_Unit 模組內部功能處理描述如下。

(1) 非跳躍狀態位址產生。當為壓縮指令時 PC=PC+2，否則 PC=PC+4。

(2) 跳躍狀態位址產生。當為跳躍指令時，target_address=base_address

+imm。其中 base_address 的設定值規則： 若為間接跳躍指令，base_address 為暫存器值；否則 base_address 為當前 PC 值。

(3) mis-prediction 判斷。mis-prediction 在執行有條件跳躍，或無條件跳躍 jalr 指令時發生。有條件跳躍下的 mis-prediction，即預測發生跳躍而實際沒有跳躍, 或預測不發生跳躍而實際跳躍了，此時將 resolved_branch_o.is_mispredict 標識置 1，且設定 resolved_branch_o.cf_type 為 Branch；無條件間接跳躍 jalr 下的 mis-prediction，即預測到的位址和實際的位址不一致，此時將 resolved_branch_o.is_mispredict 標識置 1，且設定 resolved_branch_o.cf_type 為 JumpR；無 mis-prediction 發生，則正常輸出 target_address，resolved_branch_o.is_taken 標識表示是否有跳躍發生。mis-prediction 判斷完成後，將 resolve_branch_o.valid 置 1。

(4) 異常判斷。對新產生的 target_address 進行檢查，是否為 2 位元組對齊 (即是否產生異常)。判斷方法是檢查 target_address 最低位元是否為 0： 若為 0 則位址對齊且 branch_exception_o.valid 為 0，否則 branch_exception_o.valid 為 1 且輸出引起異常的當前 PC 值。

3. CSR_Buffer

CSR_Buffer 模組的功能是快取 CSR 的位址，並將該位址輸出給 CSR_Regfile 模組。該模組由一個 buffer 以及週邊邏輯電路組成，buffer 中儲存 CSR 的位址以及內部 valid 訊號 (該訊號用來標識 buffer 內是否存在有效的資料)。CSR_Buffer 子模組內部結構如圖 6.6 所示。

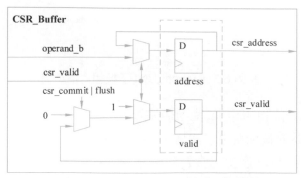

▲ 圖 6.6　CSR_Buffer 子模組內部結構

根據控制訊號的不同，buffer 將讀取 CSR 位址，或改變 buffer 內部的 valid 標識以及 csr_ready_o 訊號，具體有以下 5 種情況。

(1) 預設狀態： csr_ready_o 置 1，buffer 可以接受來自外部的請求。

(2) if((csr_reg_q.valid || csr_valid_i) && ∼ csr_commit_i)： buffer 內有一個未發送的有效資料，且沒有外部的 commit 訊號，此時將 csr_ready_o 置 0，表示不可以接受來自外部的請求。

(3) if (csr_valid_i)： 收到來自外部的 csr_valid_i 高電位訊號，將 CSR 位址寫入 buffer，並將 buffer 內部的 valid 標識置 1，表示此時 buffer 內有一個有效資料。

(4) if (csr_commit_i && ∼ csr_valid_i)：收到一個來自外部的commit訊號，但是沒有新的有效指令，則將 valid 標識置 0。

(5) if (flush_i)： 刷新 buffer，valid 訊號置 0。

4. MULT

MULT 模組主要包含 Multiplier 子模組和 Serdiv 子模組，分別完成乘法和除法運算。MULT 模組內部結構如圖 6.7 所示。

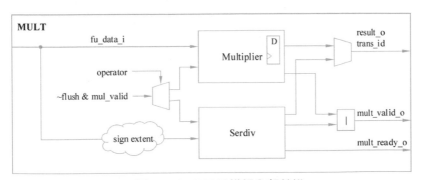

▲ 圖 6.7 MULT 子模組內部結構

Multiplier 乘法器子模組採用平行算法，在輸出仲裁時擁有較高優先順序： 即當 mul_valid 訊號置 1 時，優先輸出 Multiplier 的運算結果，且將 Serdiv 子模組的 out_rdy_i 訊號置 0，表示此時 Serdiv 子模組的輸出不可以被接收。Multiplier 內部結構插入了 pipeline 暫存器，可以透過 retimg 設定讓綜合工具最佳化乘法器內部的時序路徑。

　　Serdiv 除法器子模組採用串列演算法。mult_ready_o 訊號直接由 Serdiv 子模組的 in_rdy_o 訊號產生，即 MULT 能否接受來自外部的請求由 Serdiv 子模組的狀態來決定。這是因為 Serdiv 子模組接受一次請求之後，經過多個時鐘週期才能計算出結果，在此期間不能接受新的請求，而 Multiplier 子模組不存在這個限制。此外，運算元在傳入 Serdiv 子模組之前，需要先根據指令類型進行符號位元擴充。

▲ 圖 6.8　串列除法器實現原理示意圖

串列演算法是一種常見的除法器實現方法，透過將被除數、除數進行移位比較、逐位元加減，可得到商和餘數。圖 6.8 為以 8 位元除法器計算 195 除以 8 的運算過程範例：首先將被除數的高位元補零後作為比較位元與除數進行比較，此時除數較大，商的最高位元為 0；接著被除數左移一位元，繼續與除數比較；在第 4 和第 5 個時鐘週期，被除數比較位元大於或等於除數，此時商的對應位元為 1，同時被除數需要減去除數後才能進行左移；在最後 1 個時鐘週期，被除數仍然有剩餘，則剩餘值為餘數。在實作方式時，存在基於該原理的各種變形，在有號數的計算中也可能會有一些擴充。

6.2.4 FPU 模組設計

FPU 模組處理所有浮點數相關的指令，符合 IEEE 754—2008 定義的浮點數標準。本節只介紹 Ariane 的 FPU 頂層介面並簡介其結構劃分，不詳細介紹程式實現。

Ariane 的 FPU 是一個深度參數化設計的模組。模組可支援表 6.2 浮點數和表 6.3 整數格式，並可透過參數設定浮點數和整數格式 (fp_format_e、int_format_e)，也支援多種格式混合。FPU 模組可支援表 6.4 中運算單元的實現，也可透過參數 (類型為 operation_e) 設定僅包含部分功能。

▼ 表 6.2 浮點數格式

可選參數	格式	寬度 /b	指數位數	小數位數
FP32	IEEEbinary32	32	8	23
FP64	IEEEbinary64	64	11	52
FP16	IEEEbinary16	16	5	10
FP8	binary8	8	5	2
FP16ALT	binary16alt	16	8	7

▼ 表 6.3 整數格式

可選參數	寬度 /b	可選參數	寬度 /b
INT8	8	INT32	32
INT16	16	INT64	64

▼ 表 6.4　運算單元

運算單元	操作組
FMADD/FNMSUB/ADD/ MUL	ADDMUL
DIV/SQRT	DIVSQRT
SGNJ/ MINMAX/CMP/CLASSIFY	NONCOMP
F2F/F2I/I2F/CPKAB/CPKCD	CONV

1. 介面清單

FPU_Wrapper 的介面清單如表 6.5 所示。

▼ 表 6.5　FPU_Wrapper 的介面清單

訊號	方向	位元寬 / 類型	描述
clk_i	輸入	1	輸入時鐘
rst_ni	輸入	1	重置訊號
flush_i	輸入	1	管線刷新
fu_data_i	輸入	fu_data_t	輸入資料
fpu_ready_o	輸出	1	交握訊號，指示 FPU 可以接收資料
fpu_valid_i	輸入	1	交握訊號，指示 FPU 輸入資料有效
fpu_fmt_i	輸入	2	浮點數格式
fpu_rm_i	輸入	3	捨入模式
fpu_frm_i	輸入	3	動態捨入模式
fpu_prec_i	輸入	7	精度控制
fpu_valid_o	輸出	1	輸出有效
result_o	輸出	FLEN	輸出結果
fpu_exception_o	輸出	exception_t	輸出異常

2. 參數設定說明

FPU_Wrapper 中定義了一些設定參數，下面對其說明。

1) fcsr 暫存器

　　圖 6.9 為 Ariane 的 fcsr 暫存器，在 riscv_pkg.sv 中定義為結構 fcsr_t。其中，bit[4:0] 為異常標識位元 (flag)，其含義如表 6.6 所示；frm 為捨入模式編碼位元，frm 編碼及含義如表 6.7 所示；fprec 為自訂的精度控制位元。

31		15 14		8 7		5 4	3	2	1	0
Reserved			fprec		frm		NV	DZ	OF	UF	NX

▲ 圖 6.9 fcsr 暫存器

▼ 表 6.6 flag 含義

縮寫標識	含義	縮寫標識	含義
NV	無效操作	UF	下溢
DZ	除以零	NX	不精確
OF	上溢		

▼ 表 6.7 frm 編碼及含義

縮寫標識	編碼	含義
RNE	000	當有兩個最接近的值時, 選擇偶數捨入
RTZ	001	向 0 捨入
RDN	010	向下捨入
RUP	011	向上捨入
RMM	100	當有兩個最接近的值時, 向最大值捨入
—	101/110	無效
DYN	111	在 frm 暫存器中 111 為無效編碼；在浮點指令的 rm 域中, 編碼為 111 表示使用動態捨入模式, 即該指令使用 fscrf.rm 中定義的捨入模式

2) FPU_FEATURES

此參數用於設定 FPU 內可用的格式和特殊功能，定義如下：

```
fpnew_pkg.sv
typedef struct packed {
    int unsigned    Width;
    logic           EnableVectors;
```

```
    logic           EnableNanBox;
    fmt_logic_t     FpFmtMask;
    ifmt_logic_t    IntFmtMask;
} fpu_features_t;
fpnew_pkg.sv
typedef enum logic[FP_FORMAT_BITS-1:0] {
    FP32    ='d0,
    FP64    ='d1,
    FP16    ='d2,
    FP8     ='d3,
    FP16ALT ='d4
} fp_format_e

typedeflogic[0:NUM_FP_FORMATS-1] fmt_logic_t;


fpnew_pkg.sv
typedef enum logic[INT_FORMAT_BITS-1:0] {
    INT8,
    INT16,
    INT32,
    INT64
} int_format_e;
typedef logic [0:NUM_INT_FORMATS-1] ifmt_logic_t;
```

(1) Width 表示資料位元寬，是 FPU 定義的浮點數和整數的最大位元寬。

(2) EnableVectors 控制 FPU 中分組 SIMD(單指令多資料) 計算單元的生成。如果設定為 1，將為所有小於 FPU 定義寬度的浮點格式生成向量執行單元，以填充資料路徑寬度。舉例來說，給定寬度為 64 位元，對於 16 位元浮點格式的資料，將有 4 個執行單元操作。

(3) EnableNanBox 控制是否設定輸入值為 Nan-boxing 格式。如果設定為 1，所有格式不是 Nan-boxing 的輸入值將被認為是 Nan；而無論 EnableNanBox 是否置為 1，輸出值總是 Nan-boxed。

(4) FpFmtMask 參數類型是 fmt_logic_t，儲存 fp_format_e 中每個對應格式的邏輯位元。如果在 FpFmtMask 中設定相應位元，就會生成對應格式的硬體。

(5) IntFmtMask 參數類型是 ifmt_logic_t，儲存 int_format_e 中每個對應格式的邏輯位元。如果在 IntFmtMask 中設定相應位元，就會生成對應格式的硬體。

3) FPU_INPLEMENTATION

FPU 分 4 個操作組，ADDMUL、DIVSQRT、NONCOMP 和 CONV，此參數控制這些操作組的實現方式。參數定義如下：

```
fpnew_pkg.sv
typedef struct packed {
    opgrp_fmt_unsigned_t      PipeRegs;
    opgrp_fmt_unit_types_t    UnitTypes;
    pipe_config_t             PipeConfig;
} fpu_implementation_t;
```

PipeRegs 用來設定 pipeline 級數。在每個操作組中，每個計算單元的每種浮點格式，需要插入一定的 pipeline 級數。UnitTypes 控制用於 FPU 的硬體資源，其設定如表 6.8 所示。

▼ 表 6.8 UnitTypes 設定

可選設定	描述
DISABLED	不為這個浮點格式生成硬體單元
PARALLEL	為這個浮點格式生成一個硬體單元
MERGED	為所有選擇合併的格式生成一個合併的多格式硬體單元

PipeConfig 用於控制各 pipeline 暫存器在操作單元中的位置，其設定如表 6.9 所示。

▼ 表 6.9 PipeConfig 設定

可選設定	描述
BEFORE	在輸入插入暫存器
AFTER	在輸出插入暫存器

可選設定	描述
INSIDE	在操作單元的中間插入暫存器 (如果不能 , 則在前插入)
DISTRIBUTED	暫存器被均勻地分配到內部、前和後 (如果沒有內部 , 則在前插入)

3. 結構與資料通路

1) FPU_Wrapper

FPU_Wrapper 封裝了 FPnew_Top 與外部模組的介面，並包含各種運算單元的參數設定選項。FPU_Wrapper 透過狀態機控制 FPnew_Top 與外部的訊號交握和輸入資料快取，並將計算結果透過 wb_port 寫回給 Scoreboard。FPU_Wrapper 模組整體結構如圖 6.10 所示。

FPU_Wrapper 模組狀態機如圖 6.11 所示。READY： fpu_ready_o 置 1，wrapper 可以接收來自外部的資料。當 fpu_valid_i & ～ fpu_in_ready 時，進入 STALL 狀態，將資料快取到 buffer。STALL： 此狀態下待輸入 FPnew_Top 的資料已快取在 buffer 中。當 fpu_in_ready 置 1 時，進入 READY 狀態，可接收新的資料。

2) FPnew_Top

FPnew_Top 模組根據參數 opgrp 實體化了多個操作組模組，每個操作組包含一類運算單元。多個操作組的結果由一個仲裁器模組仲裁輸出。操作組模組結構如圖 6.12 所示。

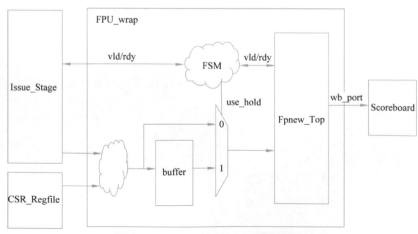

▲ 圖 6.10 FPU_Wrapper 模組整體結構

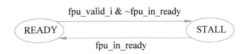

▲ 圖 6.11 FPU_Wrapper 模組狀態機示意圖

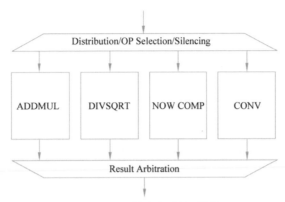

▲ 圖 6.12 操作組模組結構

　　每個操作組內根據參數 fmt、FpFmtMask、FmtUnitTypes 實體化多個支援不同浮點格式的硬體片 (Slice)，如圖 6.13 所示。若 FmtUnitTypes 為 PARALLEL，則生成單格式硬體片 fmt_slice(如圖 6.13 左邊虛線框)；若 FmtUnitTypes 為 MERGED，則生成多格式融合硬體片 multifmt_slice(如圖 6.13 右邊虛線框)。單格式硬體片的時序好，但面積較大；多格式融合硬體片在面積上有優勢，但是延遲時間會比較大。

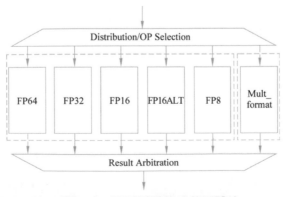

▲ 圖 6.13 不同浮點格式的硬體片

6.3　本章小結

　　解碼後的指令，被發送到指令執行單元中對應的功能單元進行運算，從而得到指令的執行結果。由於指令集中存在多種不同類型的指令，因此指令執行單元中所包含的功能單元也種類各異。本章首先對指令執行單元的基本功能以及各種不同類型的功能單元介紹，然後以開放原始碼處理器核心 Ariane 為例，介紹其指令執行單元的設計，以實例分析加深讀者對指令執行單元的理解。

第7章
指令提交

指令提交 (Instruction Commit) 位於處理器管線最後一級，只有經過指令提交管線級確認的指令，才能真正生效並將結果更新到通用暫存器組或記憶體中。本章首先概述指令提交單元的功能，然後以開放原始碼處理器核心 Ariane 為例介紹指令提交單元設計的細節。

7.1 指令提交概述

處理器系統結構狀態 (Architecture State) 是指通用暫存器組 (Reg)、控制和狀態暫存器 (CSR) 以及記憶體中的值。指令經過執行單元運算之後，其結果最終會更新系統結構狀態。

從程式設計師的角度來看，軟體在處理器中好像是按照原始二進位指令流的順序，一筆緊接著一筆執行的。實際上，為了提高效率，現代處理器採用了管線化、超純量、亂序發射等策略，使得指令流在硬體執行的順序被打亂，並且在同一個時鐘週期存在多筆 in-flight 指令。舉例來說，採用經典 5 級管線結構，指令執行完之後就直接進入寫回管線級，則系統結構狀態可能以非原始指令流的順序改變。假設在一行 store 指令後面緊接一行 add 指令，由於 add 指令執行比 store 指令快，因此會出現 add 指令在 store 指令之前更新系統結構狀態的情況。

另外，對於控制冒險，經典 5 級管線必須等待分支指令解析完成之後才能執行分支後續指令，這會造成管線停頓。基於硬體推測的微架構對其進行了擴充： 指令提取管線級獲取到的指令，不管其是否處於正確的分支路徑上，只要該指令的運算元準備好，就儘快讓其進入後續的管線提前執行。這樣雖然可以提高執行效率，減少管線停頓，但是會帶來一個問題： 如果分支預測錯誤，處理器就處在一條錯誤的執行路徑上。所以，在支援硬體推測的微架構中，這些處於推測執行狀態的指令必須是可撤銷的，它們的運算結果不能立即寫回通用暫存器組，而是放在硬體私有的暫存器中先暫存起來，等到這行指令被確認可執行的時候，才將結果更新到系統結構狀態中。確認指令可執行並更新系統結構狀態這個操作，由指令提交單元來完成。管線最後一級也由寫回管線級變成指令提交管線級。

增加指令提交管線級之後，無論微架構採用順序發射還是亂序發射策略，指令都可以按照原始二進位指令流的順序進入指令提交管線級並更改系統結構狀態。在微架構實現中，一般會將指令執行結果先儲存在**重排序緩衝區 (ROB)** 中，指令提交單元從 ROB 中按照原始指令流順序提取已經完成運算的指令並執行提交操作。

存在兩種場景需要取消處於推測執行狀態指令的執行。第一種場景是分支預測出錯，推測執行狀態指令處於錯誤的分支路徑上。此時，需要刷新管線，讓指令提取單元重新從正確的分支路徑上取指令。第二種場景是指令在執行過程中產生異常。位於異常指令後面，處於推測執行狀態的指令必須被取消。異常有可能是在指令提交管線級之前產生 (如取指異常)，也有可能在指令提交管線級產生。無論是哪種情況，指令提交單元都必須辨識出來，並進行相應的異常處理。

指令被提交單元確認就表示這行指令已經在處理器管線架構中走完全部的流程，這行指令退役 (Retire) 了。退役的指令將釋放其佔有的硬體資源，供後續的新指令使用。

7.2　指令提交單元設計

7.1 節對指令提交單元的功能進行簡介，本節將以開放原始碼處理器核心 Ariane 為例，分析其指令提交單元設計的細節。Ariane 的指令提交單元是 Commit_Stage 模組，頂層模組原始程式碼檔案是 commit_stage.sv。本節首先從模組頂層對其進行分析，介紹其基本邏輯及週邊連接關係，然後分別對 Commit_Stage 模組以及與其緊密相關的 Controller 模組做進一步分析。

7.2.1 整體設計

Ariane 的指令提交單元 Commit_Stage 模組整體方塊圖如圖 7.1 所示。Commit_Stage 模組支援一次提交兩行指令，這兩行指令分別儲存在指令槽 0(commit_instr_i[0]) 和指令槽 1(commit_instr_i[1]) 中。

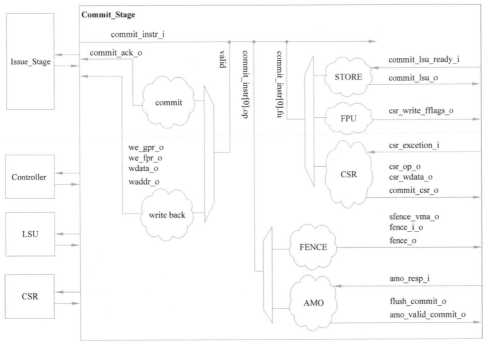

▲ 圖 7.1 Commit_Stage 模組整體方塊圖

指令槽 0 的提交沒有任何約束，只要該指令已經完成運算 (valid=1) 就可以提交，對於特定的指令，如 STORE 指令、FPU 指令、CSR 指令、FENCE 類指令、AMO 指令等，在提交的同時還可能產生特定的硬體行為，Commit_Stage 模組必須辨識出這些指令並按照要求輸出特定的控制訊號。另外，在提交過程中還必須判斷是否有異常產生並進行相應的處理，產生異常的這行指令不會被提交。

對於指令槽 1 的提交則存在一些約束，首先，只有指令槽 0 完成提交，並且沒有產生任何刷新管線訊號時，指令槽 1 才可能被提交。其次，只有使用特定類型功能單元的指令可以在指令槽 1 中被提交。最後，與指令槽 0 相同，指令槽 1 提交的也必須是沒有異常產生的指令。

指令提交單元在管線資料路徑上，主要與指令發射單元 (Issue_Stage) 進行互動。指令發射單元將待提交的指令透過 commit_instr_i 介面傳送給指令提交單元，指令提交單元確認該指令可以提交之後，將 commit_ack_o 介面置高。同時，透過 waddr_o、wdata_o、we_fpr_o、we_gpr_o 通訊埠將提交指令的結果寫回通用暫存器組中。Commit_Stage 模組的介面清單如表 7.1 所示。

▼ 表 7.1　Commit_Stage 模組的介面清單

訊號	方向	位元寬 / 類型	描述
clk_i	輸入	1	時鐘
rst_ni	輸入	1	重置
halt_i	輸入	1	請求將處理器暫停，暫停提交指令
flush_dcache_i	輸入	1	刷新 D-Cache 請求
exception_o	輸出	exception_t	輸出異常資訊
dirty_fp_state_o	輸出	1	mstatus 暫存器的 FS(FloatStatus) 位元寫回，當浮點處理單元完成執行後，要將 FS 標記為髒標識位元 (dirty)
single_step_i	輸入	1	來自 dcsr 暫存器，高電位時，一個時鐘週期只能提交一行指令
commit_instr_i	輸入	scoreboard_entry_t*2	等待被提交的指令
commit_ack_o	輸出	2	送給指令發射單元，高電位表示指令已經被提交
waddr_o	輸出	2*5	寫回通用暫存器組的位址
wdata_o	輸出	2*64	寫回通用暫存器組的資料
we_gpr_o	輸出	2	寫回整數通用暫存器組的寫使能
we_fpr_o	輸出	2	寫回浮點數通用暫存器組的寫使能
amo_resp_i	輸入	amo_resp_t	從 D-Cache 返回的 AMO 指令執行結果
pc_o	輸出	64	commit_instr_i 對應的 PC 指標
csr_op_o	輸出	fu_op	CSR 指令操作碼解碼
csr_wdata_o	輸出	64	CSR 的寫入值

訊號	方向	位元寬 / 類型	描述
csr_rdata_i	輸入	64	CSR 的讀出值
csr_exception_i	輸入	exception_t	來自 CSR 模組的異常資訊
csr_write_fflags_o	輸出	1	CSRfcsr.fflag 寫使能訊號
commit_lsu_o	輸出	1	給到 Store 單元, 把推測執行狀態的 STORE 指令移入 commit 佇列
commit_lsu_ready_i	輸入	1	Store 單元 commit 佇列非滿
commit_tran_id_o	輸出	TRANS_ID_BITS	commit_instr_i 對應的 transitionid
amo_valid_commit_o	輸出	1	給到 Store 單元的 AMO 指令提交訊號
no_st_pending_i	輸入	1	Store 單元的 commit 佇列已經排空, 沒有等待執行的 STORE 指令
commit_csr_o	輸出	1	彈出 EX_Stage 中的 CSR_Buffer
fence_i_o	輸出	1	提交了一行 fence_i 指令
fence_o	輸出	1	提交了一行 fence 指令
flush_commit_o	輸出	1	提交了一行 AMO 指令
sfence_vma_o	輸出	1	提交了一行 sfence_vma 指令

7.2.2 Commit_Stage 模組實現

Commit_Stage 是 Ariane 的指令提交單元,負責對指令槽 0、指令槽 1 中的指令進行提交,並將結果寫回通用暫存器組,同時需要對異常指令進行處理。

1. 指令槽 0(commit_instr_i[0]) 提交

指令槽 0 的提交邏輯方塊圖如圖 7.2 所示。若指令槽 0 的 valid 訊號有效,並且沒有異常 (ex.valid=0),同時管線沒有被停頓 (halt_i=0),則根據指令的類型分別產生對應的控制訊號,並將 commit_ack_o 置 1,通知指令發射模組將該行指令退役。

根據 commit_instr[0] 中的 fu 訊號,可以判斷當前指令是否屬於 STORE 類型、FPU 類型或 CSR 類型。根據 op 訊號,可以判斷指令是否屬於 FENCE 類型或是 AMO 類型。對於不同類型的指令,採取不同的提交策略。

1) STORE 指令

對於 STORE 指令，首先需要判斷 LSU 模組中 Store 單元的 commit 佇列是否已滿，如果 commit_lsu_ready_i=1，表示 commit 佇列有空閒的記錄，產生 commit_lsu_o 訊號給到 LSU 模組，將處於推測佇列中的 STORE 指令移入 commit 佇列，同時拉高 commit_ack[0]。如果 LSU 模組中的 commit 佇列已滿 (commit_lsu_ready_i=0)，當前這筆 STORE 指令不能被提交，必須使 commit_ack[0] 保持低電位，直到 commit 佇列出現空閒記錄為止。

2) FPU 指令

對於浮點類型指令，只要 commit_instr_i[0].valid 置高，就可以提交該行指令 (commit_ack_0[0]=1)。由於 FPU 指令在運算中可能產生異常資訊，因此除了正常提交指令外，還必須產生寫入 CSR 訊號 (csr_write_fflags_0=1)，將浮點運算中可能產生的異常資訊寫入 CSR 中。

3) CSR 指令

CSR 的指令除了正常提交外，還必須考慮兩個因素。首先，CSR 指令的執行結果必須被寫入 CSR(commit_csr_o=1)。其次，CSR 指令在執行中可能產生異常，所以對 CSR 指令還必須判斷 csr_exception_i.valid 訊號。如果該訊號為 0，指令可以正常提交；如果該訊號為 1，則表示這筆 CSR 指令在執行過程中出現異常不能提交 (commit_ack_o[0]=0)，結果也不能寫入通用暫存器組 (we_gpr_o[0]=0)，而是轉由異常邏輯進行處理。

4) FENCE 類指令

FENCE 類指令包括 SFENCE_VMA、FENCE_I 和 FENCE。對於 FENCE 類指令，首先要等處於暫停狀態的 STORE 指令執行完之後才能提交 (no_st_pending_i=1)。然後根據指令的類型分別產生 sfence_vma_o、fence_i_o、fence_o 訊號，這些訊號會使 Controller 模組產生管線刷新訊號，刷新對應的管線級。

5) AMO 指令

與其他指令不同，AMO 指令是否完成，必須判斷 amo_resp_i.ack 訊號，只有這個訊號為高才能提交 AMO 指令 (commit_ack_o[0]=1) 並產生通用暫存器組寫入操作訊號 (we_gpr_o=1)。同時需要產生 amo_valid_commit_o 訊號送給 LSU 模組，並產生管線刷新訊號 flush_commit_o。

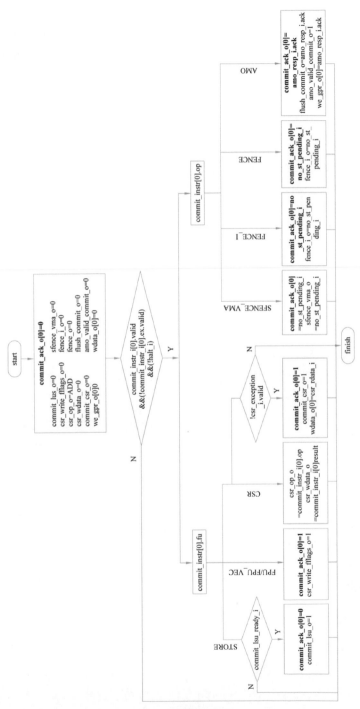

▲ 圖 7.2

2. 指令槽 1(commit_instr_i[1]) 提交

指令槽 1 中的指令要正常提交，存在一些約束條件。參見 commit_stage.sv
中的程式：

```
commit_stage.sv
if(commit_stage_ack_o[0]  && commit_stage_instr_i[1].valid
&& !halt_i
&& !(commit_stage_instr_i[0].fu inside {CSR})
&& !flush_dcache_i
&& !instr_0_is_amo
&& !single_step_i)begin
```

指令槽 1 提交的前提條件是指令槽 0 已經提交 (commit_stage_ack_o[0]=1)，
同時指令槽 1 的指令已經有運算結果 (commit_stage_instr_i[1].valid=1)，並且管
線沒有被停頓 (!halt_i)。

其次，要判斷指令槽 1 的指令是否會被刷新掉，如果這行指令會被刷新掉，
那麼也不能提交。存在兩種情況：①當前管線正在被刷新 (flush_dcache_i=1);
②指令槽 0 提交的指令引起管線刷新。如果指令槽 0 提交的指令，產生了管線
刷新，則指令槽 1 的指令一定不能提交。

在滿足上述條件的基礎上，如果指令槽 1 的指令沒有產生異常並且使用特
定的功能單元，這行指令才可以和指令槽 0 的指令在同一個時鐘週期被提交：

```
commit_stage.sv
if (!exception_o.valid && !commit_stage_instr_i[1].ex.valid &&
  (commit_stage_instr_i[1].fu inside
  {ALU, LOAD, CTRL_FLOW, MULT, FPU, FPU_VEC}))
```

3. 異常處理

如果指令執行過程中產生異常，則指令不能被提交。如 7.1 節所述，存在
兩種產生異常的情況：①指令在提交之前就產生異常並逐級傳遞下來；②指
令在提交時才產生異常。無論是哪種情況，都需要將異常指示訊號 (exception_
o.valid) 置高並透過 exception_o 介面輸出詳細的異常資訊。

7.2.3 Controller 模組實現

在 Ariane 處理器核心中，Controller 模組並不屬於任何一個管線級，實際上，Controller 的唯一功能是根據輸入的控制訊號，統一產生處理器刷新訊號，對相應的管線級資料進行刷新。從 Controller 的輸入訊號來看，在管線路徑上的輸入主要來自 Commit_Stage 模組，所以本節對 Controller 的設計進行簡要分析。

Controller 模組主要根據輸入控制訊號來產生對應的管線刷新訊號。其輸入輸出訊號的真值表如表 7.2 所示。標 1 的儲存格，表示在該列輸入訊號為 1 時，對應的輸出訊號也置 1；空白的儲存格表示對應的輸出訊號置 0。

▼ 表 7.2 Controller 輸入輸出訊號真值表

輸出	輸入						
	mispredict	fence_i	fence_i_i	sfence_vma_i	flush_csr_i|| flush_commit_i	ex_valid_i||eret_i||set_debug_pc_i	halt_csr_i||fence_actived_q
set_pc_commit_o		1	1	1	1		
flush_if_o	1	1	1	1	1	1	
flush_unissued_instr_o	1	1	1	1	1	1	
flush_id_o		1	1	1	1	1	
flush_ex_o		1	1	1	1	1	
flush_icache_o			1				
flush_dcache		1	1				
fence_active_d		1	1				
flush_tlb_o				1			
flush_bp_o						1	
halt_o							1

1. 輸入訊號

Controller 模組的輸入主要來自 Commit_Stage、CSR、指令執行單元。

1) 來自 Commit_Stage 的訊號

(1) fence_i：提交了一行 FENCE 指令。

(2) fence_i_i：提交了一行 FENCE_I 指令。

(3) sfence_vma_i：提交了一行 SFEMCE_VMA 指令。

(4) flush_commit_i：提交了一行 AMO 指令，刷新管線。

(5) ex_valid_i：待提交的指令觸發異常。

2) 來自 CSR 的訊號

(1) flush_csr_i：對 CSR 的寫入觸發了刷新管線請求。

(2) eret_i：從異常處理常式傳回觸發刷新管線請求。

(3) set_debug_pc_i：偵錯模式觸發重新取指請求，取指流向改變，需要刷新管線。

(4) halt_csr_i：正在執行 wfi 指令，需要讓處理器停下來，等待中斷。

3) 來自指令執行單元的訊號

mispredict：分支解析結果，高電位表示分支預測失敗，需要刷新管線。

2. 輸出訊號

(1) set_pc_commit_o：向指令提取單元發出重新取指的請求。

(2) flush_if_o：刷新 Frontend、ID_Stage。

(3) flush_unissued_instr_o：刷新 Issue_Stage 中未發射的指令。

(4) flush_id_o：刷新 Issue_Stage 整級流水。

(5) flush_ex_o：刷新 EX_Stage。

(6) flush_icache_o：刷新 I-Cache。

(7) flush_dcache_o：刷新 D-Cache。

(8) flush_tlb_o：刷新 TLB。

(9) flush_bp_o：輸出懸空，未使用。

(10) halt_o：使處理器停下來，暫停提交指令。

7.3 本章小結

　　指令提交是處理器管線的最後一級，透過增加指令提交單元，可以使處理器支援硬體推測功能，並且按照原始指令流的順序更改處理器系統結構狀態。本章首先對指令提交單元的功能進行概述，然後以開放原始碼處理器核心 Ariane 為例，介紹其指令提交單元 Commit_Stage 以及控制器 Controller 設計的細節。

第 8 章
儲存管理

處理器的正常執行，有賴於記憶體提供的記憶能力。預先編譯的程式，以及等待處理的資料主要來源於記憶體，處理的結果也需要記憶體儲存。本章將對記憶體部分的原理和設計介紹。

8.1 快取原理

未來的處理器需要容量更大、速度更快的記憶體。然而，記憶體速度越快，成本越高。設計人員需要在成本與速度圖 8.1 記憶體層次結構之間進行折中。大多數程式不會均衡地存取所有程式和資料。如在迴圈結構中，被存取過的記憶體位置大機率會在未來多次被存取，即時間局部性；如在陣列、結構中，一個被存取過的記憶體的附近位置大機率會在未來被存取，即空間局部性。充分利用程式的時間局部性、空間局部性及記憶體的層次結構是一種經濟有效的解決方案。各個層次由不同製程、不同大小、不同速度的記憶體組成。圖 8.1 是一種常見的記憶體層次結構。

暫存器

一級快取

二級快取

主記憶體

本地二級記憶體

遠端二級記憶體

▲ 圖 8.1 記憶體層次結構

通常速度越快的記憶體的容量越小成本越高，所以此類記憶體被安排到儲存系統中更靠近處理器的位置。同時，速度比較慢的記憶體就被安排到儲存系統中遠離處理器的位置。這麼做的根本目的是使整個儲存系統在速度、容量、成本上達到最佳。

快取記憶體是記憶體層次中最接近處理器的結構之一。快取一般很小，但速度很快，它用於儲存來自較大、較慢儲存層次的最近使用的指令和資料。

▌8.1.1　快取組織結構 ▌

當某個資料未在快取中找到時，需要從次一級層次中尋找，替換到快取中再繼續程式的執行。由於空間局部性，通常一次會替換多個資料從而提升效率。在這裡使用**區塊** (Block) 表示被移動的多個資料。

在設計快取時，哪些區塊可以放在快取中是一個關鍵的決策，策略包括組相聯、直接映射、全相聯，其中最常使用的是組相聯。每**組** (Set) 包含 1 區塊或多個區塊。根據資料在主記憶體中的低位元位址產生**索引** (Index)。將主記憶體中位址的高位元作為**標籤** (Tag)，用於組內的查詢。當需要寫入時，一個區塊首先被指向一組，然後可以替換組內一個區塊。當需要讀取一個區塊時，首先根據位址索引到組，然後在組內尋找。

1. 組相聯

如果一組裡有 n 個區塊，則這個快取布局稱為 n 路組相聯。n 路組相聯替換區塊時，需要根據對應資料的位址尋找到對應的快取位址。再根據快取替換演算法 (見 8.1.3 節)，替換掉對應組裡的一個區塊。4 路組相聯結構如圖 8.2 所示。

2. 直接映射

當每組只有一個區塊時，稱為直接映射。直接映射的快取需要替換區塊時，只需要根據對應資料的位址尋找到對應的快取位址。由於每組只有一個區塊，直接替換即可。直接映射結構如圖 8.3 所示。

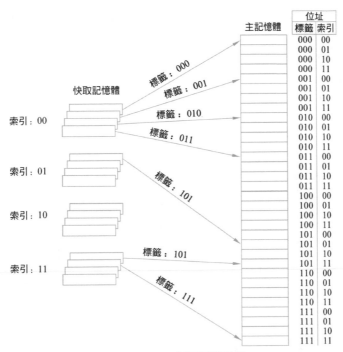

▲ 圖 8.2 4 路組相聯結構

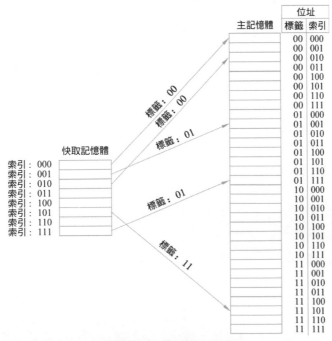

▲ 圖 8.3 直接映射結構

3. 全相聯

　　當快取只有一組，且直接包含所有區塊時，稱為全相聯。在全相聯中，主記憶體中的資料可以儲存在快取中的任意位置，標籤會變得很長，所有的標籤都需要進行比較，這對硬體資源是一筆巨大的銷耗，而且將影響整體的時序，因此全相聯在實際中並不實用。全相聯結構如圖 8.4 所示。

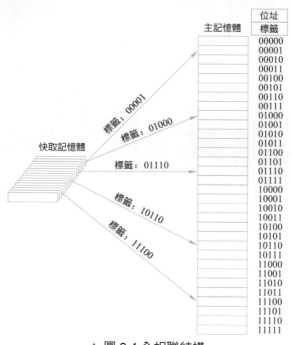

▲ 圖 8.4 全相聯結構

8.1.2　快取寫入策略

　　如果只需要讀取快取，快取的實現是非常簡單的，因為在快取中的資料始終與主記憶體保持一致。而寫入快取就麻煩得多，因為需要保持快取和主記憶體內容的一致。對此主要有寫回 (Write Back) 和寫入直達 (Write Through) 兩種策略。

1. 寫回

　　如圖 8.5 所示，寫回快取只更新快取中的資料，直到快取中的區塊需要被替換時，才將其寫回主記憶體。在實作方式時，可以將標識位元標記為被修改的區塊。在替換區塊時，如果該區塊沒有被修改，則可以直接被替換。

▲ 圖 8.5 寫回快取

2. 寫入直達

　　如圖 8.6 所示，寫入直達快取在更新快取中資料的同時，也更新主記憶體中的區塊。這種策略非常簡單而且可靠，主要應用於寫入快取操作不頻繁的場合。另外這種方式在系統故障或意外斷電的情形下可以更進一步地避免資料遺失。但是快取存在的意義是避免頻繁存取主記憶體，這種策略需要將資料寫入快取和主記憶體兩個位置，在頻繁存取主記憶體的情況下銷耗較大。

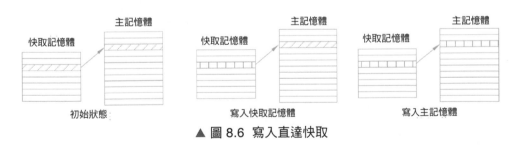

▲ 圖 8.6 寫入直達快取

8.1.3 快取替換演算法

　　快取中的資料不可能包含主記憶體中的所有資料，當處理器需要的資料不在快取中時，則發生快取缺失。快取缺失主要包括以下 4 種。

(1) 強制缺失。在程式第一次執行時期，快取中必然沒有該程式的任何資料，這種快取缺失為強制缺失。任何快取都無法避免強制缺失的發生。

(2) 容量缺失。由於快取的容量是有限的，當超出程式的需求時，需要將部分區塊放棄，下次需要這些區塊時，再把這些區塊替換回來，這就導致了容量缺失。增大快取的大小可以減少容量缺失。

(3) 衝突缺失。在直接映射和組相聯的快取實現中，因為一組包含的區塊是有限的，如果多個區塊被映射到同一組，將有可能導致部分區塊被放棄，下次需要這些區塊時再把這些區塊替換回來，這就導致了衝突缺失。提高快取實現的組相聯程度可以減少衝突缺失。

(4) 一致性缺失。在多個處理器的場景中，由於需要保持多個快取內容的一致，從而需要對不一致的快取進行刷新，此類缺失稱為一致性缺失。

當發生快取缺失時，快取控制器需要在一組裡選擇一個區塊替換成新的資料。直接映射每組內有且僅有一個區塊，因此它的替換決策很簡單，不需要決策。但是組相聯和全相聯則有多個區塊可以選擇，因此就有多種不同的替換演算法。

1. 隨機替換

有些系統選擇產生虛擬亂數來選中隨機替換的區塊，因為這樣可以做到均勻分配。同時這種方案硬體易於實現，僅需要一個虛擬亂數發生器即可。如圖 8.7 中，在所有區塊被填滿後，後續的替換都是隨機選取一個區塊進行替換。

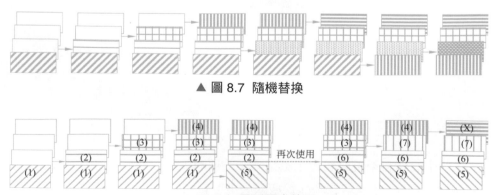

▲ 圖 8.7　隨機替換

▲ 圖 8.8　最近最少使用

2. 最近最少使用

透過記錄區塊的使用情況，最長時間沒有使用的區塊將被替代。這種方法可以減少拋棄不久又要使用資料的機率。但這種方法的實現成本隨著需要追蹤的區塊數的增加而增大。如圖 8.8 所示，在所有區塊被填滿後，後續的替換根據每區塊的最近使用時間進行選擇。每區塊被再次使用時將刷新使用記錄。替換時，將最長時間沒有使用的區塊替換掉。舉例來說，在圖 8.8 中，第 6 次讀取時，一個區塊因為被再次使用而更新了最近使用時間，在下一次快取缺失時避免被替換。

3. 先進先出

由於最近最少使用策略實現較為複雜，則出現了方案的折中： 將更早進入快取的區塊優先進行替換。如圖 8.9 所示，在所有區塊被填滿後，依次對最早替換的區塊進行更新。

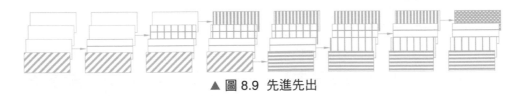

▲ 圖 8.9 先進先出

8.1.4 快取最佳化

記憶體的平均存取時間是一個很好的用於評價記憶體性能的標準。可以用記憶體的平均存取時間來評價所設計快取的性能。

$$記憶體平均存取時間 = 命中時間 + 缺失率 \times 缺失代價$$

由此公式可得，提升快取性能可以從縮短命中時間、降低缺失率、降低缺失代價 3 個維度入手。

快取中發生的缺失主要有衝突缺失、容量缺失、強制缺失。

衝突缺失是最容易解決的，使用盡可能多路的組相聯即可降低衝突缺失發生的機率，使用全相聯結構即可完全避免衝突缺失的發生。然而，這種最佳化是相對的，由此帶來的是硬體成本的大幅提高，和系統整體時鐘頻率的限制，系統整體的性能將受到損失。

對於容量缺失，增大快取的大小是唯一辦法。同樣地，增大快取大小將增加硬體成本，同時命中時間和功耗也將增加。大的快取一般用於片外快取。

對於強制缺失，增大區塊的大小可以利用空間局部性的優勢降低缺失率。但是，較大的區塊又增加了缺失代價。在相同大小的快取實現中，較大的區塊則減少了區塊的個數，這又增加了衝突缺失發生的機率。當快取很小時，也會增加容量缺失發生的機率。

當前處理器執行速度的增長快於記憶體，這使得快取缺失的代價日漸增大。既需要加快快取速度，使得其速度與處理器相匹配；又要加大快取容量，避免它的容量與主記憶體拉開過大距離。一種解決方案是使用多級快取，有興趣的讀者請自行查閱相關資料。

8.2　快取設計

8.1 節介紹了快取原理，本節以開放原始碼處理器核心 Ariane 為例，介紹快取的設計方法。Ariane 有兩種快取系統，Wt_Cache_Subsystem(寫入直達策略) 和 Std_Cache_Subsystem(寫回策略)，可以透過巨集定義選擇具體整合的快取系統。本節主要分析 Wt_Cache_Subsystem 的設計細節。這套 Wt_Cache_Subsystem 透過一個 AXI 主機匯流排界面存取主記憶體。

8.2.1　整體設計

在圖 8.10 中，I-Cache 即指令快取，D-Cache 即資料快取，Adapter 即 Wt_Cache_Subsystem 與主記憶體之間的匯流排調配邏輯。

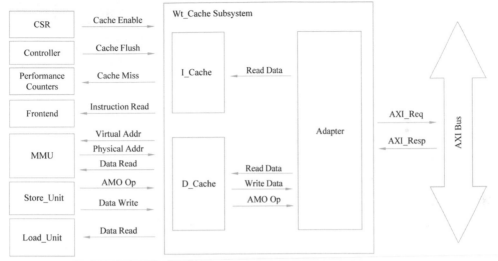

▲ 圖 8.10 快取結構方塊圖

　　Wt_Cache_Subsystem 的啟動控制訊號來自控制和狀態暫存器 (CSR)；刷新控制訊號來自 Controller。當發生快取缺失時，Wt_Cache 透過 AXI 匯流排界面存取主記憶體進行資料替換，並輸出缺失訊號給 Performance Counters 用於性能統計。

　　I-Cache 接收來自 Frontend 模組的取指命令，將其中的虛擬位址送至儲存管理元件 (MMU) 進行轉譯，獲得對應的物理位址之後完成取指。

　　D-Cache 接收來自 MMU 的讀取資料請求；接收來自 Load_Unit(LU) 的讀取資料請求；接收來自 Store_Unit(SU) 的寫入資料請求和原子記憶體操作 (AMO) 請求。

　　Wt_Cache_Subsystem 的介面清單如表 8.1 所示。

▼ 表 8.1　Wt_Cache_Subsystem 的介面清單

訊號名稱	方向	位元寬 / 類型	說明
clk_i	輸入	1	時鐘
rst_ni	輸入	1	重置
icache_flush_i	輸入	1	來自 Controller 的刷新輸入訊號
icache_en_i	輸入	1	來自 CSR 的 I-Cache 使能訊號

訊號名稱	方向	位元寬 / 類型	說明
icache_miss_o	輸出	1	去往 PerformanceCounters 的缺失訊號
icache_areq_i	輸入	icache_areq_i_t	來自 MMU 的位址響應
icache_areq_o	輸出	icache_areq_o_t	去往 MMU 的位址請求
icache_dreq_i	輸入	icache_dreq_i_t	來自 Frontend 模組的資料請求
icache_dreq_o	輸出	icache_dreq_o_t	去往 Frontend 模組的資料回應
dcache_enable_i	輸入	1	來自 CSR 的 D-Cache 使能訊號
dcache_flush_i	輸入	1	來自 Controller 的刷新輸入訊號
dcache_flush_ack_o	輸出	1	去往 Controller 的刷新完成確認訊號
dcache_miss_o	輸出	1	去往 PerformanceCounters 的缺失訊號
wbuffer_empty_o	輸出	1	去往 Load_Unit 的 wbuffer 空訊號
dcache_amo_req_i	輸入	amo_req_t	來自 Store_Unit 的 AMO 訊號
dcache_amo_resp_o	輸出	amo_resp_t	去往 Store_Unit 的 AMO 訊號
dcache_req_ports_i	輸入	dcache_req_i_t	來自 LSU 的 3 組讀寫訊號
dcache_req_ports_o	輸出	dcache_req_o_t	去往 LSU 的 3 組讀寫訊號
axi_req_o	輸出	ariane_axi::req_t	AXI 匯流排界面，存取儲存
axi_resp_i	輸入	ariane_axi::resp_t	AXI 匯流排界面，存取儲存

8.2.2 指令快取模組設計

1. I-Cache 組織結構

I-Cache 主要結構如圖 8.11 所示，總共包含 256 組，每組有 4 區塊，為 4 路組相聯結構。每區塊儲存 1+44+128 位元的資料，其中 1 位元為該區塊的有效位元，44 位元為 TAG，128 位元為快取的指令。

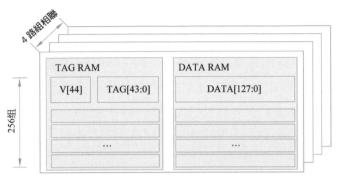

▲ 圖 8.11 I-Cache 主要結構

I-Cache 的實現包含 4 對由 TAG RAM 與 DATA RAM 組成的儲存單元。

2. I-Cache 工作流程

I-Cache 工作流程如圖 8.12 所示。

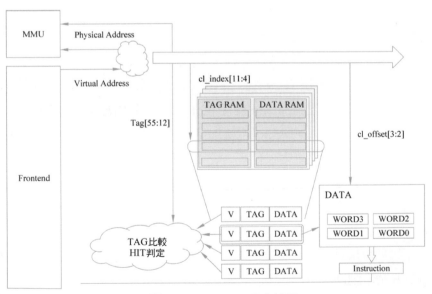

▲ 圖 8.12 I-Cache 工作流程

(1) I-Cache 就緒，等待 Frontend 模組的取指請求到來。

(2) Frontend 模組發出取指請求，I-Cache 進入 READ 狀態。將來自 Frontend 模組的虛擬位址送至 MMU 進行位址轉譯。同時使用虛擬位址存取快取儲存空間獲得指令資料和對應的 TAG。

（3）將 MMU 傳回的物理位址中的 TAG 與讀取的 I-Cache 的 TAG 對比，若存在一致的 TAG, 則輸出對應的取指令結果給 Frontend 模組。

（4）若步驟 (3) 存在不一致的 TAG，則為快取缺失情形。I-Cache 根據物理位址向主記憶體請求資料，並等待主記憶體資料的傳回。

（5）主記憶體資料傳回，更新快取儲存空間的資料，並輸出取指結果給 Frontend 模組。

3. I-Cache 控制狀態機

I-Cache 控制狀態機如圖 8.13 所示。

1) 刷新 I-Cache

當來自 Controller 的刷新命令到來，或 I-Cache 從非啟動態進入啟動態時，I-Cache 控制的狀態機將從 IDLE 狀態進入 FLUSH 狀態。進入 FLUSH 狀態後，將透過寫入 TAG RAM，把所有 TAG RAM 中的資料的有效位元清零，將整個快取的儲存空間的資料標記為無效。

2) 讀取 I-Cache

在 IDLE 狀態，且沒有與主記憶體交換資料時，I-Cache 將就緒，允許 Frontend 模組取指。當 Frontend 模組向 I-Cache 發出取指請求，I-Cache 進入 READ 狀態。在 READ 狀態，I-Cache 將把取指令請求中的虛擬位址發往 MMU，請求 MMU 轉換成物理位址。當 MMU 的**轉譯後備緩衝區** (TLB) 記錄缺失，則 MMU 需要透過資料快取更新 TLB 記錄。此時 I-Cache 將進入 TLB_MISS 狀態，等待物理位址的傳回。當物理位址從 MMU 傳回，但對應快取缺失或 I-Cache 未啟動，則向主記憶體發起請求，在主記憶體回應後進入 MISS 狀態。當物理位址從 MMU 傳回，且快取命中，則完成了此次讀取；如果沒有下一個讀取請求則回到 IDLE 狀態，如有則在 READ 狀態處理該請求。

3) TLB 記錄缺失與快取缺失

在 READ 狀態會因為 TLB 記錄缺失進入 TLB_MISS 狀態。在 TLB_MISS 狀態，將繼續保持請求訊號，直到所需的物理位址返回，再回到 READ 狀態。

在 MISS 狀態，將一直等待主記憶體資料的傳回，然後再回到 IDLE 狀態。從
主記憶體傳回的資料會寫入 DATA RAM，並傳回給 Frontend 模組。

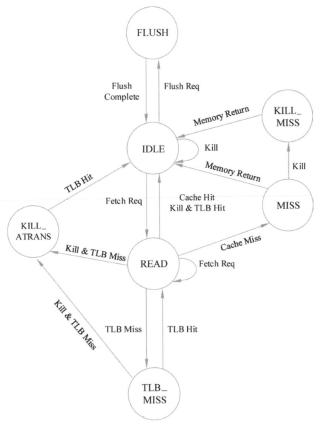

▲ 圖 8.13 I-Cache 狀態機

8.2.3 資料快取模組設計

1. D-Cache 組織結構

　　I-Cache 的設計較為簡單，因為處理器在正常執行時，只需要從 I-Cache 中
讀取指令而不需要將指令寫入 I-Cache。而 D-Cache 需要同時承擔讀寫的工作，
因此設計較為複雜。D-Cache 主要結構如圖 8.14 所示。

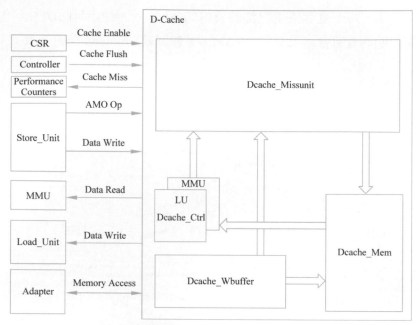

▲ 圖 8.14　D-Cache 的主要結構

D-Cache 由 5 個子模組組成。

(1) Dcache_Missunit： 處理 AMO 指令，處理來自 Dcache_Ctrl、Dcache_Wbuffer 的缺失請求，透過匯流排界面與主記憶體互動。

(2) Dcache_Ctrl(MMU)： 負責處理來自 MMU 的讀取資料請求。

(3) Dcache_Ctrl(LU)： 負責處理來自 Load_Unit 的讀取資料請求。

(4) Dcache_Wbuffer：負責接收來自 Store_Unit 的寫入請求，並更新到儲存，同時嘗試更新到 Dcache_Mem。

(5) Dcache_Mem： D-Cache 的主要資料儲存單元，它的組織形式如圖 8.15 所示。

D-Cache 包含 256 組，每組有 8 區塊，為 8 路組相聯結構。每區塊由 1+44+128 位元組成，其中 1 位元有效位元，44 位元 TAG 資訊儲存在 TAG RAM 中，128 位元的資料被分拆到兩個 DATA RAM 中。因此，一個區塊的資料需要從 3 個 RAM 中提取。

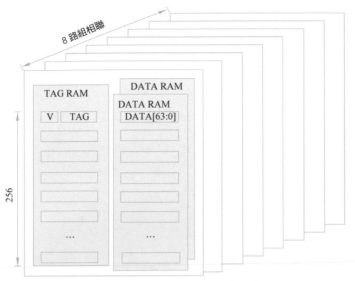

▲ 圖 8.15 D-Cache 組織形式

2. D-Cache 讀取操作流程

如圖 8.16 所示，D-Cache 讀取操作由 MMU 和 Load_Unit 發起，Dcache_Ctrl 模組負責，它主要由一個 Dcache_Ctrl 讀取操作狀態機組成。Dcache_Ctrl 讀取操作狀態機將來自載入和儲存單元 (LSU) 的讀取請求訊號轉換成對應控制訊號存取 Dcache_Mem，或將缺失訊號發往 Dcache_Missunit。

在 IDLE 狀態，當 Load_Unit、MMU 發起讀取請求時，Dcache_Ctrl 將向 Dcache_Mem 發起讀取請求，Dcache_Mem 回應後進入 READ 狀態。如果此時 Dcache_Mem 正在寫入或不回應，則進入 REPLAY_REQ 狀態。如果讀取請求命中，回到 IDLE 狀態，結束本次讀取請求。如果讀取請求命中，且下一次傳輸請求到來，則留在或跳躍到 READ 狀態。如果發生快取缺失，則跳躍到 MISS_REQ 狀態。

在 MISS_REQ 狀態，Dcache_Ctrl 將向 Dcache_Missunit 發出快取缺失請求。當收到重播訊號，進入 REPLAY_REQ 狀態；當收到缺失確認訊號，則進入 MISS_WAIT 狀態。

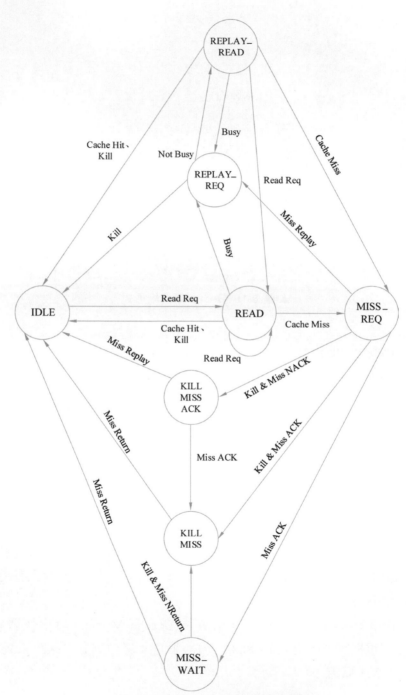

▲ 圖 8.16 D-Cache 讀取操作狀態機

KILL_MISS_ACK 和 KILL_MISS 是在快取缺失狀態下中止快取操作的中間狀態。它們用於缺失請求發出後，正確回應下一級儲存系統的回覆，避免直接中止導致下一級因缺失回應而鎖死。

在 MISS_WAIT 狀態，Dcache_Ctrl 將等待 Dcache_Missunit 存取主記憶體操作的完成。當完成缺失區塊的替換，進入 IDLE 狀態。

在 REPLAY_REQ 狀態，Dcache_Ctrl 將保持對 Dcache_Mem 的請求，當 Dcache_Mem 回應，進入 REPLAY_READ 狀態。

D-Cache 讀取操作流程如圖 8.17 所示。

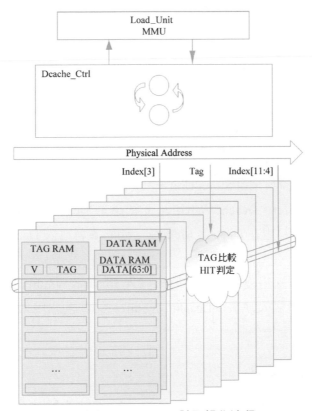

▲ 圖 8.17 D-Cache 讀取操作流程

從 Load_Unit、MMU 發起的讀取請求將被狀態機分發到 Dcache_Mem。

(1) 若沒有發生快取缺失或儲存單元佔用，則直接返回。

(2) 若 Dcache_Mem 正在被佔用，則進入重播等待，等待 Dcache_Mem 解除佔用後再進行後續存取。

(3) 發生快取缺失，則交由 Dcache_Missunit 處理，透過存取主記憶體替換缺失區塊。

3. D-Cache 寫入操作流程

D-Cache 寫入操作流程如圖 8.18 所示。

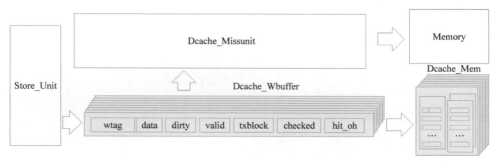

▲ 圖 8.18　D-Cache 寫入操作流程

D-Cache 寫入資料來自 Store_Unit。首先在 Dcache_Wbuffer 中找一個空位，寫入 Dcache_Wbuffer。Dcache_Wbuffer 嘗試讀取 Dcache_Mem 的對應 TAG，若命中則表示該資料也在 Dcache_Mem 中，將新資料寫入 Dcache_Mem 的對應 DATA RAM 中。

由於 D-Cache 採用寫入直達策略，寫入 Dcache_Wbuffer 時產生的污染標識位元 (dirty) 觸發寫入缺失，Dcache_Wbuffer 立即透過 Dcache_Missunit 把寫入的資料更新到主記憶體中。

4. D-Cache 缺失處理

Dcache_Missunit 可接收兩路來自 Dcache_Ctrl 的缺失訊號和一路來自 Dcache_Wbuffer 的缺失訊號，並根據讀寫衝突等情況存取主記憶體。

Dcache_Missunit 包含一個狀態機，它的執行過程如圖 8.19 所示。

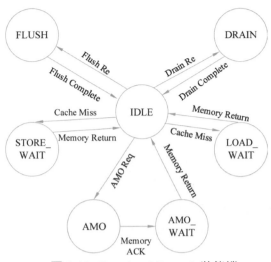

▲ 圖 8.19 Dcache_Missunit 狀態機

在收到 Controller 的刷新訊號，或 D-Cache 從非啟動進入啟動態時，將進行刷新。

在收到 Store_Unit 的 AMO 請求時，若 Dcache_Wbuffer 不可為空，先要排空 Dcache_Wbuffer，再進行 AMO。

在 AMO 狀態，Dcache_Missunit 將發出 AMO 請求，並在 AMO_WAIT 狀態等待操作的完成，之後進入 IDLE 狀態。

在收到缺失請求時，如果是寫入缺失，判斷沒有讀寫衝突後，向主記憶體發出寫入請求，如果主記憶體沒有立即回應，則進入 STORE_WAIT 狀態。在 STORE_WAIT 狀態，不允許新的缺失請求到來，直到主記憶體回應，傳回 IDLE 狀態。

在收到缺失請求時，如果是讀取缺失，若沒有衝突，則請求讀取主記憶體，如果主記憶體沒有立即回應，則進入 LOAD_WAIT 狀態。在 LOAD_WAIT 狀態，不允許新的缺失請求到來，直到主記憶體回應，傳回 IDLE 狀態。

8.3 儲存管理元件

　　8.1 和 8.2 節介紹了儲存子系統中的一種快取記憶體 (Cache)，它位於處理器內部，比較靠近處理器，單位面積的成本比較高，因此一般這種處理器內部的記憶體容量較小，只用來儲存一些處理器最常存取的資料。在一個完整的儲存系統中，還有一種更大的儲存媒體，它提供了程式執行和動態資料儲存的主要場所，透過標準匯流排與處理器互連。這就是常說的主記憶體，也稱記憶體。為了高效率地存取和保護記憶體，現代處理器引入了一種硬體結構——儲存管理元件 (MMU)。MMU 對處理器能夠執行現代作業系統至關重要，有了它才能使電腦更安全地執行現代作業系統。本節將分別從基於頁面的虛擬記憶體、虛擬位址到物理位址的轉換兩方面來介紹 MMU 的作用，關於記憶體保護和處理程序切換等相關內容不在本書的論述範圍，感興趣的讀者可自行查閱相關資料。

8.3.1 虛擬記憶體

1. 扁平化頁面管理方式

　　現代處理器的取指單元發出的位址都是虛擬位址，也稱線性位址。虛擬位址是無法直接定址記憶體的，需要透過 MMU 將虛擬位址轉為物理位址。

　　為了便於索引，MMU 對記憶體的管理一般是分頁管理的。常見的分頁大小有 4 ～ 64KB 不等，本書以最常用的 4KB 的分頁大小為例來說明。假設處理器可定址的虛擬位址範圍是 0 ～ 2^{32}-1，即轉換之後 (沒有實現實體位址擴充) 可定址的物理位址大小為 4GB。如果每個記憶體分頁的大小為 4KB，需要 12 位元位址定址這個分頁的每位元組，那麼這個 32 位元虛擬位址的高 20 位元即可以用來定址具體的分頁。這 12 位元位址稱為分頁內偏移位址，高 20 位元位址稱為分頁的基底位址。如圖 8.20 所示，是一種扁平化頁面管理方式。

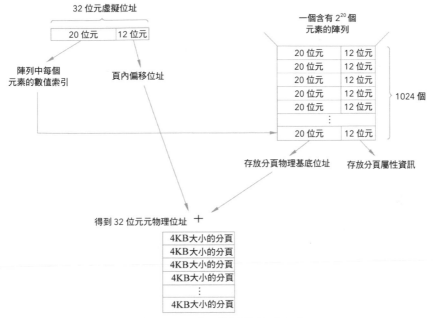

▲ 圖 8.20　扁平化頁面管理方式

　　把 4GB 位址空間分成 4KB 的分頁，這樣要索引這些分頁，就需要有 220 個索引位址，可以把這 220 個索引位址想像成一個陣列，陣列的每個元素就都可以透過虛擬位址的高 20 位元來索引，把陣列中每個元素稱為**分頁表項** (Page Table Entry，PTE)。分頁表項的高 20 位元記錄了分頁的物理基底位址，低 12 位元描述了分頁的屬性資訊。分頁表項組成的陣列稱為分頁表。這樣在得知分頁表物理基底位址 (透過特定暫存器獲取，8.3.2 節詳細介紹) 時加上處理器指令給定的虛擬位址的高 20 位元定位到分頁表中的具體某項，這項的高 20 位元位址就記錄著要定址的這分頁的物理基底位址，那麼這個物理基底位址加虛擬位址的低 12 位元就獲得了要存取的具體位元組的物理位址。很顯然，這是一種扁平化的頁面管理方式，用 4GB 除以分頁的大小即得到分頁的數目。

2. 分層級的管理方式

　　因為 4GB 的記憶體總共有 2^{20} 個 4KB 的頁面，可以把這些分頁分成 1024 份，即 2^{10} 份，每份由額外的分頁表來索引。為了區別前面提到的分頁表，把這個索引分頁表的分頁表稱為分頁目錄，如圖 8.21 所示。

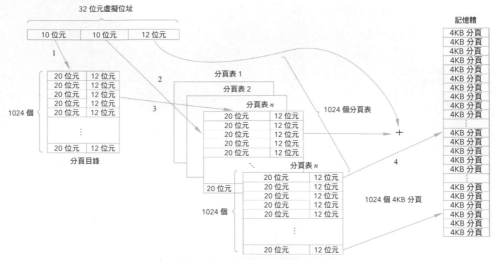

▲ 圖 8.21 分層級的管理方式

這樣在獲取到分頁目錄的物理基底位址時，透過特定暫存器獲取，8.3.2 節詳細介紹，透過以下步驟可以獲得要定址的具體位元組的物理位址：①用 32 位元虛擬位址的高 10 位元就可以獲得分頁目錄中的某項；②這個目錄項的高 20 位元就記錄了下一級分頁表的基底位址；③從 32 位元虛擬位址的中間 10 位元就獲得了這個分頁表中的具體某一個分頁表項；④這個分頁表項的高 20 位元記錄了物理 4KB 分頁的基底位址，這樣就找到了具體要定址的物理分頁，加上 32 位元虛擬位址的低 12 位元即可。

一級分頁表可以實現的事情，為什麼要分兩級分頁表？如果利用一級分頁表來管理記憶體，那麼只需要兩次存取記憶體就可以得到資料，第一次是存取分頁表，第二次直接到物理位址獲得資料。如果採用上面的兩級分頁表，需要三次存取記憶體才能獲得資料，第一次是存取分頁目錄，第二次是存取分頁表，第三次是從物理位址獲得資料。如果採用兩級分頁表，假設記憶體全部映射，儲存分頁表的記憶體空間需求變大。一級分頁表需要 $2^{20} \times 4B = 4MB$ 的記憶體空間，兩級分頁表除了需要 4MB 分頁表空間以外，還需要 $1024 \times 4B = 4KB$ 的分頁目錄記憶體空間。即總共需要 4MB+4KB 的空間來儲存分頁表，這樣來看多級分頁表似乎沒什麼優勢。

其實不然，使用多級分頁表主要有以下兩個優勢。

　　(1) 使用多級分頁表可以使分頁表在記憶體中離散儲存。多級分頁表實際上是增加了索引，有了索引就可以定位到具體的項。舉例來說，虛擬位址空間為 4GB，每分頁依然為 4KB，如果使用一級分頁表，共有 220 個分頁表項，如果每個分頁表項佔 4B，那麼儲存所有分頁表項需要 4MB，為了能夠隨機存取 (基底位址固定，用偏移位址來做到隨機存取，需要分頁表在記憶體中連續儲存)，那麼就需要連續 4M 的記憶體空間來儲存所有的分頁表項。隨著虛擬位址空間的增大，儲存分頁表所需要的連續空間也會增大，在作業系統記憶體緊張或記憶體碎片較多時，這無疑會帶來額外的銷耗。但是如果使用多級分頁表，可以使用一頁來儲存分頁目錄項，分頁表項儲存在記憶體中的其他任何位置，而不用保證分頁目錄項和分頁表項連續儲存。

　　(2) 使用多級分頁表可以節省分頁表記憶體。在實體記憶體全部被映射的情況下，採用二級分頁表的方式確實會增加實體記憶體的佔用。實際上，在一般情況下一個處理程序不會佔用全部記憶體空間，因此不需要映射全部實體記憶體。如果使用一級分頁表，需要連續的記憶體空間來儲存所有的分頁表項。而多級分頁表透過只為處理程序實際使用的虛擬位址空間建立分頁表來減少記憶體使用量。舉例來說，虛擬位址空間是 4GB，假如處理程序只使用其中 4MB 記憶體空間，對於一級分頁表，需要 4MB 連續記憶體空間來儲存這 4GB 虛擬位址空間對應的分頁表，然後在這 4GB 的位址空間中透過定址找到處理程序真正使用的 4MB 記憶體。也就是說，雖然處理程序實際上只使用了 4MB 的記憶體空間，但是為了存取它們需要為所有的虛擬位址空間建立分頁表。如果使用二級分頁表，一個分頁目錄項可以定位 4MB 記憶體空間 (見圖 8.21 所示)。儲存一個分頁目錄需要 4KB 記憶體空間，還需要一頁用於儲存處理程序使用的 4MB 記憶體對應的分頁表 (如圖 8.21 所示，這個分頁表的大小是 1024×4B=4KB)，所以總共需要 4KB(分頁目錄)+4KB(分頁表)=8KB 記憶體空間來儲存處理程序使用的這 4MB 記憶體空間對應的分頁目錄和分頁表，這比使用一級分頁表節省了很多記憶體空間。在這種情況下，使用多級分頁表確實是可以節省記憶體的。

　　需要注意的是，如果處理程序的虛擬位址空間是 4GB，而處理程序真正使用的記憶體也是 4GB，使用一級分頁表，則只需要 4MB 連續的記憶體空間儲存分頁表就可以定址這 4GB 記憶體空間；而使用二級分頁表需要 4MB 記憶體儲存分頁表，還需要 4KB 額外記憶體來儲存分頁目錄，此時多級分頁表反而增加了記憶體空間的佔用。這就是前面提到的二級分頁表會增加佔用記憶體空間的情況。但是在大多數情況下處理程序的 4GB 虛擬位址不會全被佔用，所以多級分頁表在大多數情況下可以減少記憶體佔用。

8.3.2 位址轉換

8.3.1 節介紹了記憶體的管理方式和分頁表、分頁目錄的基本概念，並簡介了從虛擬位址到物理位址的轉換。本節以 RISC-V 架構為基礎，分別介紹 RSIC-V 架構中兩個虛擬位址格式 Sv32 和 Sv39 的虛擬位址到物理位址的轉換過程，並簡介 Sv48 相關內容。32 位元 RISC-V 架構簡稱 RV32，64 位元 RISC-V 架構簡稱 RV64。

1. RISC-V 的虛擬位址結構

RISC-V 的分頁方案以 SvX 的形式命名，其中 X 是以位元為單位的虛擬位址的長度。RV32 的分頁方案 Sv32 支援 4GB(見圖 8.22) 的虛址空間，這些空間被劃分為 2^{10} 個 4MB 大小的**大型分頁** (Mega Page)。每個大型分頁被進一步劃分為 2^{10} 個 4KB 的基本分頁 (分頁的基本單位)。因此，Sv32 的分頁表是基數為 2^{10} 的兩級樹形結構。分頁表中每項的大小是 4B(見圖 8.23)，因此分頁表本身的大小是 4KB。分頁表的大小和每個基本分頁的大小完全相同，這樣的設計簡化了作業系統的記憶體分配。

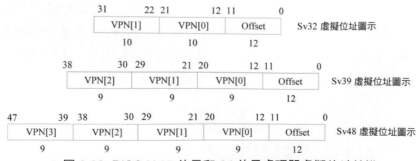

▲ 圖 8.22　RISC-V 32 位元和 64 位元處理器虛擬位址結構

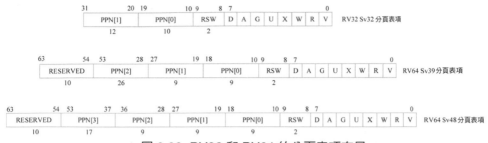

▲ 圖 8.23 RV32 和 RV64 的分頁表項布局

RV64 支援多種分頁方案，其中 Sv39 使用和 Sv32 相同的 4KB 大小的基本分頁。分頁表項的大小變成 8 位元組 (見圖 8.23)，所以 Sv39 可以存取更大的虛擬位址空間。為了保證分頁表大小和頁面大小一致，樹的基數相應地降到 2^9，分頁表級數變為三級。Sv39 的 512GB 虛擬位址空間 (圖 8.22) 劃分為 2^9 個 1GB 的分頁 (Giga Page)。每個分頁被進一步劃分為 2^9 個大型分頁。在 Sv39 中這些大型分頁大小變為了 2MB。每個大型分頁再進一步分為 2^9 個 4KB 的基本分頁。

從圖 8.22 可見，Sv32 支援 4GB 的虛擬位址定址，Sv39 支援 512GB 的虛擬位址定址，Sv48 支援 256TB 的虛擬位址定址。

2. RISC-V 的分頁表項布局

圖 8.23 顯示了 Sv32 和 Sv39 及 Sv48 的分頁表項布局。可見 Sv32 的物理分頁號 (Physical Page Number，PPN) 欄位分為兩段，一共有 22 位元，即一共支援 34 位元 (加上 12 位元的偏移位址) 的物理位址定址；Sv39 和 Sv32 基本相同，只是 PPN 欄位被擴充到了 44 位元，以支援 56 位元的物理位址，或說 2^{26}GB 的物理位址空間。Sv48 則是在 Sv39 的基礎上將 44 位元 PPN 分為了 4 段，但是分頁表項的長度不變。

以 Sv32 分頁表項的布局為例，從低位元到高位元分別包含如下所述的定義，如表 8.2 所示。

▼ 表 8.2　Sv32 分頁表項欄位功能描述

欄位	功能定義
V	該位元決定了該頁表項的其餘位元定義的屬性是否有效 (V=1 時有效)。若 V=0,則遍歷到此頁表項的虛擬位址轉換操作會導致頁錯誤
R、W、X	這 3 位元分別表示此頁是否可以讀取、寫入和執行。如果這 3 位元都是 0,那麼這個頁表項是指向下一級頁表的指標 (儲存下一級頁表的基底位址), 否則它是一個葉節點 (Leaf Node)
U	該位元表示該頁是否為使用者頁面。若 U=0, 則 U 模式不能存取此頁面 , 但 S 模式能存取若 U=1, 則 U 模式下能存取此頁面 , 而 S 模式不能
G	該位元表示這個映射是否對所有虛擬位址空間有效 , 硬體可以用這個資訊來提高位址轉換的性能
A	該位元表示自從上次 A 位元被清除以來 , 該頁面是否被存取過
D	該位元表示自從上次 D 位元被清除以來 , 該頁面是否被寫入過
RSW	預留給作業系統使用
PPN	物理頁號 , 物理位址的一部分。若這個頁表項是一個葉節點 , 那麼 PPN 是轉換後的物理位址的一部分 , 否則 PPN 舉出下一節頁表的基底位址

3. 分頁表暫存器

分頁表暫存器在不同架構的處理器中的名稱不同,如在 x86 架構中它被稱為 CR3 暫存器,在 RISC-V 中它被稱為監管者位址轉換和保護 (Supervisor Address Translation and Protection,SATP) 暫存器。它們有一個共同的作用就是儲存根分頁表 (或叫分頁目錄) 的物理基底位址。在 RISC-V 中透過 SATP 暫存器控制分頁系統。如圖 8.24 所示,SATP 的 3 個欄位中的 MODE 欄位可以開啟分頁並選擇分頁表級數,RV32 的 MODE 欄位由 1 位元組成,RV64 的 MODE 欄位由 4 位元組成;位址空間識別字 (Address Space Identifier,ASID) 欄位是可選的,主要用於控制處理程序切換;PPN 欄位儲存了分頁目錄的物理位址,它以 4KB 的頁面為基本單位。

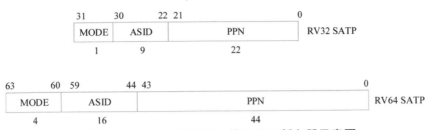

▲ 圖 8.24 RV32 和 RV64 的 SATP 暫存器示意圖

其中，MODE 欄位的說明如表 8.3 所示。

▼ 表 8.3 RV32 和 RV64 SATP 暫存器 MODE 欄位的說明

名稱		MODE 欄位值	描述
RV32	Bare	0	關閉位址轉換和記憶體保護
	Sv32	1	基於頁面的 32 位元虛擬位址模式
名稱		MODE 欄位值	描述
RV64	Bare	0	關閉位址轉換和記憶體保護
	Sv39	8	基於頁面的 39 位元虛擬位址模式
	Sv48	9	基於頁面的 48 位元虛擬位址模式

4. Sv32 虛擬位址到物理位址的轉換過程

在 SATP 暫存器中啟用了分頁時，S 模式和 U 模式中的**虛擬位址** (Virtual Address，VA) 會以從分頁表基底位址遍歷分頁表的方式轉為**物理位址** (Physical Address，PA)。圖 8.25 描述了 Sv32 VA 到 PA 的轉換過程。

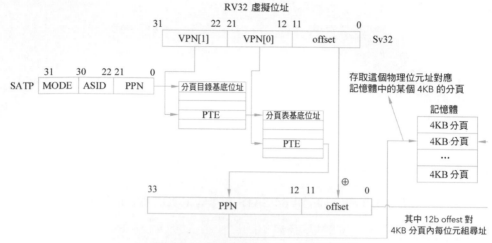

▲ 圖 8.25　Sv32 VA 到 PA 的轉換過程

Sv32 採用了兩級分頁表結構。當 SATP 暫存器的 MODE 位元為 1 時，此時支援分頁模式，S 模式和 U 模式中的 VA 會以從分頁表基底位址遍歷分頁表的方式轉為 PA，為了詳細描述，下面把這個過程分為 4 個步驟。

(1) SATP 暫存器的 PPN 舉出了分頁目錄 (一級分頁表) 的基底位址，VA[31:22](VPN[1]) 舉出了該物理位址在第一級分頁表中的數值索引 (所以稱為虛擬位址)，因此處理器就會讀取位址 PPN×4096+VA[31:22]×4 的分頁表項。因為每個分頁目錄的大小是 4KB(4096B)，每個分頁表項的大小是 4B，所以 PPN×4096 找到了一個分頁目錄的基底位址，VA[31:22]×4 找到了分頁目錄中某一目錄項的偏移位址。

(2) 讀取該分頁表項的內容，如果發現 R、W、X 3 位元都為 0(見表 8.3)，則該 PTE 儲存了下一級分頁表的基底位址。

(3) 根據第 (2) 步中獲得的下一級分頁表的基底位址，處理器會查詢第一級分頁表中某個 PTE 的 PPN×4096+VA[21:12]×4 的分頁表項，而此時發現，該分頁表項沒有下一級分頁表 (R、W、X 不全為 0)，則這就是葉節點。

(4) 第 (3) 步 PTE 中的 PPN 即為要轉換的物理位址的高 22 位元，所以根據這個位址可以在記憶體中找到這個 4KB 的分頁的起始位址，加上虛擬位址中的低 12 位元，offset 就可以存取具體的物理位址了。

　　細心的讀者可能會發現，物理位址變成了 34 位元。沒錯，因為 RSIC-V 32 位元架構中 SATP 暫存器中儲存的 PPN 欄位是 22 位元，這樣轉換下來加上分頁內 12 位元的偏移位址就是 34 位元物理位址，所以在 32 位元架構下也可以存取 16GB 的實體記憶體。相應地，在 x86 的 32 位元架構中，類似 SATP 暫存器功能的 CR3 暫存器的結構如圖 8.26 所示。該分頁目錄基底位址只有 20 位元，所以最終轉換出來的物理位址為 32 位元，即只能存取 4GB 的實體記憶體。當然，32 位元架構的 x86 和 ARM 處理器都是可以存取大於 4GB 實體記憶體的，前者使用被稱為**實體位址擴充** (Physical Address Extension，PAE) 的技術，後者使用**大實體位址擴充** (Large Physical Address Extension，LPAE) 技術，有興趣的讀者可以自行查閱相關資料。

▲ 圖 8.26 32 位元 x86 架構 CR3 暫存器的結構

5. Sv39 和 Sv48 位址轉換

　　前文詳細介紹了 Sv32 分頁方案下的虛擬位址到物理位址的轉換過程，下面簡介 RV64 架構下 Sv39 和 Sv48 分頁方案下的虛擬位址到物理位址的轉換過程。Sv39 分頁方案的位址轉換過程如圖 8.27 所示，轉換過程與 Sv32 相似，不同點在於分頁表的級數由 2 級變成了 3 級，分頁表項的大小由 32 位元變為了 64 位元，每個分頁的大小不變，所以每分頁的分頁表項的個數由 1024 個減少為 512 個，即需要 9 位元虛擬位址來索引。Sv39 分頁方案下的虛擬位址高位元部分由 3 段 9 位元來索引 3 級分頁表。具體轉換過程不再詳述。RV64 的 PPN 欄位為 44 位元，所以最終得到的物理位址為 56 位元，即可以定址 64PB 的實體記憶體。

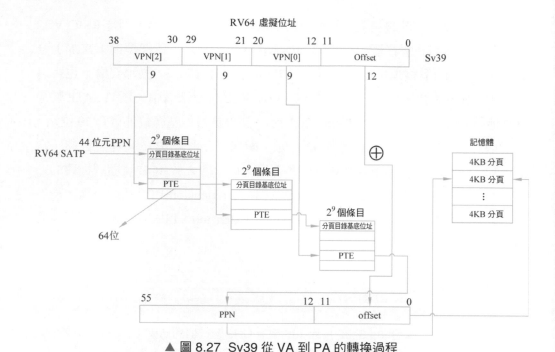

▲ 圖 8.27　Sv39 從 VA 到 PA 的轉換過程

　　Sv48的分頁方案有4級分頁表,可以存取更大的虛擬位址,轉換過程類似,最終定址的物理位址空間也是 64PB。

8.4 儲存管理元件設計

　　本節以開放原始碼架構的處理器核心 Ariane 為例來介紹一種 MMU 的具體實現。Ariane 中 MMU 的設計包含 3 個模組,分別為 PMP、TLB、PTW。這 3 個模組分別實現的主要功能為實體記憶體保護,TLB 的查詢、更新和替換,虛擬位址到物理位址的轉換。8.3 節詳細介紹了虛擬位址到物理位址的轉換過程,這也是 MMU 的主要作用之一。有了這些知識儲備,讀者會更容易理解 PTW 模組,該模組的實現是基於 RISC-V 指令集架構中定義的 Sv39 虛擬位址結構,即支援 39 位元虛擬位址的轉換,具體實現方式在這裡不再贅述。關於 PMP 模組不在本書的論述範圍,感興趣的讀者可以查詢最新版的 RISC-V 特權架構文件。本節將從原理上詳細介紹 TLB 模組中的替換演算法,不會逐行解釋程式,力求在讀者掌握原理之後，閱讀、理解程式會達到事半功倍的效果。

8.3 節詳細介紹了 RISC-V 架構下的虛擬位址到物理位址的轉換過程，這也是 MMU 的重要作用之一。在一般情況下，無法使用虛擬位址直接存取記憶體，需要透過存取分頁表得到物理位址。舉例來說，對 Sv48 來說要進行 5 次存取記憶體 (4 次存取分頁表，最後一次存取資料)。其中，僅為了得到物理位址就需要 4 次存取記憶體，有沒有什麼辦法來避免這麼大的性能代價呢？ TLB 應運而生。TLB 英文全稱為 Translation Lookaside Buffer，通常翻譯為轉譯後備緩衝區，也被翻譯為分頁表快取。

作為快取，TLB 和 8.1 節介紹的快取記憶體功能類似，只不過 TLB 快取的是分頁表中經常被存取的某些項。就像 Cache 中會把記憶體中經常被存取的資料快取起來一樣。由 TLB 的功能可知，TLB 中應該包含虛擬位址與物理位址的映射關係。位址轉譯時處理器先去 TLB 中查詢，如果 TLB 命中 (Hit)，那麼直接獲得了物理位址，不用再去存取慢速的外部儲存 (記憶體)，這樣就解決了前面提到的性能問題。

結合本章 Cache 和 MMU 的相關內容，可以總結處理器發出指令到最終獲取資料的大致過程。處理器發出虛擬位址，首先 MMU 會根據虛擬分頁號在 TLB 中查詢，如果 TLB 命中則直接獲取到物理位址，接著存取 Cache；如果 TLB 未命中 (Miss)，則去存取記憶體的多級分頁表 (如果有多級) 獲取物理位址，同時更新 TLB，接著便存取 Cache。如果 Cache 命中，則獲取到了最終的資料；如果 Cache 未命中，則去記憶體中取資料，同時更新 Cache。這只是一個邏輯上簡單的流程，實際情況要複雜得多，還涉及 Cache 和 TLB 的組織結構和層級、索引方式，以及在軟體層面可能發生的缺頁情況等。關於這些內容，有興趣的讀者可以自行查閱相關資料。

前面提到了更新 TLB，TLB 既然是快取，那麼它的大小是有限的，能存的記錄也是有限的，TLB 未命中時要把獲得的物理位址更新到 TLB 記錄中去，這樣必然會替換原來的記錄，替換哪個會好些呢？長期的專案實踐證明，替換最近最不經常使用的記錄是一個比較有效的辦法。從而衍生出一種演算法——**最近最少使用 (Least Recently Used，LRU)** 演算法。顧名思義，其功能是替換掉最近最少使用的記錄。相較於 LRU 演算法，PLRU(Pseudo Least Recently

Used) 的實現更加簡單高效，實際系統中多使用 PLRU 演算法。

下面以一個 4 路組相聯的 TLB 說明 PLRU 演算法的實現方式，使用更多路的方式可依此類推。在 4 路方式下，實現 PLRU 演算法需要設定 3 個狀態位元 B[0～2] 欄位，分別與 4 路對應；同理在 8 路情況下，需要 7 個狀態位元 B[0～6]。而採用 N 路組相聯需要 N-1 個這樣的狀態位元，是一個線性增長，4 路狀態圖如圖 8.28 所示。

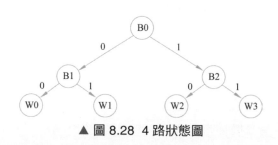

▲ 圖 8.28 4 路狀態圖

在 TLB 初始化結束後，B0～B2 位元都為 0，此時組中的 Cache Block(見圖 8.28 W0～W3) 的狀態無效。當處理器存取 TLB Cache 時，優先替換狀態為無效的 Cache Block。只有在當前組中，所有 Cache Block 的狀態位元都有效時，控制邏輯才會使用 PLRU 演算法對 Cache Block 進行替換。

當所有 Cache Block 的狀態有效時，首先判斷 B0 的狀態，之後決定繼續判斷 B1 還是 B2。如果 B0 為 0，則繼續判斷 B1 的狀態，而忽略 B2 的狀態；如果 B0 為 1，則繼續判斷 B2 的狀態，而忽略 B1 的狀態。即某個節點為 0 則向左搜索，為 1 則向右搜索。舉例來說，如果 B0 和 B1 都為 0 時將替換 W0；B0 為 0，B1 為 1 時則替換 W1。同理，B0 為 1，B2 為 0 時則替換 W2，B2 為 1 時則替換 W3。這個規律比較好總結，就是當 W0 被替換時，需要 B0、B1 都為 0，所以當 W0 被替換後，下一次就要避免再被替換，因為它剛被存取過，所以對應的規則就是替換後對 B0、B1 反轉，即 B0、B1 都需要為 1。PLRU 演算法的狀態轉換規則如表 8.4 所示。

▼ 表 8.4 PLRU 演算法的狀態轉換規則

當前存取的 way	狀態轉換圖		
	B0	B1	B2
W0	1	1	不變
W1	1	0	不變
W2	0	不變	1
W3	0	不變	0

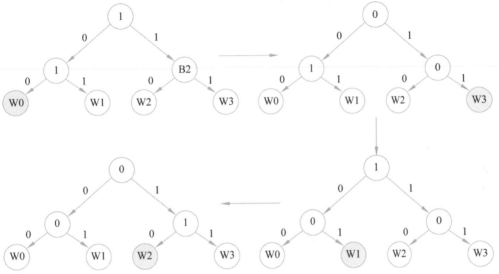

▲ 圖 8.29 W0、W3、W1 循序存取轉換狀態

　　依照表 8.4 規則舉例，假設連續 3 次存取都命中了一組中的不同 Cache Block(見圖 8.28 W0 ～ W3)，例如順序是 W0、W3、W1。那麼它的轉換狀態如圖 8.29 所示。顯而易見，在按循序存取了 W0、W3、W1 之後，如果下一次需要一個 TLB 記錄更新，顯然會替換掉 W2，與預期相符，因為 W2 是最近最少被存取的 Cache Block。

　　接下來假設按照 W0、W1、W2、W3 的循序存取一個迴圈後，如果此時再發生兩次 TLB Miss，按照 PLRU 演算法 W0 會被首先替換，第 2 次 TLB Miss 會替換 W2，與 LRU 演算法預期不符，因為 W1 是比 W2 更早被存取過的，所以這也是該演算法叫作 PLRU 演算法的原因。

　　處理器核心 Ariane 中 TLB 模組的實現是全相聯的組織結構，與上面的舉例原理類似，程式中 TLB_ENTRIES=4，類似於上例中的 W0 ～ W3。在該模組中，除了 TLB 替換演算法，還有 TLB 刷新和命中判斷功能，讀者可結合程式學習。

8.5　本章小結

　　本章主要介紹了處理器中的儲存管理部分。對 Cache 和 MMU 的原理和特性進行了介紹，並以處理器核心 Ariane 為參考，對它們的設計細節進行了講解。作為處理器中的重要組成部分，儲存子系統的性能可以顯著影響整個系統的性能。在實際設計過程中，要根據設計需求妥善權衡。

第 9 章
中斷和異常

中斷 (Interrupt) 和異常 (Exception) 是處理器控制流設計的重要組成部分，與分支指令相似，中斷和異常會打斷循序執行的指令流。它們最初的設計目的只是用來處理處理器內部的特殊情況，例如非法指令，後來擴充到處理外部設備與處理器的資訊交流。有些指令集架構中不區分中斷和異常，但 RISC-V 區分二者含義，定義中斷為來自處理器週邊的非同步請求，而定義異常為處理器在執行指令流過程中遇到的異常情況，可理解為「內外之差」。

RISC-V 對於此部分的描述在特權架構手冊中 (Volume II: Privileged Architecture)。表 9.1 是 RISC-V 定義的 3 種特權模式。其中，機器模式是所有 RISC-V 處理器必須實現的模式，具有最高的特權等級別，在此模式下執行的程式天然授信。機器模式最重要的特性之一就是處理中斷和異常，處理器在處理中斷和異常時預設會將控制權移交到最高的特權模式。特權等級在不同的軟體堆疊元件之間提供保護，低特權模式下，不能執行高特權模式下的指令，否則會導致異常。

▼ 表 9.1 RISC-V 特權等級

特權等級	編碼	名稱	縮寫
0	00	User/Application	U
1	01	Supervisor	S
2	10	Reserved	—
3	11	Machine	M

本章將介紹 RISC-V 定義的中斷和異常處理機制，重點描述機器模式下的情況，並使用開放原始碼處理器核心 Ariane 介紹實際設計想法。中斷處理過程有時需要結合軟體操作，需要讀者簡略了解特權模式和作業系統的相關概念。

9.1　中斷和異常概述

中斷和異常是一些打斷程式正常處理過程的事件，事件打斷當前循序執行的指令流，處理器儲存中斷點現場，然後跳躍到對應事件的指令位址執行指令，待異常處理完成後返回主程式，從中斷點位置繼續執行指令流。RISC-V 中斷和異常的特徵如下。

中斷具有以下特徵。

(1) 通常來源於週邊硬體裝置。

(2) 一種正常的工作機制，而非錯誤情況。

(3) 在發生中斷時需要儲存當前現場，包括指令 PC 和一些變數值等，然後進入中斷服務程式，處理完成後恢復現場，繼續執行指令流。

(4) 週邊可能同時有多個插斷要求發出，根據其優先順序仲裁處理。

(5) 在當前中斷正在執行服務程式時，mstatus.MIE 設定為 0，表示全域中斷啟動關閉，遮罩其他中斷。

異常具有以下特徵。

(1) 由處理器內部在執行過程中引起的。

(2) 可能是指令錯誤、程式故障或系統環境呼叫導致。

(3) 與中斷 (3) ～ (5) 類似。

另外，RISC-V 還定義了陷阱 (Trap) 的含義，是由異常或中斷引起的處理器的控制權轉移。當控制權轉移到更高特權等級時稱為垂直陷阱 (Vertical Trap)，而保持在當前特權等級時稱為水平陷阱 (Horizontal Trap)。

表 9.2 為 M 模式定義的中斷和異常類型，其中，類型為 1 的部分為中斷，類型為 0 的部分為異常。同時每部分還保留了可用於擴充的編碼位元。

▼ 表 9.2　M 模式定義的中斷和異常類型 (mcause 暫存器)

類型	異常編碼	描述
1	2	Reserved
1	3	Machinesoftwareinterrupt
1	4	Usertimerinterrupt

類型	異常編碼	描述
1	5	Supervisortimerinterrupt
1	6	Reserved
1	7	Machinetimerinterrupt
1	8	Userexternalinterrupt
1	9	Supervisorexternalinterrupt
1	10	Reserved
1	11	Machineexternalinterrupt
1	12~15	Reserved
1	≥ 16	Reserved
0	0	Instructionaddressmisaligned
0	1	Instructionaccessfault
0	2	Illegalinstruction
0	3	Breakpoint
0	4	Loadaddressmisaligned
0	5	Loadaccessfault
0	6	Store/AMOaddressmisaligned
0	7	Store/AMOaccessfault
0	8	Environmentcallfrom U-mode
0	9	Environmentcallfrom S-mode
0	10	Reserved
0	11	Environmentcallfrom M-mode
0	12	Instructionpagefault
0	13	Loadpagefault
0	14	Reserved
0	15	Store/AMOpagefault
0	16~23	Reserved
0	24~31	Reserved
0	32~47	Reserved

類型	異常編碼	描述
0	48~63	Reserved
0	≥ 64	Reserved

9.2　異常處理機制

從本質上看，無論是外部中斷還是內部異常，它們在內部的處理方式是基本一致的。本節描述 RISC-V 架構下異常處理過程，以及機器模式下進行中斷和異常處理的暫存器。

9.2.1　異常處理過程

下面介紹在預設情況下機器模式的異常處理機制，涉及的暫存器在 9.2.3 節詳細描述。當一個硬體執行緒 (Hart) 發生異常時，硬體行為如下。

(1) 異常指令的 PC 儲存在 mepc 中。

(2) PC 跳躍到 mtvec 中指示的位址，進入異常服務程式，開始執行。

(3) mcause 內寫入異常原因編碼。

(4) mtval 中按定義寫入異常位址、指令等資訊。

(5) mstatus 中，MPIE=MIE，MIE=0，MPP 儲存異常發生前的特權模式，並轉入 M 模式。若在 M 模式下發生異常，MPP=11(表示 M 模式)。

當退出異常時，需要使用 mret 指令，行為如下。

(1) PC 跳躍到 mepc 中的位址。

(2) mstatus 中，MIE=MPIE，MPIE=1，特權模式轉為 MPP 中儲存的模式。

在預設情況下，所有特權模式下的異常都由 M 模式進行處理。RISC-V 提供了一種異常委託機制，可以將異常委託給低特權模式處理，以提高處理速度。當設定 mideleg 或 medeleg 的相應位元時，會將該位元對應的中斷或異常處理權轉移到次級許可權模式下進行處理，下面舉例說明。

如果處理器包含 M 和 S 模式，設定了委託模式將處理許可權由 M 轉交給 S 模式，S 模式下發生了 Trap，則發生與上述類似的過程。

(1) 異常指令的 PC 儲存在 sepc 中。

(2) PC 跳躍到 stvec 中指示的位址，進入異常服務程式，開始執行。

(3) scause 內寫入異常原因編碼。

(4) stval 中按定義寫入異常位址、指令等資訊。

(5) sstatus 中，SPIE=SIE，SIE=0，SPP=1(表示 Trap 前模式為 S，實際發生了水平陷阱保持當前特權模式不變)。

當退出異常時，需要使用 sret 指令，行為如下。

(1) PC 跳躍到 sepc 中的位址。

(2) sstatus 中，SIE=SPIE，SPIE=1，特權模式轉為 SPP 中儲存的模式 S。

9.2.2 暫存器說明

1. 異常處理以下 7 個 CSR 是機器模式下異常處理的必要部分。

(1) mstatus(Machine Status) 儲存全域中斷啟動，以及許多其他的狀態。

(2) mtvec(Machine Trap Vector) 儲存發生異常時處理器需要跳躍到的位址。

(3) medeleg 和 mideleg(Machine Trap Delegation Registers) 用於許可權委託。

(4) mscratch(Machine Scratch) 暫時存放暫存器的數值。

(5) mepc(Machine Exception PC) 指向發生異常的指令位址，用於中斷返回。

(6) mcause(Machine Exception Cause) 指示發生異常的原因。

(7) mtval(Machine Trap Value) 儲存 trap 的附加資訊。

1) 狀態暫存器 mstatus

圖 9.1 中，MIE、SIE、UIE 為各特權模式下全域中斷啟動位元，這些位元主要用於保證當前特權模式下中斷處理常式的原子性。當一個執行緒執行在替定的特權模式時，更高特權模式的中斷總是啟動的，而更低特權模式的中斷總是禁用的。較高特權等級可以在移交控制權給較低特權等級之前，使用分立啟動位元，遮罩高特權模式的中斷。

31	30									23	22	21	20	19	18	17
SD	WPRI										TSR	TW	TVM	MXR	SUM	MPRV

16	15	14	13	12	11	10	9	8	7	6	5	4	3	2	1	0
XS[1:0]		FS[1:0]		MPP[1:0]		WPRI		SPP	MPIE	WPRI	SPIE	UPIE	MIE	WPRI	SIE	UIE

▲ 圖 9.1 mstatus 暫存器

　　為了支援 Trap 過程，每個特權模式的中斷啟動位元 (xIE，後續用 x 泛指 M、S、U) 和特權模式位元 (xPP，編碼見表 9.1) 都使用了二級堆疊。xPIE 儲存 Trap 發生前的中斷啟動情況，xPP 儲存 Trap 發生前的特權模式，當 Trap 由 y 轉為 x 特權模式時，進行以下操作。

(1) 將 xIE 的值賦給 xPIE。

(2) xIE 設定為 0。

(3) xPP 設定成 y 模式。若處理器僅支援 M 模式，則 MPP 一直為 11，不進行此步驟。

　　mret、sret、uret 指令，分別用來從 M、S、U 模式的 Trap 中退出並返回主程式。當執行 xret 指令時，將特權模式設定為 xPP 中的 y，進行上述過程的逆操作。

(1) 將 xPIE 的值賦給 xIE。

(2) xPIE 設定為 1。

(3) xPP 設定為 0，或若處理器僅支援 M 模式，則 MPP 一直為 11。

　　若不支援某種特權模式，則需要將對應 xPP、xIE、xPIE 位元設定為 0。

2) Trap 向量基底位址暫存器 mtvec

mtvec 暫存器定義發生異常時 PC 應跳躍的位址。圖 9.2 為暫存器格式，其中，BASE 值必須為 4 位元組對齊位址，MODE 的編碼位元如表 9.3 所示。在 M 模式下，MODE 為 Direct 時，所有 Trap 的跳躍位址都為 BASE 中的位址值；MODE 為 Vectored 時，所有異常跳躍位址為 BASE，所有中斷跳躍到 BASE+4×cause，cause 為表 9.2 中的異常編碼值。

MXLEN-1	2 1	0
BASE[MXLEN-1:2](WARL)		MODE(WARL)

▲ 圖 9.2　mtvec 暫存器

▼ 表 9.3　mtvec 中 MODE 的編碼位元

編碼	名稱	描述
0	Direct	AllexceptionssetPCtoBASE
1	Vectored	AsynchronousinterruptsetPCtoBASE+4×cause
≥2	—	Reserved

3) 託管暫存器 medeleg 和 mideleg

在預設情況下，任何特權模式下發生了 Trap 都會移交到 M 模式進行處理。為了提高性能，RISC-V 提供了異常託管暫存器 medeleg 和中斷託管暫存器 mideleg，可以將特定 Trap 處理移交給較低特權模式下處理。圖 9.3 為這兩個暫存器的格式。

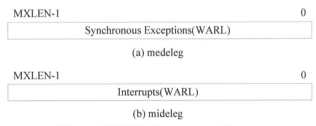

▲ 圖 9.3 託管暫存器 medeleg 和 mideleg

表 9.2 中的異常編碼值對應託管暫存器中的位元，例如 mxdeleg[i]，i 對應 cause 中編碼為 i 的異常或中斷。

需要注意的是，在當前模式下發生的 Trap 不會移交給低特權模式下處理。舉例來說，當前系統支援 M、S 模式，在預設情況下發生異常時，會由 M 模式處理。若設定了 medeleg[2]，表示非法指令異常處理移交給 S 模式。則 S 模式執行了一個非法指令時，產生 Trap 由 S 模式處理。但若為 M 模式執行了非法指令，則仍在 M 模式下處理。

4) 暫存暫存器 mscratch

圖 9.4 為 mscratch 暫存器，通常用於暫存一個指向臨時空間的指標。為避免覆蓋使用者暫存器內容，在進入 M 模式處理 Trap 時，使用 mscratch 指向的臨時空間，儲存使用者暫存器的值，在處理完成後，恢復使用者暫存器之前的值。

▲ 圖 9.4 暫存暫存器 mscratch5) 異常 PC 暫存器 mepc

　　圖 9.5 為 mepc 暫存器。當發生 Trap 進入 M 模式時，mepc 內會寫入導致 Trap 發生的指令虛擬位址。注意由於指令最少 16 位元，位址中 mepc[0] 一直為 0。同時 mepc 支援軟體讀寫，其值可以透過軟體修改。對於異常，mepc 指向導致異常的指令位址；對於中斷，它指向中斷處理後應該恢復執行的位置。

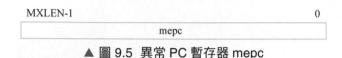

MXLEN-1　　　　　　　　　　　　　　　　　　　　　　　　　　0

mepc

▲ 圖 9.5　異常 PC 暫存器 mepc

6) 異常原因暫存器 mcause

　　當發生 Trap 進入 M 模式時，mcause 寫入 Trap 原因。圖 9.6 為 mcause 暫存器。Interrupt 位元為 1 表示中斷，為 0 表示異常；Exception Code 位元編碼如表 9.2 所示。當同時發生多個異常時，優先順序如表 9.4 所示。

MXLEN-1　　　　　　　　　　　　　　　　　　　　　　　　　　0

Interrupt	Exception Code(WLRL)

▲ 圖 9.6　異常原因暫存器 mcause

▼ 表 9.4 異常優先順序

優先順序	編碼位元	描述
Highest	3	Instruction address break point
	12	Instruction page fault
	1	Instruction access fault
	2	Illegal instruction
	0	Instruction address misaligned
	8,9,11	Environment call
	3	Environment break
	3	Load/Store/AMO address break point
	6	Store/AMO address misaligned
	4	Load address misaligned
	15	Store/AMO page fault
	13	Load page fault

優先順序	編碼位元	描述
Lowest	7	Store/AMO access fault
	5	Load access fault

7) 異常值暫存器 mtval

圖 9.7 為 mtval 暫存器。當發生 Trap 進入 M 模式時，mtval 會根據 Trap 原因為 mtval 設定不同值。當發生硬體中斷點、取址非對齊、存取資料非對齊、存取權限錯誤、分頁表錯誤時，mtval 中寫入發生錯誤的虛擬位址。當發生非法指令異常時，寫入異常指令。其他 Trap 時將 mtval 置 0，可根據硬體平臺設計選擇是否支援此功能。

MXLEN-1   0

mlval

▲ 圖 9.7 異常值暫存器 mtva

2. 中斷處理

以下暫存器是機器模式下中斷處理所需的必要部分。

(1) mtime 和 mtimecmp(Machine Timer Register) 用於生成計時器中斷。

(2) mie(Machine Interrupt Enable) 指出目前能處理和必須忽略的中斷，即啟動位元。

(3) mip(Machine Interrupt Pending) 列出目前正準備處理的中斷，即暫停位元。

(4) msip(Machine Software Interrupt Pending) 用於產生軟體插斷。

1) 計時器暫存器 mtime 和 mtimecmp

如圖 9.8 所示，mtime 表示計時器數值，mtimecmp 表示計時器比較值，兩個暫存器都是記憶體位址映射暫存器而非 CSR。當 mtime 中的值大於或等於 mtimecmp 時會觸發計時器中斷，軟體可透過改寫 mtimecmp 來清除計時器中斷。

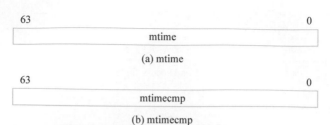

▲ 圖 9.8　計時器暫存器 mtime 和 mtimecmp

2) 中斷暫存器 mip 和 mie

圖 9.9(a) 為 mip 暫存器，指示即將處理的中斷。圖 9.9(b) 下面為 mie 暫存器，為中斷啟動訊號，表示是否遮罩對應中斷。可透過軟體寫入，來控制是否遮罩。xTIP、xTIE 表示計時器中斷，xSIP、xSIE 表示軟體插斷，xEIP、xEIE 表示外部中斷。其中，S、U 特權模式的對應位元為 CSR 讀寫位元，M 模式對應位元都是唯讀的，MTIP 只能透過比較 mtime、mtimecmp 來寫入，MSIP 只可透過判斷 msip 的值寫入，MEIP 透過 PLIC 寫入。

當有多個中斷同時發生，中斷優先順序順序如下，MEI、MSI、MTI、SEI、SSI、STI、UEI、USI、UTI，同步異常的優先順序低於上述中斷。

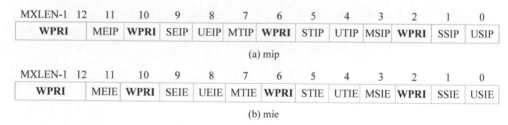

▲ 圖 9.9　中斷暫存器 mip 和 mie

若當前模式在 M 下，只有在 mip[i]、mie[i]、mstatus.MIE 都置 1 時，中斷 i 才會被處理。在預設情況下，若當前特權模式低於 M，M 模式的全域中斷啟動是開啟的。如果設定了 mideleg[i]，則特權等級 S、U 的全域中斷啟動是開啟的。

3) 軟體插斷暫存器 msip

可透過軟體向 msip 暫存器寫入 1 來觸發軟體插斷，對應 mip.MSIP 位元會相應置 1，表示產生了軟體插斷。

9.3 中斷控制平臺

本節主要內容是介紹 RISC-V 核心內中斷控制器 (Core Local Interruptor，CLINT) 及平臺級中斷控制器 (Platform Level Interrupt Controller，PLIC)。

CLINT 的主要功能是產生軟體插斷和計時器中斷。在 CLINT 中透過比較 mtime 和 mtimecmp 暫存器值來產生計時器中斷，當 mtime 中的值大於或等於 mtimecmp 時或觸發計時器中斷。訊號傳遞到處理器核心內，mip.MTIP 位置高，M 模式下軟體可以寫入 UTIP、STIP 位元產生低特權模式下的計時器中斷。而軟體插斷由軟體寫入 CLINT 中定義的 msip 暫存器來產生，msip 為 1 時，訊號傳遞到處理器核心內，mip.MSIP 位置高，USIP、SSIP 位元則可透過對應特權模式下寫入 CSR 來產生軟體插斷。

PLIC 的主要功能是連接中斷來源和中斷目標，實現中斷資訊互相傳達，並對全域中斷進行優先順序分配。內部涉及的暫存器都為記憶體位址映射暫存器，使用者可自訂位址。圖 9.10 為 RISC-V 特權手冊中定義的 PLIC 邏輯結構，下面將對其進行描述。

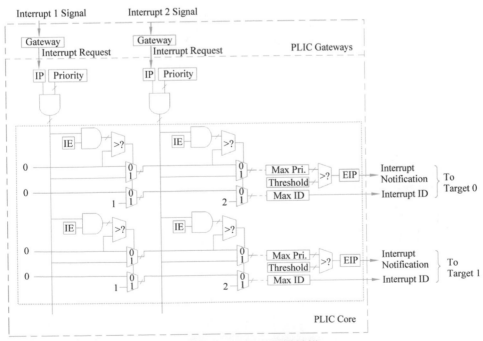

▲ 圖 9.10 PLIC 邏輯結構

9.3.1 中斷來源

中斷來源分為全域中斷和本地中斷。全域中斷一般是 I/O 外接裝置發出的，需要經過 PLIC 分配，如果有多個中斷目標，PLIC 可以按需求將中斷來源分配到任一個中斷目標。全域中斷可以是**電位觸發** (Level Triggered)、**邊沿觸發** (Edge Triggered) 或**訊息訊號觸發** (Message Signalled)，都會經過 PLIC 轉換成標準模式輸出。本地中斷 (包括軟體插斷和計時器中斷) 不需要經過 PLIC，可將本地中斷整合在 CLINT 模組中。

1. PLIC 中斷來源閘口 (Gateway)

Gateway 的功能是將全域中斷轉為標準的中斷訊號，並且對外部插斷要求進行控制。一個中斷來源最多只能有一個中斷暫停 (IP)，直到確認上一個同源中斷已處理完畢，閘口才會允許暫停的中斷進入 PLIC。若中斷為電位觸發，假如為高電位觸發，閘口將第一個高電位訊號轉為插斷要求，若電位訊號一直保持為高不變，在這個中斷處理完成後，會將高電位再次轉為插斷要求。如果電位訊號在請求進入 PLIC 後，中斷目標處理之前拉低，這個插斷要求仍然會存在 PLIC 的中斷暫停位元 (IP) 中，仍然會被回應。若中斷為邊沿觸發，丟棄在當前中斷處理完成之前發來的邊沿訊號，或增加一個暫停訊號的計數器，直到上一個中斷處理完成後才將暫停的中斷送入 PLIC，並相應地減小計數器計數值。若為**資料訊號中斷** (Message Signalled Interrupt，MSI)，資料訊號將被解碼，然後根據解碼選擇進入閘口。隨後使用類似邊沿觸發的方式進行處理。

2. PLIC 中斷來源優先順序 (Priorities)

中斷來源根據平臺定義的優先順序等級編號，編號 0 表示從不進行中斷，標號越大表示優先順序越高。優先順序暫存器為記憶體映射暫存器，軟體讀寫。表示優先順序的位元數應該支援所有組合的優先順序，例如用 2b 表示優先順序，則需要支援 4 個優先順序等級 (0、1、2、3)。

3. PLIC 中斷來源編號 (ID)

每個中斷來源訊號都有一個 ID，從 1 開始，0 表示無中斷。當多個中斷來源設定為同一級優先順序時，編號小的中斷來源優先順序更高。

4. PLIC 中斷來源啟動 (Enable)

每個中斷來源都有對應的啟動訊號(IE)。啟動暫存器是記憶體映射暫存器，用來支援 IE 的快速轉換，具體實現可由平臺自訂。

9.3.2 中斷目標

中斷目標通常為一個特定特權模式下的 hart。如果處理器不支援中斷轉移至低特權等級的功能，則低特權等級的 hart 就不會成為中斷目標。PLIC 透過 xip 暫存器中的 xeip 位元通知中斷目標有中斷暫停。當核心內有多個 harts 時，處理器需要定義如何處理併發的中斷。PLIC 獨立處理每個中斷目標，不支援中斷先佔和巢狀結構。每個中斷目標都有一個優先順序設定值暫存器，只有優先順序高於設定值的中斷才能被發送給目標。若設定值為 0 表示，所有中斷都可透過；若設定值為最大值，表示遮罩所有中斷。

9.3.3 中斷處理流程

圖 9.11 中描述了 PLIC 與中斷目標的響應過程，可總結如下。

(1) 閘口每次只允許一個中斷訊號透過，傳遞給 PLIC。在中斷處理完成之前，不會回應其他外部中斷訊號。

(2) PLIC 接到閘口透過的中斷訊號後，置高 IP 位元，並向目標發送中斷通知。

(3) 目標在接到中斷通知一段時間後，響應中斷，向 PLIC 發出讀取請求，獲取中斷 ID。

(4) PLIC 會向目標傳回中斷 ID，並清除對應 IP 位元。

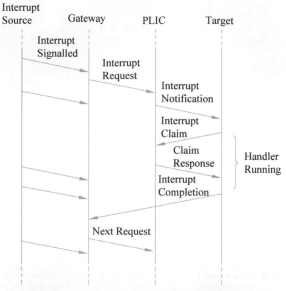

▲ 圖 9.11 PLIC 與中斷目標的響應過程

(5) 目標接收到 ID 後，進入對應編號的中斷服務程式，處理中斷。處理完成後會向閘口發送完成標識，閘口隨後允許新的中斷進入。

9.4 中斷和異常設計實例

本節以開放原始碼處理器核心 Ariane 為例，分析其中斷和異常的設計想法，給讀者提供參考。

9.4.1 異常產生和處理

Ariane 核心設計為 6 級管線結構，根據各個異常描述可以大致確定異常產生的位置。在 RISC-V 手冊中可以查詢到對應異常的具體說明。本書將結合此處理器設計結構，查看核心內的異常是如何產生的。Ariane 所有支援的異常類型定義在 riscv_pkg.sv 中。

1. 異常類型

根據異常產生的位置，將異常分為以下 4 類。

1) 位址非對齊

位址非對齊 (Address Misaligned) 包括指令位址、儲存位址、讀取位址非對齊。

(1) 指令位址非對齊：RISC-V 手冊定義，只有在分支指令或無條件跳躍指令中會產生指令位址非對齊。若指令中的目標位址不是 4 位元組對齊的 (支援 16 位元壓縮指令時為 2 位元組對齊)，則會產生異常。Ariane 支援壓縮指令，在 EX_Stage 的 Branch_Unit 中判斷位址是否為 16 位元對齊，不對齊則拋出例外。

(2) 儲存位址、讀取位址非對齊：在 EX_Stage 的 LSU 中判斷存取位址是否對齊到雙字、字、半字組，不對齊則產生非對齊異常。

2) 許可權錯誤

許可權錯誤 (Access Fault) 包括取址許可權錯誤、儲存許可權錯誤、讀取許可權錯誤，與位址存取範圍相關。在取址和存取資料時攜帶虛擬位址需要經過 MMU 進行虛擬位址到物理位址的轉換，在存取 ITLB/DTLB 時會判斷位址是否在定義範圍內，不在範圍內會產生異常。MMU 位址轉換過程也包含在 EX_Stage 中。

3) 分頁表錯誤

分頁表錯誤 (Page Fault) 包括指令分頁表錯誤、儲存分頁表錯誤、讀取分頁表錯誤，特權手冊中有詳細的定義。整體上看，如果分頁表位址非對齊、搜尋網分頁表缺失或特權存取權限錯誤等，都會導致分頁表錯誤異常。此過程涉及位址轉換和分頁表搜索，在 EX_Stage 的 MMU 發生。

4) 異常指令

指令在 ID_Stage 階段進行解碼，如果是非法指令則會產生非法指令 (Illegal Instruction) 異常。如果讀寫 CSR 時存在讀寫許可權或特權模式錯誤，也可能產生非法指令異常。在解碼時遇到 ebreak/c.ebreak 指令時，產生中斷點 (Breakpoint) 異常。在解碼時遇到 ecall 指令時，產生環境呼叫 (Environment Call) 異常。

2. 資料通路

圖 9.12 是處理器核心 Ariane 處理中斷、異常的資料通路。此核心定義了 exception_t 和 irq_ctrl_t 兩種資料型態，程式如下所示。其中，exception_t 包含了異常資訊的有效訊號、原因及附加資訊，圖中帶有 ex 名稱的訊號都為此類型；irq_ctrl_t 包含了中斷處理相關的暫存器資訊。

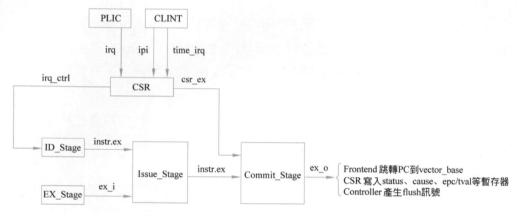

▲ 圖 9.12 異常處理資料通路

```
ariane_pkg.sv
typedef struct packed {
    logic  [63:0]  cause;
    logic  [63:0]  tval;
    logic  valid;
} exception_t;

typedef struct packed {
    logic  [63:0]  mie;
    logic  [63:0]  mip;
    logic  [63:0]  mideleg;
    logic  sie;
    logic  global_enable;
} irq_ctrl_t;
```

前面分析了異常產生的位置，在 EX_Stage 階段、ID_Stage 階段以及 CSR 中都可能發生異常。從圖 9.12 中可以看出，所有異常資料 (ex) 最終都流向 Commit_Stage，透過 ex_o 廣播給其他相關模組：在 Frontend 中看到 ex 有效訊號後，將 PC 跳躍到指定的位址位元上 (xtvec)，進入異常處理常式；在 CSR 中根據特權模式寫入相關暫存器儲存現場，以便後續恢復；在 Controller 中產生刷新管線訊號 (flush)。

另外，從圖 9.12 中可見，中斷訊號由 PLIC 和 CLINT 產生，並透過 CSR 寫入相關暫存器，CSR 中將相關暫存器資訊合成 irq_ctrl 訊號輸出給 ID_Stage，在 ID_Stage 中解碼，判斷中斷是否有效和中斷類型，最後由 instr.ex 輸出給 Commit_Stage。在 Commit_Stage 後處理流程與上述異常處理類似。

在異常和中斷處理常式完成時，執行 xret 指令。CSR 中寫入相關暫存器，恢復現場。Frontend 中 PC 跳躍到 xepc 指向的位址，Controller 產生 flush 訊號刷新管線。

9.4.2 PLIC 模組

1. 介面和參數清單 PLIC 的頂層程式檔案為 plic_top.sv，表 9.5、表 9.6 為 PLIC 頂層介面 PLIC 和參數清單。

▼ 表 9.5 PLIC 頂層介面清單

訊號	方向	位元寬 / 類型	描述
clk_i	輸入	1	時鐘
rst_ni	輸入	1	重置
req_i	輸入	reg_intf_req_a32_d32	資料交握，包含 (prior、ie、threshold、id)
resp_o	輸出	reg_intf_resp_d32	資料交握，包含 (prior、ie、threshold、id)
le_i	輸入	N_SOURCE	中斷觸發類型 0:level1:edge
irq_sources_i	輸入	N_SOURCE	中斷源
eip_targets_o	輸出	N_TARGET	中斷目標

▼ 表 9.6　PLIC 參數清單

參數名稱	參數值	說明
N_SOURCE	30	中斷源
N_TARGET	2	中斷目標
MAX_PRIO	7	最高優先順序

2. 模組功能

中斷來源經過閘口和多選一邏輯後，向目標 (Target) 發出通知 (Notification)，目標發出讀取暫存器請求 (claim_re) 響應中斷來源的通知，讀取對應中斷的 ID，讀取請求和讀出 ID 在同一個時鐘週期。中斷處理完成後，目標寫回中斷的 ID，等待下一次中斷操作。Ariane 將 PLIC 內分為 3 個子模組實現。

1) Gateway 子模組

將不同觸發類型 (電位觸發或邊沿觸發) 中斷來源轉換成統一內部中斷訊號。保證每個中斷來源每次只能發送一個插斷要求，插斷要求透過閘口後，置高中斷暫停訊號 (ip)。目標發出 claim_re 訊號清除 ip，當前中斷處理完之前，新插斷要求會被遮罩，不能置高 ip。

2) Target 子模組

根據中斷的啟動 (ie)、暫停 (ip)、優先順序 (prio)、設定值 (threshold) 訊號，實現中斷來源多選一輸出功能。id 為 0 是預留編號，不存在此中斷，有效 id 從 1 開始。優先順序相同時，id 小的優先順序高。最後輸出中斷訊號 (irq) 給處理器核心。實現多選一有兩種演算法可選擇： 一種是 SEQUNENTIAL 演算法使用串聯比較，邏輯深度大，可能不滿足綜合時序要求。SEQUNENTIAL 順序比較 N_SOURCE 個中斷來源的優先順序，選擇優先順序最大的輸出 irq 和 irq_id。另一種 MATRIX 演算法使用 N×N 矩陣、使用 N×(N-1) /2 個比較器和時比較，比較器邏輯深度為 1，另外加上 logN 個及閘，以及 LOD(Leading One Detector，前導 1 檢測) 邏輯，總邏輯深度較少。MATRIX 的程式如下。

```
rv_plic_target.sv
assign is =ip & ie;
always_comb begin
    merged_row[N_SOURCE-1] =is[N_SOURCE-1]
    & (prio[N_SOURCE-1] >threshold);
for(int i =0; i < N_SOURCE-1; i++)begin
    merged_row[i] =1'b1;
    for(int j =i+1; j < N_SOURCE; j++)begin
        mat[i][j] =(prio[i] <=threshold) ?1'b0 :
        (is[i] & is[j]) ?prio[i] >=prio[j] :
        (is[i]) ?1'b 1 : 1'b 0;
        merged_row[i] =merged_row[i] & mat[i][j];
    end  //for j
end  //for i
end  //always_comb
assign lod =merged_row & (~merged_row +1'b1);
```

　　舉例來說，假如共 10 個中斷來源，3、5、9 同時發生，優先等級為 2、3、1(即中斷 5 優先順序最高)，且這些中斷來源是啟動的並且超過設定設定值。經過多組比較器的比較計算，10×10 的 mat[i][j] 矩陣數值如表 9.7 所示。舉例中斷來源 3 說明計算，表 9.7 中 i=3 行的數值為中斷來源 3 與中斷來源 4 ～ 9 的比較，若 3 優先順序更高則置 1，否則置 0。表 9.7 中其他位元的含義與之類似。merged_row 最高位元代表中斷來源 9，只要中斷來源啟動並且超過設定值就置 1，其餘位元由表 9.7 中每行的邏輯與得到，merged_row=1000100000。最後透過 lod 邏輯計算後 lod=0000100000，即最高優先順序中斷來源 5 置高，而後輸出 irq 和 irq_id=5。

　　3) Plic_Regs 子模組

　　根據 req_i 和 resp_o 交握訊號進行暫存器讀寫。req_i.write 為 1 時按位址寫入對應暫存器，req_i.write 為 0 時按位址讀出對應暫存器。表 9.8 為 PLIC 的暫存器說明。

▼ 表 9.7　matrix 比對表

i	j										merged_row	lod
	0	1	2	3	4	5	6	7	8	9		
0		0	0	0	0	0	0	0	0	0	0	0
1			0	0	0	0	0	0	0	0	0	0
2				0	0	0	0	0	0	0	0	0
3					1	0	1	1	1	1	0	0
4						0	0	0	0	0	0	0
5							1	1	1	1	1	1
6								0	0	0	0	0
7									0	0	0	0
8										0	0	0
9											1	0

▼ 表 9.8　PLIC 暫存器

暫存器	位址	屬性	描述
prio[i]	0xc00_0000+i*4	WR	i 設定值範圍 0~30 _ 0xc00_0000-0xc000078 支援優先順序 0~7, 每 32 位元中 ,bit[2:0] 有效
ie[0]	0xc00_2000	WR	target0 的中斷使能 ,bit[30:0] 有效
ie[1]	0xc00_2080	WR	target1 的中斷使能 ,bit[30:0] 有效
threshold[0]	0xc20_0000	WR	target0 的設定值暫存器 ,bit[2:0] 有效
threshold[1]	0xc20_1000	WR	target1 的設定值暫存器 ,bit[2:0] 有效
ip	0xc00_1000	R	0~30 中斷源的 pending 訊號
cc[0]	0xc20_0004	WR	target0 的寫 complete_id, 讀 claim_id,bit[4:0] 有效 , id 號 0-30,id[0] 一直為 0, 表示無中斷
cc[1]	0xc20_1004	WR	target1 的寫 complete_id, 讀 claim_id,bit[4:0] 有效 , id 號 0-30,id[0] 一直為 0, 表示無中斷

9.4.3 CLINT 模組

1. 介面和參數清單

CLINT 程式檔案為 clint.sv，表 9.9 和表 9.10 分別為 CLINT 頂層介面和參數清單。

▼ 表 9.9 CLINT 頂層介面清單

訊號	方向	位元寬 / 類型	描述
clk_i	輸入	1	時鐘
rst_ni	輸入	1	重置
testmode_i	輸入	1	測試模式
axi_req_i	輸入	ariane_axi::req_t	AXI 請求介面
axi_resp_o	輸出	ariane_axi::resp_t	AXI 應答介面
rtc_i	輸入	1	即時時鐘輸入
timer_irq_o	輸出	1	計時器中斷
ipi_o	輸出	1	軟體插斷

▼ 表 9.10 CLINT 參數列表

參數名稱	參數值	說明
AXI_ADDR_WIDTH	64	位址位元寬
AXI_DATA_WIDTH	64	資料位元寬
AXI_ID_WIDTH	IdWidth + $clog2(NrSlaves)	ID 位元寬
NR_CORES	1	核心數量

2. 模組功能

根據 AXI 介面進行暫存器讀寫，並產生軟體插斷和計時器中斷。產生計時器中斷的條件是 mtime>=mtimecmp，產生軟體插斷的條件是 msip=1。CLINT 內部分成兩個子模組。

1) Axi_Lite_Interface

輕量級位址映射單次傳輸介面，根據其介面位址和啟動讀寫暫存器。

2) Sync_Edge

同步模組，根據實體化參數 STAGES，選擇同步器級數。本模組將 rtc 訊號同步後，輸出 rtc 訊號上昇緣，作為計時器計數條件。

3. 暫存器說明

表 9.11 為 CLINT 的暫存器說明。

▼ 表 9.11　CLINT 暫存器

暫存器	偏移位址	屬性	描述
msip	16'h0	WR	1 位元，軟體產生或清除中斷
mtime	16'hbff8	WR	64 位元，計時器數值
mtimecmp	16'h4000	WR	64 位元，計時比較器

9.5　本章小結

本章以機器模式為主介紹了 RISC-V 定義的中斷和異常處理方式，以及 Ariane 中的具體實現方法。中斷和異常的產生分佈在處理器各部分，手冊中的具體定義也分佈在各章中，較為煩瑣。本章結合開放原始碼處理器核心 Ariane 的設計，整理了異常處理資料通路，分析了各種異常產生的位置，以求更概括和簡略地描述中斷和異常處理的設計想法。

第三部分

處理器驗證

第 10 章

UVM 簡介

晶片的開發流程包含設計和驗證。設計是由晶片開發人員將架構定義的功能採用硬體描述語言實現，而驗證是由驗證工程師架設驗證環境對設計進行邏輯模擬以確保邏輯設計的功能符合架構的定義。設計的錯誤往往會引起功能的缺陷，甚至可能導致晶片完全不能正常執行，而修復錯誤二次流片不僅需要投入巨額的費用、也推遲了晶片商用的時間，這在晶片行業是不可接受的。因此，驗證在晶片開發流程中的重要性不言而喻。

通用驗證方法學 (Universal Verification Methodology，UVM) 是基於 SystemVerilog 類別庫為基礎開發的通用驗證框架。驗證工程師可以利用其可重用元件建構具有標準化層次結構和介面的功能驗證環境。UVM 是第一個由電子設計自動化領域三巨頭 (Cadence、Synopsys、Mentor Graphics) 聯合支援的驗證方法學。

本章首先說明 UVM 的基礎，透過介紹 UVM 的發展史讓讀者了解 UVM 的來源；其次對組成 UVM 的基本類別庫做了說明，驗證工程師在架設驗證平臺時正是以這些類別庫為基礎，衍生出使用者自訂的類別；最後，對組成一個驗證平臺的常用元件及其功能做了介紹。

10.1 UVM 概述

如果把一個 UVM 平臺比作一棟房子，這些類別庫作為 UVM 的基本單元就相當於用於建築房子的磚和瓦，不同的元件 (以下面將要介紹的 Driver、Monitor、Sequencer、Scoreboard 等) 代表不同的房間 (如廚房、客廳、臥室、陽臺等)。驗證工程師就像建築工程師一樣，規劃驗證平臺的結構，使用 UVM 中的類別庫架設平臺的各個功能元件，最後把這些元件組裝在一起組成一個完整的 UVM 驗證平臺。

▌10.1.1　驗證方法學概述 ▌

　　早期最原始的 Verilog 測試平臺通常完成以下 3 件事： 首先，在測試平臺模組中實體化被測設計 (Design Under Test,DUT) 並建立若干變數連接到 DUT 的輸入通訊埠；其次，在測試平臺中對這些變數進行賦值，然後擷取 DUT 的輸出訊號；最後，在測試平臺模組內建立一些功能模組，將擷取到的訊號與 DUT 的預期輸出訊號進行對比。

　　一個典型驗證環境結構圖一般包含 4 個部分： 測試激勵來源、參考模型、待測設計、記分板，如圖 10.1 所示。

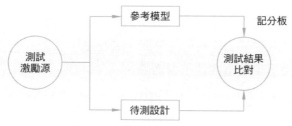

▲ 圖 10.1　典型驗證環境結構圖

　　這樣的驗證模式可以完成簡單的 DUT 的驗證，如果 DUT 具有較高的複雜度，按照上述模式的測試平臺將變得十分臃腫，非常不利於平臺的維護和再使用性擴充。如果驗證工程師想在原有的測試激勵基礎上增加新的測試激勵則很有可能會修改大量程式導致牽一髮而動全身，從而影響平臺其他部分功能模組。因此，一種比較理想的方法是將測試平臺的輸入激勵、輸出監控、記分板等元件相互隔離，但是當下採用的 Verilog 結構化程式設計方式使程式的重複使用成為一個難題。

　　雖然 SystemVerilog 物件導向程式設計 (Object Oriented Programming, OOP) 的特性提供了解決上述問題的方法，但是仍然存在一些問題，使用 SystemVerilog 語言架設驗證平臺沒有明確規範，導致驗證平臺在結構上差異很大，使得驗證平臺間缺乏協作性和擴充性。UVM 提供了一套基於 SystemVerilog 的類別庫，驗證工程師按照一定規則以類別作為起點，建立具有標準結構的驗證平臺，為上述差異化問題提供了良好的解決方案。

在晶片驗證中，驗證方法學是一套完整的、高效的解決問題的系統。如圖 10.2 所示，驗證方法區塊系包含晶片驗證過程中為實現某一功能或是解決某一問題的思想和方法、驗證進度視覺化 (覆蓋率)、驗證流程管理等。

▲ 圖 10.2 驗證方法學系統

早期的晶片閘級規模較小，功能相對簡單，晶片的設計沒有驗證人員參與，功能實現全部依賴於設計人員的保證，因此沒有發展出一套高效的驗證方法學。但是隨著晶片規模和複雜度的增加，特別是上億閘級超大型積體電路晶片的實現，驗證的時間已經佔整個晶片研發週期的 70% 以上，因此選擇一種集成度更高，功能更強大、更高效、易擴充的驗證方法學至關重要。

▌ 10.1.2 驗證方法學的發展史 ▌

本節主要介紹驗證方法學的歷史，以及演變至今被廣泛使用的 UVM。驗證方法學的發展過程中主要有以下 6 種方法學。

(1) eRM(e-Language Reusable Methodology) 是基於 e 語言的可重用驗證方法學，由 Verisity 公司於 2002 年發佈，e 語言是物件導向程式語言。

(2) RVM(Reusable Verification Methodology) 是基於 Vera 語言的可重用驗證方法學，在 2003 年由 Synipsys 公司發佈。

(3) AVM(Advanced Verification Methodology) 是高級驗證方法學，由 Mentor 公司在 2006 年發佈，主要由 SystemVerilog 和 SystemC 兩種語言實現。

(4) VMM(Verification Methodology Manual) 由 Synopsys 公 司 在 2006 年

推出，VMM 一大亮點是整合了暫存器解決方案 RAL(Register Abstraction Layer)。

(5) OVM(Open Verification Methodology)，Cadence 和 Mentor 於 2008 年推出，其中加入的 factory 機制使得其功能大大增加。

(6) UVM，由 Accellera 公司在 2011 年 2 月推出正式版 UVM 1.0，同時兼具 VMM 和 OVM 的特性，得到廣泛應用並代表了驗證方法學的發展方向。UVM 1.1 版本於 2012 年發佈，目前 UVM 版本已經發展到 UVM 1.2。表 10.1 列出了 UVM 各版本及發佈時間。

▼ 表 10.1UVM 各版本及發佈時間

UVM 版本	發布時間	UVM 版本	發布時間
UVM1.0	2011 年 2 月	UVM1.2	2014 年 6 月
UVM1.1a	2011 年 12 月	UVM2017-0.9	2018 年 6 月
UVM1.1b	2012 年 5 月	UVM2017-1.0	2018 年 11 月
UVM1.1c	2012 年 10 月	UVM2017-1.1	2020 年 6 月
UVM1.1d	2013 年 3 月		

驗證方法學的發展歷程如圖 10.3 所示。

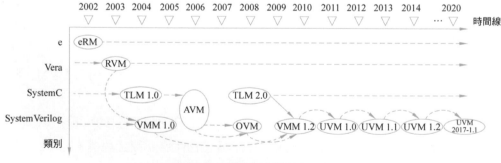

▲ 圖 10.3　驗證方法學的發展歷程

10.2 UVM 基本概念

　　UVM 是以 SystemVerilog 類別庫為基礎的驗證平臺開發架構，驗證工程師使用 UVM 的類別庫擴充相應的類別，並按照 UVM 提供的思想架設層次化的滿足使用者需求的功能驗證環境。

10.2.1 UVM 類別的說明

　　驗證環境中 UVM 的 agent、driver、monitor、sequence、sequencer、reference model、scoreboard 等模組都是由 SystemVerilog 基礎類別庫衍生而來的，UVM 平臺由多個模組組合得到。圖 10.4 為 UVM 基礎類別及其方法架構圖。

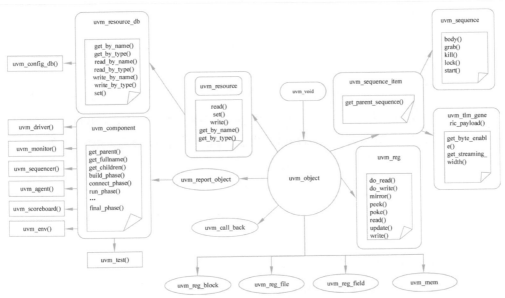

▲ 圖 10.4 UVM 基礎類別及其方法架構圖

　　UVM 主要包括核心基礎類別 (Core Base Classes)、報告類別 (Reporting Classes)、記錄類別 (Recording Classes)、工廠類別 (Factory Classes)、設定和資源類別 (Configuration and Resource Classes)、同步類別 (Synchronization Classes)、容器類別 (Container Classes)、事務介面類別 (TLM Interface Classes)、序列類別 (Sequence Classes)、暫存器模型類別 (Register Model Classes) 等類別庫。

　　核心基礎類別提供架設驗證環境所需的基本元件 (用於執行實際工作)、事務 (在元件之間傳遞資訊) 和通訊埠 (提供用於傳遞事務的介面)，這些基礎類別用來提供這些建構區塊，如 uvm_object 和 uvm_component。報告類別提供發佈報告資訊的工具，如將列印資訊記錄到檔案，使用者可以透過容錯度、ID 等設定 UVM 相關選項來過濾容錯資訊 (如 uvm_report_message、uvm_report_object 等)。記錄類別透過 API 將事務記錄到資料庫中，使用者可以直接將事務發送到後端資料庫，而不需要了解該資料庫的選擇是如何實現的。工廠類別用於建立 UVM 的物件和元件，即使用者可以透過設定生成特定功能的物件，如 uvm_factory 等。設定和資源類別提供設定資料庫，用於儲存、檢索設定和執行時期的屬性資訊，如 uvm_resource 等。同步類別為 UVM 的處理程序提供了事件類別和事件回呼類別，其中事件類別透過回呼和資料傳遞增強 SystemVerilog 事件資料型態，如 uvm_event、uvm_event_callback 等。容器類別是類型參數化的資料結構，能夠有效的共用資料，如 uvm_queue、uvm_pool。事務介面類別定義抽象的事務級介面，每個介面包含一個或多個方法用以傳輸整個事務或物件，如 TLM1/2、Sequencer Port、Analysis 等。序列類別用來規定在 TLM 傳輸中資料的組成和生成方式，如 uvm_sequence_item、uvm_sequence #(req、rsp) 等。暫存器模型類別用來對暫存器和記憶體的建模和存取記憶體，如 uvm_reg、uvm_reg_block、uvm_reg_field 等。

　　以上內容是 UVM 類別庫的簡要說明，其中核心基礎類別是 uvm_object 和 uvm_component，組成驗證平臺的所有元件 (如 uvm_driver 和 uvm_monitor 等) 都是由 uvm_component 衍生，uvm_object 衍生自 uvm_void。UVM 中除了衍生自 uvm_component 的類別，其他均衍生自 uvm_object(如 uvm_reg、uvm_sequence_item 等)。圖 10.5 為 UVM 驗證平臺常用類別的繼承關係圖。

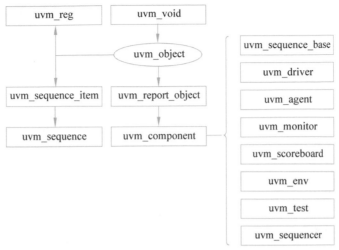

▲ 圖 10.5 UVM 驗證平臺常用類別的繼承關係

10.2.2 UVM 樹形結構

UVM 是以物件導向程式語言 SystemVerilog 為基礎開發的類別庫。UVM 驗證平臺的元件由類別實現,如平臺中的元件 driver 衍生自 uvm_driver,用來把激勵發送到 DUT;元件 monitor 衍生自 uvm_monitor,用來獲取 DUT 的訊號;元件 scoreboard 衍生自 uvm_scoreboard,用來比較參考模型和 DUT 輸出的資料等。UVM 中各個元件實現的功能都不相同,驗證工程師呼叫 UVM 的基礎類別庫開發不同功能的元件,架設高效、靈活的驗證平臺對 DUT 的功能進行完備的驗證。UVM 中各個元件可以用樹形結構來組織,本節介紹 UVM 的樹形結構,如圖 10.6 所示。

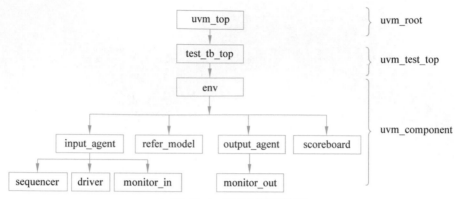

▲ 圖 10.6　UVM 樹形結構

10.2.1 節介紹了 uvm_component 的概念，參與組成樹形結構的元件都是由 uvm_component 衍生而來的，在各個元件的 new 函數中指定 parent 參數形成繼承關係實現樹形結構。所以 UVM 是以樹形結構來管理驗證平臺的各個元件，圖 10.6 中的 driver、monitor 等都是樹形結構中的節點。樹的根是 uvm_top，它是 uvm_root 類別的實例，本質還是 uvm_component。

圖 10.6 中的 uvm_top 作為樹形結構的頂層完成以下功能。

(1) 作為 UVM 平臺頂層，其他元件的實例化都是基於 uvm_top 完成的。

(2) 在建立元件時指定 parent 來組成 parent-child 層次關係。

(3) 控制所有元件執行 phase 的順序。

(4) 索引功能，透過層次名稱索引元件。

(5) 報告功能，使用 uvm_top 設定報告的容錯度。

(6) 獲取待測試用例名稱。

(7) 初始化 objection 機制。

(8) 根據獲得的測試用例名稱建立 uvm_test_top 實例。

(9) 等待所有的 phase 執行完畢並關閉 phase。

(10) 報告並結束模擬。

uvm_test_top 作為樹形結構的節點，它的命名規範有特殊的含義，即無論平台叫用 run_test() 方法啟動的是哪個測試用例，UVM 都會實例化一個命名為 uvm_test_top 的物件，並產生一個脫離 test_top_tb 的新的層次結構。

UVM 提供了一些用於存取 UVM 樹形結構節點的介面，如用於得到當前實例的父類別的 get_parent 函數，其函數原型如下：

```
extern virtual function uvm_component get_parent();
```

如用於獲得當前實例的子類別的 get_child 函數，由此衍生的 get_children 函數以及 get_first_child 和 get_next_child 函數。其中 get_child 函數的原型如下：

```
extern virtual function uvm_component get_child (string name);
```

10.2.3 UVM 執行機制

本節主要講解 UVM 的執行機制、UVM 模擬平臺啟動及結束的方法。

UVM 實現了自動的 phase 機制，該機制用於分階段執行平臺的各種元件，管理驗證平臺的執行。根據執行時是否需要消耗模擬時間，phase 分為不消耗模擬時間的函數類別 phase 和消耗模擬時間的任務類別 phase。這裡的模擬時間不是現實環境下鐘錶指示的時間，而是在模擬環境下模擬器的執行時間，通常情況下以 ns 為單位。表 10.2 為 UVM 不同功能的 phase。

表 10.2 列出了 UVM 執行中的 phase，可以看出其中包含函數類別 phase 和任務類別 phase。UVM phase 的執行有兩種方式： 自頂向下和自底向上。不同 phase 的執行按照順序依次執行，同時，不同元件又可能包含幾種 phase，同一 phase 的不同元件的執行也會按照先後順序，自頂向下或是自底向上。

▼ 表 10.2 UVM 不同功能的 phase 列表

Phase_1	Phase_2	類型
uvm_phase	—	基礎類
uvm_domain	—	基礎類
uvm_bottomup_phase	—	函數類
uvm_topdown_phase	—	函數類
uvm_task_phase	—	基礎任務類

Phase_1	Phase_2	類型
uvmcommonphase	uvm_build_phase	函數
	uvm_connect_phase	函數
	uvm_end_of_elaboration_phase	函數
	uvm_start_of_simulation_phase	函數
	uvm_run_phase	任務
	uvm_extract_phase	函數
	uvm_check_phase	函數
	uvm_report_phase	函數
	uvm_final_phase	函數
uvmrun-timephase	uvm_pre_reset_phase	任務
	uvm_reset_phase	任務
	uvm_post_reset_phase	任務
	uvm_pre_configure_phase	任務
	uvm_configure_phase	任務
	uvm_post_configure_phase	任務
	uvm_pre_main_phase	任務
	uvm_main_phase	任務
	uvm_post_main_phase	任務
	uvm_pre_shutdown_phase	任務
	uvm_shutdown_phase	任務
	uvm_post_shutdown_phase	任務
user-definedphase		自訂

UVM 提供一種模擬想法，即把複雜的模擬過程分階段進行，每個階段完成不同的任務，這些任務都在不同的 phase 中完成。以下內容對表 10.2 中常用 phase 的功能做簡介。uvm common phase 包含一系列的函數和任務 phase，各個 phase 依次被執行，除了 uvm_run_phase 是任務類別 phase，其他的 phase 都是函數類別 phase。

(1) uvm_build_phase。

uvm_build_phase 用來建立並設定測試平臺的架構，完成實例化，採用自頂向下的執行順序，即先執行 testcase_top 的 build_phase，然後執行 env 的 build_phase，再執行 agent 的 build_phase，最後執行 driver 和 monitor 的 build_phase。該階段主要用於元件的實例化，暫存器模型的實例化和獲取元件的設定等。build_phase 的執行需要滿足頂層的元件已經全部實例化以及模擬時刻處於零時刻。

衍生關係描述如下：

```
class uvm_build_phase extends uvm_topdown_phase;
```

程式應用：

```
function void build_phase(uvm_phase phase);
    super.build_phase(phase);
    //do something,user defined
endfunction
```

(2) uvm_connect_phase。

uvm_connect_phase 用來建立元件間的連接關係，採用自底向上的執行順序，即先執行 driver、monitor 的 connect_phase，再執行 agent 的 connect_phase。connect_phase 典型的應用是連接傳輸事務級介面中的 port、export 和 imp。connect_phase 的執行需要滿足所有的元件完成實例化和當前模擬時刻仍然處於零時刻。

衍生關係描述如下：

```
class uvm_connect_phase extends uvm_bottomup_phase;
```

程式應用：

```
function void connect_phase(uvm_phase phase);
    //do something,user defined
endfunction
```

(3) uvm_end_of_elaboration_phase。

uvm_end_of_elaboration_phase 執行順序為自底向上，作為模擬階段進一步細化的 phase，處於連接階段和開始模擬階段之間。典型應用是顯示平臺拓撲結構、打開檔案、為元件增加額外的設定等。該 phase 的執行需要滿足以下條件。

① 驗證平臺 connect_phase 執行完畢並已經完成平臺結構組建。

② 當前的模擬時刻仍然處於零時刻。

衍生關係描述如下：

```
class uvm_end_of_elaboration_phase extends uvm_bottomup_phase;
```

程式應用：

```
function void end_of_elaboration_phase (uvm_phase phase);
    //do something,user defined
endfunction
```

(4) uvm_start_of_simulation_phase。

uvm_start_of_simulation_phase 執行順序為自底向上，該階段開始準備測試平臺的模擬。典型應用於顯示平臺結構、設定中斷點、設定初始模擬時的設定值等。該 phase 的執行需要滿足以下條件。

① 模擬引擎、偵錯器、硬體輔助平臺和執行時期所用的工具都已經啟動並同步。

② 驗證平臺已經全部設定完畢，準備啟動。

③ 當前的模擬時刻仍然處於零時刻。

衍生關係描述如下：

```
class uvm_start_of_simulation_phase extends uvm_bottomup_phase;
```

程式應用：

```
function void start_of_simulation_phase (uvm_phase phase);
    //do something,user defined
```

```
endfunction
```

(5) uvm_run_phase。

uvm_run_phase 是任務類型的 phase,主要進行 DUT 的模擬。該 phase 執行時期與 12 個任務 phase(如 uvm_pre_reset_phase 和 uvm_post_shut down_phase) 並存執行。run_phase 的執行需要滿足: 指示電源已通電、進入該 phase 之前不允許有時鐘和當前的模擬時刻仍然處於零時刻。

衍生關係描述如下:

```
class uvm_run_phase extends uvm_task_phase;
```

程式應用:

```
task void run_phase (uvm_phase phase);
    //do something,user defined
endtask
```

退出準則: 當 DUT 模擬結束或 uvm_post_shutdown_phase 階段即將結束。

(6) uvm_extract_phase。

uvm_extract_phase 主要用於從平臺提取資料,採用自底向上的執行順序。典型應用包括提取平臺元件的資料和狀態資訊,探測 DUT 的最終狀態資訊,計算並統計、顯示最終的狀態資訊,以及關閉檔案等操作。當所有的資料提取完後結束 phase。這一階段的執行需要滿足 DUT 已經模擬完畢和模擬時間停止增加。

衍生關係描述如下:

```
class uvm_extract_phase extends uvm_bottomup_phase;
```

程式應用:

```
function void extract_phase (uvm_phase phase);
    //do something,user defined
endfunction
```

(7) uvm_check_phase。

uvm_check_phase 執行順序為自底向上，主要用於檢查模擬階段的異常結果，如判斷平臺的統計暫存器和 DUT 的統計暫存器數值是否相同，判斷 DUT 的異常暫存器是否有效等。當所有的資料提取完畢進入該 phase。

衍生關係描述如下：

```
class uvm_check_phase extends uvm_bottomup_phase;
```

程式應用：

```
function void check_phase (uvm_phase phase);
    //do something,user defined
endfunction
```

(8) uvm_report_phase。

uvm_report_phase 執行順序為自底向上，用於報告模擬的結果並將結果寫入檔案暫存。

衍生描述關係如下：

```
class uvm_report_phase extends uvm_bottomup_phase;
```

程式應用：

```
function void report_phase (uvm_phase phase);
    //do something,user defined
endfunction
```

(9) uvm_final_phase。

uvm_final_phase 用於在結束模擬工作之前的收尾操作，如關閉檔案、關閉模擬引擎等。

程式應用：

```
function void final_phase (uvm_phase phase);
    super.final_phase (phase);
    //do something,user defined
endfunction
```

動態執行 (run-time) 的 phase 包含 12 個任務 phase，實現對 DUT 的驗證，通常需要依次完成 DUT 重置、初始化、暫存器的設定、主函數功能的執行、執行完成後關閉 phase。其中為了實現更加精細化、層次化的控制，這 4 類 phase 又擴充了 prephase 和 postphase，所有的 phase 分別為 uvm_pre_reset_phase、uvm_reset_phase、uvm_post_reset_phase、uvm_pre_configure_phase、uvm_configure_phase、uvm_post_configure_phase、uvm_pre_main_phase、uvm_main_phase、uvm_post_main_phase、uvm_pre_shutdown_phase、uvm_shutdown_phase、uvm_post_shutdown_phase。

從 phase 的命名看出，這些 phase 主要模擬了 DUT 的工作流程，包括重置和初始化、DUT 暫存器的設定、DUT 正常執行、運行結束後關機等。驗證工程師在架設驗證平臺元件的過程中也會花大量時間完成實現這些 phase 的功能程式。

前文介紹了 UVM 執行過程中常見的 phase 以及各階段的 phase 實現的功能，phase 的執行貫穿了 UVM 模擬驗證整個環節，熟悉 phase 含義對理解 UVM 平臺執行機制大有裨益。在實際專案中，驗證工程師先執行指令稿啟動模擬工具 (如 VCS、Xcelium) 對 UVM 函式庫檔案、DUT 的檔案列表及模擬函式庫檔案進行編譯與連結，然後啟動 UVM 驗證平臺執行模擬，設定列印資訊將模擬結果資料存入 Log 檔案並生成波形檔案，最後結束 UVM 模擬。圖 10.7 展示了 UVM 模擬的執行流程。

UVM 提供兩種方法啟動模擬平臺：一種是透過全域函數傳遞用例名稱；另一種比較常見，是將用例名稱賦值給 UVM 的參數選項。第一種方法是透過 UVM 的全域任務 run_test() 選擇需要模擬的 testcase，一般會在 test_tb_top 頂層檔案中實現以下程式：

```
module test_tb_top;
…
   initial begin
     run_test("my_testcase0");
   end
   …
endmodule
```

　　以上程式透過傳遞一個用例名稱的字串 my_testcase0 給 run_test，UVM 會自動建立一個測試用例名稱的實例，並最終以測試用例名為平臺頂層按照 UVM 樹形結構生成 env、agent、driver、monitor 等元件。在模擬之前將用例名稱傳遞給 UVM 參數 +UVM_TESTNAME=<my_testcase0>，在頂層檔案只需要呼叫 run_test 或是指定 run_test 測試用例名稱，無論是否指定參數，模擬開始後傳遞給 +UVM_TESTNAME 的用例名稱也會覆蓋頂層 run_test 指定的用例名稱，這種方式使得模擬不需要頻繁修改 run_test 的測試用例名稱而只需修改參數 +UVM_TESTNAME 選項的賦值即可，在頂層程式中具體實現如下：

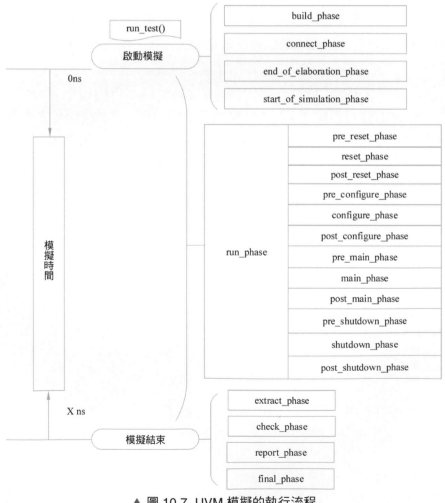

▲ 圖 10.7　UVM 模擬的執行流程

```
module test_tb_top;
    …
    initial begin
        run_test();
    end
…
endmodule
```

需要在模擬命令中加入以下賦值：

```
+UVM_TESTNAME=my_testcase0
```

在 UVM 樹形結構中，頂層的 uvm_top 作為樹的根是 uvm_root 實例化的唯一實例。uvm_root 繼承於 uvm_component，作為頂層的結構類別並提供 run_test() 方法。需要注意的是，無論使用哪種方式啟動平臺都必須在頂層 top 檔案呼叫全域 run_test() 方法。

呼叫 run_test() 方法啟動平臺進行模擬，等待激勵發送完畢並產生一系列中間檔案和模擬 Log 檔案後，此時已經沒有激勵提供給 DUT，那麼 UVM 平臺此時需要停止模擬。相對於 UVM 在 test_tb_top 頂層呼叫 run_test 方法啟動模擬，UVM 結束模擬的方法並不固定，結束 UVM 平臺模擬可以使用以下 5 種方法。

(1) 根據激勵發送完成標識來結束 UVM 模擬，即在平臺 sequence 元件設定測試激勵發送封包的數量，並判斷當測試激勵的資料封包發送完並延遲一段時間，然後呼叫 phase 的跳躍功能進入 pre_shutdown_phase 執行模擬結束前的判斷任務。

(2) 在測試用例的 build_phase 階段採用逾時退出機制來結束模擬，考慮到驗證效率，需要避免測試用例出現掛死情況，如果模擬時間超出預計的範圍，提前結束模擬。在平臺中呼叫 uvm_root 的 set_timeout 函數設定逾時退出時間。具體程式如下：

```
function void my_testcase0::build_phase(uvm_phase phase);
    super.build_phase(phase);
    //instant component
```

```
    …
    uvm_top.set_timeout(1us.0);
endfunction
```

　　set_timeout 需要傳入兩個參數：第一個是使用者需要設定的模擬時間；第二個是控制參數，表示該設定是否可被其他 phase 的 set_timeout 覆蓋。

　　(3) 採用 UVM 附帶的巨集 UVM_DEFAULT_TIMEOUT 實現，程式中進行以下定義：

```
'define UVM_DEFAULT_TIMEOUT <模擬時間>
```

　　(4) 可在命令列中對 UVM 附帶 UVM_TIMEOUT 賦值，即在命令列中對該巨集賦值。

```
<sim command>+uvm_timeout=<模擬退出時間>, <覆蓋控制>
```

　　(5) 在執行 phase 的過程中採用 objection 機制。進入某一 phase 時先提起 objection，然後執行 phase 的功能，在功能執行結束之後將 objection 釋放。如果所有提起的 objection 都已經被釋放，則結束該 phase 的執行，自動執行下一個 phase。如 run_phase 所有子 phase 的 objection 都被釋放，自動進入 extract_phase 階段，final_phase 執行完後平臺模擬處理程序結束。具體程式如下：

```
task default_sequencer::main_phase(uvm_phase phase);
    phase.raise_objection(this);
    //function implementation
    …
    phase.drop_objection(this);
endtask
```

10.3　UVM 元件介紹

　　10.1 節介紹組成基本驗證平臺的 4 要素：測試激勵來源、參考模型、待測設計、記分板。本節對基本驗證平臺的架構進行細化，分析組成一個完整的驗證平臺所需的元件以及其實現的功能。組成 UVM 樹形結構各元件均由 uvm_

component 衍生得到，這些樹形節點組成了驗證平臺的各元件，由於從 uvm_
component 類別繼承了 phase 機制，所以每個元件都會執行各個 phase 階段。
下面主要介紹組成驗證平臺的常見元件： uvm_test、uvm_env、uvm_agent、
uvm_driver、uvm_monitor、uvm_scoreboard、uvm_sequence、uvm_sequencer、
reference model、tb_interface。完整的基於 UVM 的驗證平臺結構圖框如圖 10.8
所示。

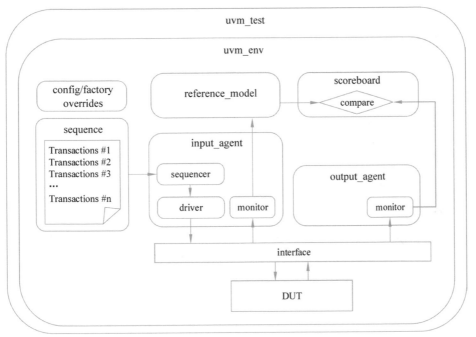

▲ 圖 10.8 UVM 驗證平臺結構方塊圖

10.3.1 uvm_test

　　從圖 10.8 可以看出，uvm_test 作為驗證環境的頂層，包含驗證平臺的所有
元件，決定環境的結構和連接關係。所有的測試用例都衍生自 uvm_test 或其衍
生類別。實際應用中在 uvm_test 實例下實體化 uvm_env 的實例，可以是一個或
是多個實例，也可以設定模擬逾時時間或是透過多載和設定資料庫來設定環境
參數等。參考以下範例程式：

```
//usertestcasedefine
    class my_testcase0 extends base_test;
          'uvm_component_utils(my_testcase0)
          function new(string name=" my_testcase0",uvm_component
parent=null);
       super.new(name,parent);
          endfunction
    //implement phase function
    ...
    //config env variable
    //choose different sequence
    ...
endclass
//base test define
class base_test extends uvm_test;
    'uvm_component_utils(base_test)
    //instant tb_env
    tb_env   tb_env_o;
    function new(string name="base_test",uvm_component parent=null);
       super.new(name,parent);
    endfunction
    function void build_phase(uvm_phase phase);
       tb_env_o =tb_env::type_id::create("tb_env_o",this);
    endfunction
    ...
endclass
//user env define
class tb_env extends uvm_env;
    'uvm_component_utils(tb_env)
    //instant other component
    ...
    //implement phase function
    ...
endclass
```

在通常情況下，由 uvm_test 衍生基本 test 類別即 base_test，在其中完成所有測試用例的公共功能，呼叫 'uvm_component_utils 巨集將 base_test 註冊到 factory 表裡面，build_phase 實例化 tb_env 元件，然後根據使用者測試需求，建構相應的測試用例。如 my_testcase0 衍生自 base_test，在其中完成相應的測試激勵設定、選擇相應的測試序列等。

10.3.2 uvm_env

uvm_env 衍生自 uvm_component，uvm_env 沒有在父類別的基礎上做功能擴充。典型的驗證平臺中 env 實例化了 input_agent 元件、output_agent 元件、參考模型、記分板等，這些元件組成完整 UVM 驗證平臺各個功能模組。實際應用中 tb_env 元件可以直接從 uvm_env 衍生得到，參考以下範例程式：

```
class tb_env extends uvm_env;
    'uvm_component_utils(tb_env)
    //newfunction
    function new(string name="tb_env",uvm_component parent);
        super.new(name,parent);
    endfunction
        ...
    tb_input_agent          in_agent;
    tb_output_agent         out_agent;
    tb_scoreboard           scoreboard;
    tb_reference_model      refer_model;
    //component instantiation
    virtual function void build_phase(uvm_phase phase);
    super.build_phase(phase);
    in_agent  =tb_input_agent::type_id::create("in_agent",this);
    out_agent =tb_output_agent::type_id::create("out_agent",this);
    scoreboard =tb_scoreboard:: ::type_id::create("scoreboard",this);
    refer_model=tb_reference_model::type_id::create("refer_model",
this);
```

```
    endfunction
        …//implement phase function
endclass
```

uvm_env 作為驗證平臺頂層的結構化元件，除了可以容納各個元件外，還可以作為子環境整體嵌入更高層的環境中，高層是相對模組大小而言。舉例來說，在大型的 SOC(System On Ship)UVM 驗證環境中，使用者可以建立單獨的 IP 級或是模組層級的驗證環境 (如 PCIE env、USB env、DMA env 等)，這些環境會被整合到子系統級驗證環境，最終整合到晶片級驗證環境。

10.3.3　uvm_agent

uvm_agent 作為驗證平臺的結構化元件，包含了 driver、monitor、sequencer 等元件。使用者自訂的所有 agent 都衍生自 uvm_agent，uvm_agent 部分原始程式碼如下：

```
virtual class uvm_agent extends uvm_component;
    uvm_active_passive_enum is_active =UVM_ACTIVE;
    function new(string name,uvm_component parent);
        super.new(name,parent);
    endfunction
    …
    function void build_phase(uvm_phase phase);
        super.build_phase(phase);
        …
    endfunction
endclass
```

典型的 UVM 驗證平臺會根據介面屬性實例化 agent 元件，針對輸入介面實體化 tb_input_agent，針對輸出介面實體化 tb_output_agent、tb_input_agent 元件包含 tb_sequencer、tb_driver、tb_monitor 等元件，tb_output_agent 元件只包含 tb_monitor 元件。在原始程式碼中定義了列舉類型變數 is_active，根據該值判斷 tb_agent 選擇需要實例化的元件。可參考以下部分程式實現：

```
class tb_env extends uvm_env;
    tb_agent in_agent;
    tb_agent out_agent;
    …
    virtual function void build_phase(uvm_phase phase);
        super.build_phase(phase);
        in_agent=tb_input_agent::type_id::create("in_agent",this);
        out_agent=tb_output_agent::type_id::create("out_agent",this);
        uvm_config_db#(uvm_active_passive_enum)::set(this,"in_agent","
        is_active",UVM_ACTIVE);
        uvm_config_db#(uvm_active_passive_enum)::set(this,"out_agent",
        "is_active",UVM_PASSIVE);
…
    endfunction
endclass //end tb_env class

class tb_agent extends uvm_agent;
    tb_driverdriver;
    tb_monitormonitor;
    tb_sequencersequencer;
    …
    function new(string name,uvm_component parent);
        super.new(name,parent);
    endfunction
    function void build_phase(uvm_phase phase);
    uvm_config_db#( uvm_active_passive_enum)::get(this,"",is_active,
    is_active)
    if(is_active==UVM_ACTIVE)begin
        driver=tb_driver::type_id::create("driver",this);
        sequencer=tb_sequencer::type_id::create("sequencer",this);
    end
    monitor=tb_monitor::type_id::create("monitor",this);
    endfunction
```

```
   …
endclass//end tb_agent class
```

10.3.4　uvm_driver

uvm_driver 繼承自 uvm_component，主要功能是從 uvm_sequencer 中請求**事務**並對事務級資料進行處理後驅動 DUT 的介面。如某一款乙太網通訊晶片驗證平臺，driver 從 sequencer 獲取到乙太網路封包格式的資料後需要在 driver 中先轉換成 8 位元或 16 位元的資料，然後驅動 DUT 的介面訊號。

實際應用中 driver 的實現使用 factory 機制，因此使用者主要的任務是實現 driver 中的 main_phase。

```
class tb_driver extends uvm_driver#(tb_transaction);
   'uvm_component_utils(tb_driver)
   …
   function new(string name,uvm_component parent);
      super.new(name,parent);
   endfunction
   task main_phase(uvm_phase phase);
      //main_phase process data automated
      …
   endtask
   …
endclass
//user transction define
class tb_transaction extends uvm_sequence_item;
   'uvm_object_utils(tb_transaction);
   //transaction data,user defined
   …
endclass
```

10.3.5　uvm_monitor

　　uvm_monitor 繼承自 uvm_component，用來採樣 DUT 的介面訊號並獲取事務級資料資訊，這些資訊被其他元件利用做進一步的分析。output_agent 中的 monitor 採樣 DUT 輸出介面訊號並傳輸到 scoreboard 進行分析處理；input_agent 中的 monitor 用於採樣測試激勵輸入給 DUT 的訊號並傳輸到參考模型。

```
class tb_monitor extends uvm_monitor;
    'uvm_component_utils(tb_monitor)
    …
    function new(string name,uvm_component parent);
        super.new(name,parent);
    endfunction
    task main_phase(uvm_phase phase);
        //main_phase process data automated
        …
    endtask
    …
endclass
```

10.3.6　uvm_scoreboard

　　uvm_scoreboard 繼承自 uvm_component，使用者自訂的 scoreboard 都衍生自 uvm_scoreboard，主要用於對比參考模型和 DUT 的資料。實際專案中 scoreboard 資料有以下兩種處理方式。

　　(1) 把發送到 DUT 的原始資料流程儲存到一個檔案中，資料分別經過參考模型和 DUT 處理後得到的資料也分別暫存在檔案中，模擬完成後透過自動比對檔案資料驗證 DUT 的行為。

　　(2) 在模擬過程中即時進行資料比對，因此在 scoreboard 中定義兩個佇列用來暫存資料，分別從佇列取出對應位置的資料進行比對。

10.3.7 uvm_sequence 和 uvm_sequencer

uvm_sequence 用於產生激勵，uvm_sequencer 用於管理 sequence 並向 driver 傳送事務級資料。uvm_sequencer 的本質是 uvm_component，uvm_sequence 的本質是 uvm_object。從 UVM 驗證平臺方塊圖看出，sequencer 作為 agent 的元件，sequence 並不被包含在架構圖中。參考以下程式對 sequence 和 sequencer 的定義：

```
//sequencer define
class tb_sequencer extends uvm_sequencer#(tb_transaction);
   `uvm_component_utils(tb_sequencer)
   …
   function new(string name,uvm_component parent);
      super.new(name,parent);
   endfunction
   task main_phase(uvm_phase phase);
      phase.raise_objection(this);
      … //user define function code
      phase.drop_objection(this);
   endtask
endclass
//sequence define
class tb_sequence extends uvm_sequence#(tb_transaction);
   `uvm_object_utils(tb_sequence)
   …
   function new(string name ="tb_sequence");
      super.new(name);
   endfunction
   …
endclass
class tb_transaction extends uvm_sequence_item;
   `uvm_object_utils(tb_transaction);
```

```
…//transaction data ,user defined
endclass
```

sequence 和 sequencer 是 sequence 機制的重要組成部分，平臺的激勵來源就是由 sequence 產生並透過 sequencer 管理。激勵在 sequence、sequencer、driver 等元件之間的傳遞如圖 10.9 所示。

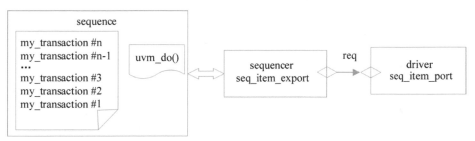

▲ 圖 10.9 激勵傳遞流程

在 uvm_driver 中定義了 seq_item_port 成員變數，在 uvm_sequencer_p 也有與之對應的通訊埠 seq_item_export，可以參考 connect_phase 中程式實現連接：

```
class tb_agent extends uvm_agent;
    tb_driver        driver;
    tb_monitor       monitor;
    tb_sequencer     sequencer;
    …
    function new(string name,uvm_component parent);
        super.new(name,parent);
    endfunction

    function void build_phase(uvm_phase phase)□
        uvm_config_db#( uvm_active_passive_enum)::get(this,"",is_active,
        is_active)
        if(is_active ==UVM_ACTIVE)begin
            driver =tb_driver::type_id::create("driver",this);
            sequencer =tb_sequencer::type_id::create("sequencer",this);
```

```
    end
    monitor =tb_monitor::type_id::create("monitor",this);
  endfunction


  function void connect_phase(uvm_phase phase);
    super.connect_phase(phase);
    if(is_active ==UVM_ACTIVE)begin
      driver.seq_item_port.connect(sequencer.seq_item_export);
    end
  endfunction
    …
endclass//end tb_agent class
```

10.3.8　reference model

　　參考模型用來對 DUT 的行為進行建模，接收從 monitor 送來的資料，處理後將資料送到 scoreboard，供 scoreboard 進行結果比較，以驗證 DUT 行為的正確性。

10.3.9　tb_interface

　　tb_interface 介面元件用來連接驗證平臺和 DUT 的介面訊號，在平臺頂層 top 檔案中實體化，與 DUT 介面進行連接，在 driver 元件中實例化 virtual interface 介面，將從 sequencer 獲取的事務級資料驅動 DUT 的介面。

```
module test_tb_top;
  interface tb_interface(clk,reset_n);
  //instants DUT
  …
  //clock and reset signal
  …
  initial begin
```

```systemverilog
            uvm_config_db#(virtual tb_interface)::set(null,"uvm_test_top","
            tb_intf",tb_interface);
    end
    initial begin
        run_test("");
    end
    ...
endmodule
interface tb_interface(input clk, input reset_n)
    ...//interface signal define
endinterface
class tb_driver extends uvm_driver#(tb_transaction);
    'uvm_component_utils(tb_env)
    virtual tb_interface tb_intf;
    ...
    function new(string name,uvm_component parent);
        super.new(name,parent);
    endfunction
    function build_phase(uvm_phase phase);
            super.build_phase(phase);if(!uvm_config_db#(virtualtb_
            interface)::get(this,"","tb_intf",tb_intf))
    endfunction
    task main_phase(uvm_phase phase);
        ...//main_phas process data automated
    endtask
    ...
endclass
```

10.4　本章小結

　　本章首先介紹了驗證的概念以及 UVM 的發展歷史；其次介紹了 UVM 類別庫的基本類別及其功能，UVM 的樹形組織架構和執行機制，旨在讓讀者了解 UVM 的整體架構和執行流程；最後以範例的方式詳細介紹了 UVM 驗證平臺的典型元件及其用法。讀者在閱讀完本章內容後應該對 UVM 有一個整體的認識，同時對典型的 UVM 驗證平臺的功能元件也有基本的了解。

第11章
RISC-V 驗證框架

驗證框架用於概括驗證工程師在晶片開發過程中所參與的全部開發工作，包括驗證工程師對晶片功能的理解，驗證工程師驗證設計程式的想法，以及驗證工程師在模擬過程中為實現功能收斂所做的每一步努力。

在開展 RISC-V 處理器驗證過程中，指令處理的功能正確性檢測是最基本的驗證任務。相比於普通數位晶片的功能驗證，CPU 處理器所獨有的動態中斷、多種操作模式和特權等級別等功能特點，是需要特殊考慮且特別注意的事項，這對驗證框架中的指令發送封包器、**指令集模擬器** (Instruction Set Simulator,ISS) 等元件的構造也有更高的要求。

本章將首先透過對通用驗證框架的描述介紹 RISC-V 的整體框架，然後針對 RISC-V 的驗證特點，進一步闡述 RISC-V 驗證框架中的重要組成部分和功能。

11.1 通用驗證框架

沒有哪款晶片可以保證毫無缺陷，晶片驗證需要貫穿在晶片開發的全流程中。

晶片開發流程可以分為矽前流程和矽後流程。矽前流程包括收集使用者原始需求、功能需求解析與模組劃分、邏輯開發、功能驗證、後端綜合和投片。如圖 11.1 所示，矽後流程包括圍繞投片成功的晶片元件測試、驅動、系統軔體和應用軟體的撰寫等。本文所述的晶片驗證主要是指驗證工程師在矽前流程中實施驗證晶片功能正確性的模擬活動。

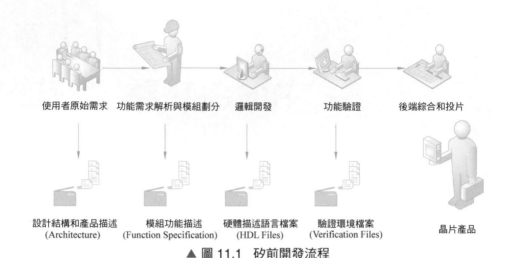

設計結構和產品描述　　模組功能描述　　硬體描述語言檔案　　驗證環境檔案
(Architecture)　　(Function Specification)　　(HDL Files)　　(Verification Files)　　晶片產品

使用者原始需求　功能需求解析與模組劃分　邏輯開發　　功能驗證　　後端綜合和投片

▲ 圖 11.1　矽前開發流程

　　在晶片功能需求解析與模組劃分過程中，晶片驗證工程師需盡可能地參與架構設計人員的方案開發，以確保晶片的功能設計具備可驗證性和驗證高效重用性，並協助確認模組劃分粒度符合開發人力的現狀；在功能驗證過程中，晶片驗證工程師需要架設驗證環境對邏輯程式的所有功能點展開驗證，以確保邏輯開發人員完整地實現晶片的功能需求；在後端綜合迭代過程中，驗證工程師需要在驗證環境中驗證綜合工具輸出的閘級網路表檔案是否存在因連線問題或延遲時間問題導致的功能缺陷。

　　在邏輯開發過程中，為了驗證邏輯程式是否存在邏輯缺陷所開展的模擬活動稱為前端模擬，前端模擬時暫存器和互連線上的資料傳輸沒有延遲時間資訊，該階段的重點是對邏輯開發的 RTL 程式進行功能正確性驗證。待前端模擬驗證充分後，後端人員會透過綜合工具對 RTL 檔案進行綜合，首先將暫存器級的 RTL 程式綜合生成為閘級零延遲時間網路表檔案，然後根據晶片工作的時鐘頻率進行布局佈線，生成含有**標準延遲時間格式** (Standard Delay Format，SDF) 的閘級網路表檔案。在這個過程中，驗證工程師開展的模擬活動稱為閘級模擬和後端模擬。閘級模擬主要驗證暫存器等級的 RTL 程式邏輯轉譯的正確性，後端模擬主要驗證由於物理電路延遲時間資訊可能導致資料採樣失敗而產生的功能缺陷。

綜上所述，驗證框架貫穿於晶片矽前開發的完整週期內。驗證框架的規劃在晶片開發之初就要啟動，在邏輯開發過程中，驗證框架逐步轉換成用驗證語言撰寫的驗證環境。驗證工程師在規劃驗證框架時，不僅要考慮前端模擬能否覆蓋所有的功能點，還要考慮閘級模擬對綜合正確性的檢驗，更要考慮投片前的閘級網路表檔案能否透過後端模擬得到充分的驗證。

本節將透過對驗證測試點、驗證層次、驗證透明度、驗證激勵約束、驗證檢測機制和驗證整合環境 6 方面說明通用驗證框架和 RISC-V 驗證框架。

▍11.1.1 驗證測試點 ▍

驗證的目的是按照晶片功能要求檢驗晶片的功能正確性，找到隱藏在設計程式各處的功能缺陷。晶片功能需求是透過綜合性語言描述的，無法透過可量化的資料描述，這與驗證工程師的模擬用例還有一定的距離。驗證測試點就是實現功能需求和驗證用例之間聯繫的橋樑。架構設計人員完成功能需求解析並輸出模組功能描述文件後，驗證工程師需要將模組功能拆解成簡潔無歧義的、不可細分的、可量化的、可執行的測試點。

完備的測試點是驗證工作的基石，它將晶片的功能點逐筆列舉出來，指導驗證工程師在架設驗證框架中的每一步操作，也表現了驗證工程師對晶片功能理解的深入程度。只有把晶片功能轉化為測試點，驗證工程師才能將這個功能點的邏輯驗證完備，而沒有分解到的測試點，很可能會被遺漏到晶片投片，進而影響晶片的功能和品質。所以說，測試點分解是晶片驗證工作中最重要的一環。

測試點的粒度需要恰到好處，本著一個測試點必能被一筆驗證用例覆蓋的原則，既不能拆解過細導致驗證用例開發繁雜容錯，也不能拆解過粗導致驗證用例開發不足而影響驗證的完備性。

測試點將晶片功能拆解成一筆筆可執行的驗證用例，測試點的描述以指導驗證用例撰寫為標準。在驗證用例迭代開發和回歸測試過程中，模擬資料不斷反標到測試點中，驗證工程師透過反標資料分析當前的驗證完備性並制訂後續驗證計畫。

測試點就是對晶片功能另一個維度的描述。所以測試點的拆解需要充分理解晶片功能，具體的拆解維度主要包括場景類、功能類、性能類、介面類別、中斷和異常類、白盒測試類。RISC-V 指令集處理器的測試點分解，可以完全按照這些維度開展。

從場景類維度看，RISC-V 架構定義的特權工作模式是需要提取的測試點。工作在小型的嵌入式系統時，處理器只需要實現機器模式，而工作在大型複雜的系統中的處理器需要實現 3 種模式。測試點需要覆蓋當前處理器的工作場景，細化到場景的種類、不同種類的功能、不同模式之間的切換等功能點。

從功能類維度看，RISC-V 處理器最主要的功能是指令處理。根據專案特點確定指令集需求，如 RV64G、RV64GCV，將指令集包括的所有指令整理成測試點，指導驗證環境的架設和驗證用例撰寫。

性能類測試點的提取，既依賴使用者對晶片的原始需求，也包括架構設計人員對模組的規劃。測試點需要拆解晶片工作場景和工作時鐘頻率，然後拆解在不同的場景下晶片處理不同指令的整體性能 (如不同 Cache 命中率下的 RISC-V 處理器性能) 和模組性能 (如 RISC-V 處理器取指模組的性能)。

RISC-V 處理器的介面類別測試點主要包括載入和儲存指令對記憶體的存取記憶體介面、不同模組間功能互動的非協定類介面。測試點拆解過程中，介面的工作時鐘、介面內各個域區段的意義、介面關鍵訊號的有效值，都是重要的測試點。

中斷和異常是 RISC-V 處理器的重要功能點，是測試點拆解中最重要的地方。外部設備產生的外部中斷、計時器產生的中斷、軟體本身觸發的中斷、中斷點偵錯中斷等 RISC-V 處理器中斷場景，都需要拆解並列舉出來。中斷點異常、環境呼叫異常、非法指令異常、非對齊位址異常等 RISC-V 處理器異常情況，也是測試點拆解的主要目標。

白盒測試類測試點主要指微架構相關的測試點，即針對設計程式特點拆解的測試點。邏輯開發人員在開發程式過程中，會有**有限狀態機** (Finite State Machine，FSM)、暫存器實現、關鍵控制訊號跳變等功能需求，這些都需要驗證工程師特別關注，因為此類測試點與具體實現方式緊密相關，所以，這就需要邏輯開發人員將這一類需求提交給驗證工程師，拆解成可執行的測試點。

RISC-V 處理器中 TLB 的填充和替換、分支預測的多次同一跳躍位址和多次不同跳躍位址等，都是需要邏輯開發人員提供，並在測試點中拆解的關鍵需求。

▌11.1.2 驗證層次 ▌

在晶片開發之初，當晶片架構設計人員在做方案開發時，會按照晶片功能需求描繪出一個完整的晶片系統。根據不同的功能實現和功能特點，晶片架構設計人員會將整個晶片系統設計成若干相對獨立的功能子系統，整體的資料流程在這些子系統之間處理可以是並行的，也可以是串聯的，它們處理的資料結構和實現功能可以互不相同，相互之間有清晰的功能邊界，透過不同的介面協定完成通訊互動。同理，晶片架構設計人員還會將每個子系統劃分成不同的功能模組，這些功能模組也具有複雜度合適、功能互有區分的特點。

相應地，晶片驗證工程師在架設驗證環境時，也會針對不同的子系統和模組，架設不同的子系統驗證環境和模組驗證環境。所以，從驗證的角度看，驗證的層次可以分為以下 4 個。

(1) 單元驗證 (Unit Test，UT)。

(2) 模組驗證 (Block Test，BT)。

(3) 子系統驗證 (Sub-System Test，SST)。

(4) 整合驗證 (Integration Test，IT)。

UT 的目的是演算法小模組或功能小模組的精細化測試，透過大量特定的測試激勵衝擊，驗證複雜演算法元件和複雜功能元件的功能正確性。

BT 的目的是內部功能測試，透過隨機約束的測試激勵，遍歷該模組的所有功能實現，驗證該功能模組是否完成規劃的功能預期。狀態機驗證、資料儲存驗證、資料封包打包和編解碼功能驗證、指令執行驗證、暫存器設定驗證等功能點，都是 BT 的目標範圍。但是模組與模組之間配合的功能，在 BT 中是無法覆蓋的，所以就需要考慮更高層的 SST。

SST 的重點是模組間功能互動配合的測試，透過特定的測試激勵，驗證各個模組之間的介面協定是否正確實現，確認模組之間的互動是否符合該子系統規劃。對於一個成熟的子系統，它既擁有完備的功能可以執行專門的任務，也有足夠穩定的介面用於更高級層次的整合。與功能模組相比，子系統更穩定也更封閉。所以 SST 是一個理想的可切分單元，在這個層次下面的模組之間有複雜的互動，而這一層次與外部儲存介面有限，本身趨於封閉。模組間互連驗證、模組間功能配合驗證、指令處理流程驗證等功能點，都是 SST 的目標範圍。

IT 的作用偏重於不同子系統之間的訊號互動測試，以及更貼近實際應用的工作場景測試。這裡所說的工作場景並非在系統軟體層面的，而是將系統軟體層面的場景進一步拆分為多個模組互動情景，再分類形成的。在晶片系統級，驗證平臺的重複使用性較高，這主要是因為外部的驗證元件不需要像模組層級、子系統級的元件，數量多且經常需要更新，它們主要偏重於驗證晶片的輸入輸出和工作場景。

上述 4 種 UT、BT、SST、IT 遞進劃分的驗證層次，對晶片開發的品質和效率有十分明顯的意義。

(1) 將不同的功能實現區分，實現晶片原始需求到功能需求的細化。

(2) 將功能模組拆解，實現團隊內驗證工程師的並行協調工作，提高工作效率。

(3) 複雜度合適的模組，可以精確評估工作量和交付風險，提高工作品質。

(4) 低層次環境偏重功能驗證，高層次環境偏重整合驗證，低層次環境發現並解決問題的效率是高層次環境的數十倍。

RISC-V 指令集處理器一般是由控制單元、運算單元和儲存單元 3 部分組成的，在晶片開發過程中，哪些功能適合架設 UT 環境單獨測試，哪些模組適合架設 BT 環境測試，哪些模組因為涉及多個模組配合等功能特點需要在 SST 環境中驗證，等等，都需要根據不同的微架構做適當的決策。

在考慮 UT 環境時，重點考慮的是 RISC-V 處理器中功能集中的程式元件。如果開發人員將 MMU 分頁表轉換功能寫成一個元件模組，這個元件就是一個很好的 UT 物件。驗證工程師可以在 MMU UT 環境中透過大量驗證激勵衝擊 SV32、SV39、SV48 等分頁表轉換的實現細節，確保元件模組的功能正確性。

在考慮 BT 環境時，重點考慮的是 RISC-V 處理器中管線涉及的模組。取指 (Fetch)、解碼 (Decode)、發射 (Issue)、執行 (Execute)、存取記憶體 (Cache) 等模組都是很好的 BT 物件。

(1) Fetch BT 環境的作用是驗證處理器取指功能,標準指令和壓縮指令的辨識是該模組重要的功能點,控制流涉及的重新取指和分支預測是該模組驗證的重點和困難。

(2) Decode BT 環境的作用是驗證指令解碼功能。指令語義的辨識是該模組的重點,非法指令的辨識和處理是該模組特別注意的功能。

(3) Issue BT 環境的作用是驗證指令發射單元的設計。多發射涉及的資料相關性和亂序發射涉及的排程演算法是該模組重點驗證的功能。

(4) Execute BT 環境的作用是驗證具體的指令執行處理,RISC-V 指令集中涉及的指令操作都會在該模組中實現,所以該模組驗證的重點是指令操作的正確性。

(5) Cache BT 環境的作用是驗證 Cache 記憶體的存取記憶體功能和性能,Cache 的功能重點是位址鏡像與變換和快取置換演算法,這既是該模組的驗證重點也是驗證困難。驗證環境既要把 Cache 拆開,透過精細化的檢測手段,即時檢測設計程式內部的暫存器和狀態機變換,還要把 Cache 當作一個整體,透過灌裝大量的驗證激勵來驗證 Cache 的命中率和存取記憶體性能。

RISC-V 處理器的 SST 環境是晶片開發中的重點。無法細化到一個 BT 中驗證的功能和模組間配合的功能等需求,都需要在 SST 中特別注意。這個驗證環境需要複雜的指令發生器模擬真實的指令流,需要準確的指令集模擬器作為驗證環境的參考模型,還需要組合語言程式碼轉譯、編譯器解析等操作,以便還原一個真實的處理器工作環境。很多設計簡單的處理器可能只需要一個 SST 環境即可;而設計複雜的多核心處理器可能需要多個 SST 環境: 既要驗證單核心的功能,還要驗證多核心的配合。

RISC-V 處理器的 IT 環境依賴的是處理器工作的場景。SoC 驗證就屬於處理器的 IT,它的驗證重心是處理器與外部 IP 元件的連線,以及處理器在正常應用軟體下的啟動流程和工作性能。

完整的 RISC-V 驗證層次如圖 11.2 所示。

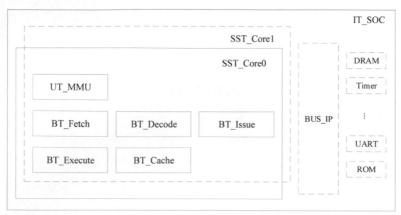

▲ 圖 11.2　完整的 RISC-V 驗證層次

　　以 6 級管線的 Ariane 架構為例，考慮其單核心單發射循序執行的特點，上述取指、解碼、發射和執行等功能實現簡單，都可以在 SST 中統一覆蓋，沒必要分別架設 BT 環境。開發過程中，可以架設 MMU UT 環境驗證分頁表轉換功能，需要架設 Cache BT 環境驗證 Cache 的存取記憶體和存取記憶體使用率，架設 SST 環境驗證整個 Ariane 核心的功能和指令處理性能，Ariane 的功能和性能就可以覆蓋收斂。為了進一步驗證 Ariane 核心的介面和實用性，也可以架設一個 SoC IT 環境，透過 SoC 所需的 IP 元件 (AXI 匯流排、DDR 等) 和 Ariane 組合驗證 Ariane 的處理器性能。

▌11.1.3　驗證透明度 ▌

　　在晶片驗證過程中，透過測試激勵的生成方式和檢測機制，可以按照驗證的透明度區分不同的驗證方式。驗證的透明度主要有黑盒驗證、白盒驗證、灰盒驗證 3 種。

　　11.1.2 節所述架設 Cache BT 環境時，驗證環境把 Cache 模組的邏輯程式拆解後，透過精細化的檢測手段，即時檢測設計程式內部的暫存器和狀態機變換，就是白盒驗證的透明度。把 Cache 模組當作一個整體，透過灌裝大量的驗證激勵來驗證 Cache 的命中率和存取記憶體性能等功能點，就是黑盒驗證的透明度。這兩種驗證想法不是互斥的，根據不同功能點的驗證策略，將黑盒的驗證方法和白盒的驗證方法都應用到 Cache BT 的驗證環境中，就是灰盒驗證的透明度。

在晶片開發過程中，驗證工程師會根據模組特點和開發狀態，在 3 種透明度中適當選取。選取的考量主要基於 3 種驗證透明度的驗證特徵。

1. 黑盒驗證

一個典型的 UVM 驗證平臺可以被看作黑盒驗證模型，如圖 11.3 所示。驗證工程師不需要感知設計程式的實現細節，驗證環境將驗證激勵透過驅動器 (Driver) 驅動到邏輯程式的輸入通訊埠，監視器 (Monitor) 透過邏輯程式的輸出通訊埠抓取到輸出結果。驗證環境含有一個和邏輯程式功能一致但獨立設計的模組，稱為參考模型 (Reference Model)。黑盒驗證只關注待測設計是否有正確的輸出結果，不關注設計的內部實現方式。

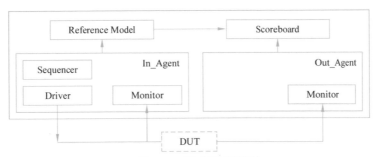

▲ 圖 11.3 黑盒驗證模型

對於不感知設計程式細節的驗證過程，黑盒驗證的優勢比較明顯，黑盒驗證本身不包含設計程式的邏輯資訊，當設計程式在缺陷修改、新特性增加、版本迭代等開發過程中，原有的測試激勵列表依然可以保持穩定。驗證工程師可以在新版本發佈之後執行原有測試激勵，確認原本穩定的設計功能沒有被打亂，驗證工程師只需要對新增特性增加新的測試激勵即可，這就是驗證環境的再使用性，是黑盒驗證的一大優點。

在功能複雜的晶片開發過程中，黑盒驗證的缺陷也是顯而易見的，黑盒驗證缺少設計程式的透明度，無法針對內部邏輯方案做相應的壓力測試。這種驗證方式導致測試品質大打折扣。

(1) 當測試激勵模擬失敗以後，黑盒驗證環境無法更深入地定位到設計程式功能缺陷的源頭。驗證工程師只能確認模擬活動是否成功，無法確認這個模擬失敗是驗證環境問題還是設計程式問題。進一步定位到缺陷所在的位置，需要與設計人員結對協作，額外增加了定位問題的成本。

(2) 黑盒驗證對於發現一些深層次的邏輯缺陷比較困難，驗證工程師無法根據邏輯程式舉出更準確的隨機約束來生成功能測試激勵和壓力測試激勵，無法提高程式覆蓋率資料，影響功能驗證的品質。

2. 白盒驗證

白盒驗證可以彌補黑盒驗證對設計程式透明度不夠的缺陷。驗證工程師充分理解設計程式實現方案，了解程式的內部邏輯、狀態機、關鍵訊號等資訊，可以對程式實現方案和設計細節進行更有針對性的測試。白盒驗證的特點是充分理解設計程式中各種元件和邏輯的細節，一旦測試激勵模擬失敗可以更快速地定位到缺陷位置。白盒驗證模型如圖 11.4 所示。

▲ 圖 11.4　白盒驗證模型

在白盒驗證的驗證環境中，參考模型的邏輯非常簡單，甚至可以不需要參考模型，而只需要植入設計程式中關鍵訊號的監視器和斷言來檢查其內部的各個邏輯正確性。這種環境設定特點所依賴的是窮舉設計程式中的邏輯路徑，當我們充分檢查各個邏輯實現和結構特點以後，就不再需要驗證模組的整體功能。

白盒驗證的缺陷主要表現在方法學和工作效率上。

(1) 白盒驗證專注設計程式內部邏輯檢查而忽略模組整體功能的測試，在設計本身違反功能需求的情況下，白盒驗證難以發現缺陷。

(2) 在資料一致性檢測等方面，白盒驗證難以從整體入手舉出實際測試激勵。

(3) 白盒驗證的測試激勵主要從設計的細節入手，所以一旦遇到缺陷修改、新特性增加、版本迭代等事件，就會對驗證環境的維護成本和工作效率有明顯的衝擊。

3. 灰盒驗證

從黑盒驗證和白盒驗證的特徵來看，它們都有各自的優缺點。在實際驗證過程中，驗證工程師更傾向於根據模組的特點和開發進度，將黑盒和白盒兩種方法加以混合，充分利用驗證環境中的監視器、斷言和參考模型等元件，協作來完成模組或子系統的功能驗證。這種混合的方法稱為灰盒測試，對提升晶片開發品質和開發效率優勢明顯，如圖 11.5 所示。

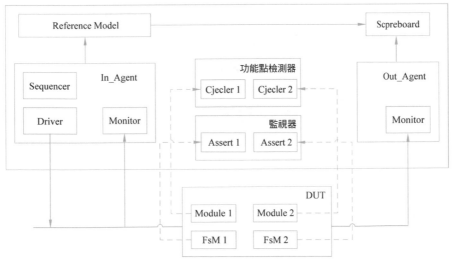

▲ 圖 11.5 灰盒驗證模型

(1) 監視器和斷言可以更進一步地檢測設計程式內部的重要邏輯，具有較強的透明度。

(2) 有了監視器和斷言在透明度上的檢測，參考模型可以更專注於輸入資料和輸出資料的比較。

灰盒驗證不但可以繼承黑盒驗證和白盒驗證的優勢，同時對驗證環境在新專案中的繼承和重複使用也有著明顯優勢。設計程式移植到新的專案時，灰盒驗證環境的黑盒特性和白盒特性就可以分別發揮重複使用優勢。在模擬過程中，先透過黑盒特性驗證設計程式在新專案中的調配，確認原有功能的穩定性；在版本迭代過程中，驗證工程師可以透過新的黑盒測試激勵、舊的白盒測試激勵、新的白盒測試激勵這樣逐次深入的順序，依次驗證新增功能在繼承專案中的穩定性和功能正確性。

整體來看，RISC-V 處理器的 UT、BT 環境都需要透過灰盒驗證的透明度來架設。模擬開始時，先按照黑盒驗證的想法架設驗證環境，透過設計程式的外部介面與驗證框架對接，實現驗證激勵的注入和輸出結果的檢測。待基本功能穩定後，驗證環境會增加一系列的檢測器和監視器直接檢測設計程式內部的暫存器和狀態機等關鍵資訊。設計程式內部的排程資訊、控制訊號的有效或失效、FIFO 的溢位或空讀取、狀態機的正常跳躍等資訊，都是白盒驗證監控的重要任務。

RISC-V 處理器的 SST 環境比較特殊，它雖然屬於灰盒驗證，但是更接近黑盒驗證。SST 需要模擬處理器的真實工作場景，驗證環境輸入的驗證激勵需要包含隨機指令、資料與堆疊、分頁表設定和自陷處理等，所以發送封包器需要提前準備好一段程式，整體地寫到一個 MEM 模型中，供 RISC-V 處理器讀取，而不能像 UT、BT 環境那樣，發送封包器將激勵一個接一個地發射到設計程式中。在 RISC-V 處理器的 SST 環境中，白盒驗證主要的監控是整數暫存器、浮點暫存器、PC 值等邏輯，也可以根據實際情況，監控一些 UT、BT 的灰盒驗證無法覆蓋的資訊。

RISC-V 處理器的 IT 環境可以透過黑盒驗證的透明度架設。IT 的目的是驗證處理器核心與週邊 IP 的連接正確性和介面協定理解的一致性，按照軟體驅動的想法驗證處理器核心的啟動和正常運轉。在 IT 環境啟動時，處理器核心內的模組和子系統已經達到功能基本收斂的狀態，如果在這個過程中增加白盒驗證手段，既不符合 IT 的目的，也增加了 IT 的成本。

11.1.4 驗證激勵約束

在晶片開發過程中，驗證工程師開展功能正確性驗證的最主要措施： 建構合適的測試激勵衝擊設計程式，找到設計程式中所有隱藏的缺陷。

在架構設計人員完成功能需求解析並輸出功能描述文件後，驗證工程師會分解出測試點文件，確保測試激勵符合功能需求。在架設驗證環境之前，驗證工程師需要制定驗證方案，明確驗證框架中發送封包器和參考模型的配合情況，確保發送封包器在可控的情況下生成足夠數量級的測試激勵。在模擬過程中，針對不同的功能特點，驗證環境會約束測試激勵具有合適的自由度和獨立性，以保障對特定功能測試的充分性。

所以只有從驗證框架上保證驗證激勵的合適性，驗證環境才可以在發送封包器輸入側提供更全面的輸入激勵組合，有條件地遍歷驗證所需的測試序列。按照驗證激勵的合適性這個原則，可以將驗證激勵按照以下角度考慮。

1. 介面類別型

在架設驗證環境時遇到的輸入介面，需要先了解該介面的類型。如果遇到的介面類別型種類多樣，可以透過介面類別型將所有的輸入激勵種類進行劃分，化繁為簡，找到生成驗證激勵的方法。常見的介面類別型可以分為以下 5 種。

(1) 系統控制介面： 常見的有時鐘、重置、安全、電源開關和這些系統控制訊號旁生出來的控制訊號，例如時鐘門控訊號。

(2) 標準匯流排界面： 公開的業界標準匯流排協定，常見的有 AMBA、OCP、SRAM、MIPI 等，這些協定功能文件詳細，為豐富的驗證 VIP 提供參考。

(3) 非標準匯流排界面： 專案內部定義的介面，或根據模組功能需求定義的模組間介面，介面時序相對簡單，描述文件成熟度參差不齊。

(4) 測試介面： 該測試介面主要用於可測性設計 (Design For Test，DFT) 功能，在功能驗證中可以驗證該類型介面在程式內部的連線是否正確。

(5) 其他控制介面： 如果設計程式是處於子系統中的功能模組，且與相鄰多個模組有功能互動，那麼該控制介面訊號的數量較多、功能較分散，還有較高的複雜度；如果該設計是子系統，那麼子系統從標準重複使用的設計角度出發，該種類型的控制介面數量會較少，且功能也較集中。

透過介面類別型的分類，驗證工程師可以著手架設驗證環境的指令發送封包器元件。系統控制介面和標準匯流排界面類型的指令發送封包器都可以直接應用成熟的 IP 元件，對驗證品質和工作效率都有助益。架設非標準匯流排界面的指令發送封包器，需要充分理解介面協定和上下游模組的功能特點，以確保驗證激勵符合介面功能特點，能夠覆蓋下游模組所接受的所有場景。

2. 序列顆粒度

針對不同的介面類別型，驗證環境會建構不同的激勵元件，每個激勵元件都會包含激勵生成器。激勵生成器會提供一些基本功能方法生成小顆粒度的激勵，同時驗證工程師也可以進一步做上層封裝，以便於從更高抽象級的角度生成大顆粒度或巨集顆粒度的激勵序列。按照顆粒層的概念，可以將激勵序列顆粒度劃分為以下 4 個層次。

(1) 基本顆粒層。

(2) 高級顆粒層。

(3) 巨集顆粒層。

(4) 使用者自訂顆粒層。

以一個商業匯流排驗證 IP 為例，該驗證 IP 包含有基本顆粒層和高級顆粒層，用於生成不同等級的測試序列。在某些情況下，驗證 IP 也提供巨集顆粒層的定義來滿足更高規模的資料傳輸。

驗證過程中的抽象級是指從時序和資料量傳輸的角度出發，越高的抽象級，越不關注底層的時序而更重視資料量的傳輸，也是**事務級模型** (Transaction Level Model，TLM) 含義的延伸。當驗證工程師不能從已有的各種顆粒層中生成自己期望的測試序列時，便會利用已有的基本顆粒層和高級顆粒層來建構自己的顆粒層。

3. 可控性

可控性是根據對不同顆粒層的控制角度來描述的。按照序列顆粒度的劃分，基本顆粒層的可控性最高，巨集顆粒層的可控性最低，高級顆粒層的可控性置中。

從功能驗證的週期出發，在驗證初期，驗證工程師會選擇基本顆粒層作為主要的驗證激勵，這有利於在介面的基本功能中調節和測試不同的匯流排傳輸情況，此時的功能驗證點偏重於協定功能和時序檢查。隨著設計程式的成熟，穩定性逐漸增強，驗證工程師會逐漸選擇高級顆粒層和巨集顆粒層作為驗證激勵，將驗證工作的精力逐漸轉移到資料量的一致性傳輸和性能評估上。這兩層的顆粒控制性也沒有像基本顆粒那樣可以細緻調節到每個參數變數，它們會同驗證重點保持一致，主要提供跟資料量有關的可約束參數。

4. 元件獨立性

在將一個設計程式的邊界訊號劃分為不同的介面類別型，並且建立出對應的介面驗證元件後，驗證工程師需要進一步考慮驗證框架中各元件之間的獨立性。元件的獨立性實際上也是協調性的基本保障，因為有了獨立性，各元件之間才會最大限度地不受另外元件的限制，同時又可以透過有效的通訊機制來實現元件之間的協調。實現元件獨立性需要考慮的因素如下。

(1) 需要按照介面類別型來劃分元件。

(2) 對於系統控制訊號元件，盡可能將訊號的關係按照實際整合關係做控制，如多個時鐘是否為同步關係、多個重置訊號是否可以單獨控制等。

(3) 對匯流排界面，實現一對一的控制關係。舉例來說，存在兩組相同的匯流排，應該引入兩個匯流排元件分別控制，而非建立一個匯流排元件卻擁有兩套匯流排界面，不能有悖於可控性和重複使用性。

(4) 對於其他控制介面，應從實際相鄰設計處準確了解各訊號的啟動極性、脈衝有效還是電位有效、是否存在交握關係、時序資訊等真實的設計資訊，便於更高層級驗證環境對介面元件的重用。同時由於這部分訊號細節瑣碎，整理完訊號的來源和功能後，需要在介面元件中透過封裝的方法來實現靈活的驅動。

(5) 驗證環境中的系統控制訊號元件也會跟其他介面元件發生連接，如提供必要的時鐘和重置資訊。那麼這些連接也應該遵循實際整合的情況，確保元件驅動端的時鐘輸入與設計的時鐘輸入端保持同步。

5. 組合自由度

　　組合自由度作為激勵約束的衡量因素，是對上述因素的整體評估，只有透過底層的精細劃分，進而建立抽象級更高的顆粒度，透過獨立元件之間的協調來建構激勵，才會提供較高的組合自由度。此時除了元件的獨立性以外，驗證工程師也會考慮元件之間的協調方式。一般將協調方式分為以下兩種。

　　(1) 中心統籌式：透過中心的調遣手段統一排程給各介面元件不同的任務，進而產生不同的激勵組合場景。

　　(2) 分佈事件驅動式：將激勵控制權交給各介面元件，而透過介面元件之間的通訊來實現分散式的事件驅動模式，即元件之間的通訊透過事件 (Event)、信箱 (Mailbox)、介面訊號等方式實現同步通訊。

　　綜合來看，上文所述驗證激勵的介面類別型、序列顆粒度、可控性、元件獨立性、組合自由度等考量因素，RISC-V 處理器驗證環境的發送封包器都需要關注。不同層次的驗證環境有不同的特點，評估發送封包器的重點就會各有取捨。

　　RISC-V 處理器的 UT、BT 環境發送封包器最關注的是介面類別型。模組劃分時，模組間連接的介面大都是架構設計人員獨立定義的非標準介面，不屬於任一行業協定的標準匯流排界面。所以架設發送封包器時，驗證工程師需要徹底理解這些非標準介面的定義，清楚介面上下游的模組功能，才可以將驗證激勵準確、發送到測試程式中。

　　RISC-V 處理器 UT、BT 環境的發送封包器還需要關注序列顆粒度和組合自由度對設計程式的衝擊。序列顆粒度的抽象級越高，越關注資料量的傳輸，可以衝擊設計程式的容量規劃、排程準確性和性能瓶頸。序列顆粒度的抽象級越低，越關注底層的時序，可以衝擊設計程式的狀態機翻轉和控制訊號的準確性。根據設計程式的介面特點，對發送封包器的組合自由度適當控制，進一步增加驗證激勵對設計程式衝擊的力度和準確度。

RISC-V 處理器的 SST 需要模擬處理器隨機指令、分頁表設定和自陷處理等真實工作場景，所以 SST 環境發送封包器在激勵的序列顆粒度和激勵的可控性兩方面考慮的較多。在模擬開始階段，SST 環境需要透過基本功能測試驗證各模組間配合的正確性，透過基本顆粒層作為主要的驗證激勵，驗證資料流程在不同模組間的傳輸，偵錯子系統的基本功能。隨著設計程式的穩定，高抽象級的驗證激勵佔更高的比例，SST 環境更關注子系統的整體功能和性能等驗證因素。

RISC-V 處理器的 IT 環境按照軟體驅動的想法，驗證處理器核心的啟動和正常運轉，驗證激勵的序列顆粒度和可控性是 IT 發送封包器的主要考慮因素。巨集顆粒層和自訂顆粒層是主要的測試序列顆粒度，主要偏重大規模的資料傳輸。

11.1.5 驗證檢測機制

驗證檢測機制是決定驗證框架合理性的核心要素。只有準確的檢測機制能夠辨識到錯誤輸出或錯誤事件上報，驗證框架中的驗證激勵和參考模型才是有意義的，能夠發現隱藏在設計程式各處的缺陷。

類似透過介面類別型考慮驗證激勵的劃分，在檢測階段，可以透過被檢測邏輯的層次考慮驗證的檢測機制。

(1) 模組的內部設計細節。

(2) 模組的輸入輸出。

(3) 模組與相鄰模組的互動訊號。

(4) 模組在晶片系統級的應用角色。

針對不同的檢測層次，驗證環境中經常使用的方法有監視器、斷言 (Assertion)、參考模型、記分板、直接測試和形式斷言等。

監視器是通用驗證環境中的必備元件，是驗證環境獲取設計程式關鍵訊號和結果輸出的主要方式，在一般情況下，監視器跟激勵發生器的作用域是一致的。如果激勵發生器對應著一組資料匯流排，那麼也應該有一個對應的監視器來負責監視該匯流排的資料傳輸。監視器會根據檢測的層次分為模組內部資訊檢測和模組邊界資訊檢測。

　　斷言在驗證環境中主要用於檢測模組的內部邏輯細節和時序資訊。通常在 UT 層次，斷言透過形式驗證可以覆蓋設計的多數功能點，效率和完備性是完全可靠的。在 BT 或 SST 這些層次上，驗證的功能點複雜且又分散，斷言主要關注模組的核心邏輯和時序。在灰盒驗證過程中，用斷言來檢測設計程式中的重要細節和關鍵訊號的事件是必要且可靠的。

　　參考模型的建構除了考慮設計程式本身的尺寸、複雜度以外，也與驗證方法有關。白盒驗證對於參考模型的要求是最低的，而黑盒驗證會將最多的壓力交給參考模型。

　　就記分板而言，它的結構相對簡單。一般依靠足夠穩定的監視器和準確的參考模型，記分板只需要將檢測的待測輸出和參考模型的輸出作比較，舉出充分的比較資訊。在測試用例結束時可以給出自定義的測試報告即可。

　　RISC-V 處理器的 UT、BT 環境發送封包器最關注的是介面類別型，其檢測機制最關注的也是介面類別型，即介面的輸入輸出、相鄰模組間訊號的互動等因素。模組間連接的介面協定大多是架構設計人員根據模組的功能和相鄰模組的特點定義的非標準介面，所以 UT、BT 環境的檢測元件既檢測該模組的功能處理是否準確，也檢測下游模組接收到的資料是否滿足入口標準。

　　RISC-V 處理器 UT、BT 環境的檢測元件還需要關注模組的內部設計細節，這是 UT、BT 小規模驗證環境的優勢，也是把一個子系統拆分成多個模組驗證的原因之一。內部設計細節的檢測存在於模擬的全過程。模擬開始時，重置訊號的有效性、狀態機訊號和控制訊號在重置後的狀態是重要的檢測資訊。模擬過程中，排程訊號的準確性、狀態機的跳變、模組內部的流量控制功能等資訊，會隨著驗證激勵的輸入而被即時檢測。在模擬結束後，驗證環境也需要檢測整個管線中是否有未處理的資料遺留，狀態機是否恢復初始狀態等事項。

　　除了載入和儲存指令對記憶體的存取記憶體介面，RISC-V 處理器的 SST 環境一般沒有外部介面可以檢測。為了即時地檢測處理器的功能正確性，RISC-V 處理器的 SST 環境需要獲取處理器內部的浮點暫存器、整數暫存器、PC 值等資訊，在驗證激勵的輸入過程中即時檢測，以確保處理器對每個指令的處理都是正確的，如圖 11.6 所示。

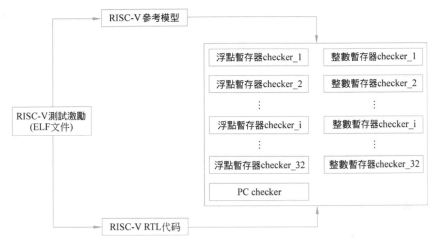

▲ 圖 11.6 RISC-V SST 環境中的 checker

　　RISC-V 處理器的 IT 環境在架設檢測元件時，主要考慮的是處理器在晶片系統中的應用角色。IT 環境類似於 SoC 軟體系統，處理器的角色就是處理軟體發送過來的一系列指令，IT 環境檢測的資訊就是軟體互動的資訊，如輸出 Hello Word。

11.1.6 驗證整合環境

　　明確了驗證測試點、驗證層次、驗證透明度、驗證激勵約束和驗證檢測機制後，驗證工程師對驗證框架的準備工作已經基本完畢。接下來需要考慮的就是運用 SystemVerilog 等驗證語言和指令稿工具架設可用於模擬的驗證環境。驗證環境的架設，既要考慮維護性、可讀性等主觀感受，更需要考慮不同層次間的整合和不同專案間的繼承重用等效率問題。完整的驗證環境主要包括以下內容。

1. 驗證平臺

　　驗證平臺是驗證工程師日常工作的物件，在建立或重複使用驗證框架時，主要從激勵分類和檢測方法兩部分考慮，這兩部分會直接影響驗證的框架。

　　1) 激勵分類

(1) 定向激勵：　一般透過文字激勵、程式激勵、預先生成激勵碼等形式舉出測試激勵。

(2) 隨機激勵：　透過約束隨機舉出測試激勵，這裡的隨機激勵來源不侷限於 SystemVerilog 驗證語言，也包括其他隨機驗證語言或指令碼語言。

2) 檢測分類

(1) 線上檢測：　在模擬的過程中動態比對資料，並且舉出比對結果資訊。

(2) 線下檢測：　在模擬結束之後將模擬中收集的資料進行比對，再舉出比對結果。

(3) 斷言檢測：　可以透過模擬或形式驗證的方式利用斷言檢測設計的功能點。

2. 設計程式

硬體設計根據功能描述的定義階段和功能劃分，可以分為以下兩部分。

(1) 硬體設計語言 (Hardware Design Language,HDL) 硬體模型。使用 HDL 描述的硬體模型，按照硬體層次劃分可以分為 RTL 程式和網路表程式。該模型是與硬體設計師距離最近，也是最貼合硬體邏輯行為的模型。

(2) 虛擬原型。在硬體定義的早期階段，架構設計師會引入虛擬原型來對硬體的框架和性能進行評估。同時，在數位訊號處理模組中，需要較為複雜的演算法參與，所以在硬體實施之前，架構設計師也可以採用軟體演算法模型來代替硬體的功能。常用的虛擬原型語言包括 SystemC、C/C++、MATLAB 等。

在模擬過程中，專案小組也可以將 HDL 硬體模型與虛擬原型組合進行聯合模擬，這時需要考慮虛擬原型的介面是否可以方便地在硬體環境中整合，以及是否對虛擬原型的介面時序有要求。

3. 模擬環境

模擬環境的主要功能是驗證平臺和設計程式的整合，即模擬軟體激勵和硬體模型的互動。而根據上述驗證平臺和設計程式的分類，執行環境需要考慮的因素如下。

(1) 驗證平臺： 模擬環境需要傳入參數來實現，根據測試場景選擇特定測試序列、模擬隨機種子、參數化驗證環境的結構、實例化驗證平臺等資訊，控制驗證平臺的執行。

(2) 設計程式： 除了考慮如何實現 HDL 硬體模型與虛擬原型在模擬器中協作模擬的問題，還需要實現驗證平臺和待驗設計的介面對接，這包括硬體訊號介面連接和內部訊號的介面連接。

(3) 模擬全流程配套元件： 包括驗證和設計的檔案提取 (Extraction)、檔案依賴度分析 (Dependency Analysis)、編譯 (Compilation and Elaboration)、模擬 (Simulation)、結果分析 (Result Analysis) 和回歸測試 (Regression) 等。全流程的建立一般是由驗證環境架設人員透過指令碼語言管理的，常見的用於模擬流程建立指令碼語言包括 Shell、Makefile、Perl、Tcl、Python 等。

4. 驗證管理

晶片開發過程中，晶片專案管理人員和驗證工程師需要對本職工作做可量化的驗證管理，主要透過業界專用的驗證管理工具開展。這些驗證管理工具主要包括以下內容。

(1) 驗證計畫和進度管理： 將拆解的測試點與對應的功能覆蓋率、測試用例相對應，進而舉出一個視覺化的驗證狀態，如 Synopsys 公司的 HVP(Hierarchical Verification Plan) 工具、Cadence 的 vManager 工具等。

(2) 檔案版本控制管理： 檔案版本控制在團隊協作過程中至關重要，常見的工具有 SVN、Git 等。

(3) 專案環境設定管理： 專案環境設定檔不但包括專案中使用的各種工具的版本、單元函式庫的版本、驗證 IP 的版本，也包括驗證環境的基本設定資訊，透過環境設定管理，每個驗證人員可以快速完成環境設定，提高驗證環境架設和偵錯的效率。

(4) 缺陷率追蹤管理： 專案管理人員和驗證工程師在專案開展過程中需要時刻關注新增缺陷的數量和歷史缺陷的修復狀態。透過缺陷率衡量驗證的進度和品質，保證每個缺陷的發現和修復形成閉環。

RISC-V 驗證環境的整合環境和通用驗證環境沒有明顯的區別。

RISC-V 驗證平臺的激勵既包含定向激勵也包含隨機激勵，SST、IT 環境的驗證激勵一般都是預先生成的激勵碼，包括分頁表設定、堆疊和自陷處理常式等，UT、BT 環境的驗證激勵一般都是隨機激勵，透過大量含有一定約束的隨機激勵衝擊，驗證模組功能的正確性和穩定性。驗證平臺的檢測分類一般都是線上檢測和斷言檢測，即時地檢測設計程式功能的正確性。

RISC-V 驗證平臺的執行環境特別注意的是 SST、IT 中 RISC-V 匯編碼和 RISC-V 編譯器的引入。涉及隨機指令、分頁表設定和自陷處理等混合場景的整合，SST、IT 環境發送封包器生成的指令並不能直接送給處理器，需要按照處理器在系統中的工作流程，利用編譯器實現組合語言、連結兩步流程，輸出二進位檔案，快取到 MEM 模型中供處理器核心呼叫。

11.2　RISC-V 驗證特點

RISC-V 是開放式指令集架構，RISC-V 處理器架構設計人員可以在現有指令集基礎上進行標準性和非標準性的指令擴充，所以 RISC-V 處理器的功能驗證既要驗證處理器在各種狀態下執行指令序列的正確性，也要充分考慮微架構的實現方案，驗證微架構內部對功能、性能和功耗等特性的設計是否合理。

透過 11.1 節的描述，RISC-V 處理器的 UT、BT 環境按照模組特點，在通用驗證框架的基礎上適當擴充，就可以極佳地實現元件和模組的功能驗證收斂。IT 環境按照處理器核心的作用，透過軟體啟動、執行的方式，也能極佳地覆蓋處理器核心與週邊 IP 連接的聯合模擬。

RISC-V 處理器可以視為一個複雜的狀態機，具有動態中斷、多種操作模式和特權等級別等功能特點，這些特點呈現出許多通用驗證框架無法完全覆蓋的情況。SST 環境作為處理器核心功能正確性驗證的最後一層保障，也更能表現 RISC-V 指令集架構的特色，其重要性和特殊性都尤為重要，所以本節將重點說明 RISC-V SST 的特點。

在 11.1 節的描述過程中，RISC-V 處理器的 SST 框架也逐漸顯示出來。整合了隨機指令、分頁表設定、資料與堆疊、自陷處理流程等特徵的指令發送封包器 (如 RISCV-DV 指令發送封包器) 生成驗證激勵，編譯器完成組合語言程

式碼的編譯並輸出二進位檔案供指令集模擬器 (如 Spike) 和設計程式同時處理，
監控設計程式內部暫存器和 PC 值的檢測元件作為驗證環境的記分板即時檢測
比較，整套驗證環境就可以正常運轉了。

在晶片開發過程中，功能覆蓋率模型統計的資料作為驗證 RISC-V 處理器
功能完備性的標準，驅動著驗證工作的進展。隨著隨機指令的不斷增加，微架
構相關功能驗證逐漸深入，功能覆蓋率資料逐漸趨於 100%。在這樣不斷迭代
的過程中，RISC-V 處理器的驗證工作就能得到一個逐漸收斂的過程，得到高
效率、高品質的驗證效果。RISC-V 驗證框架全景圖如圖 11.7 所示。

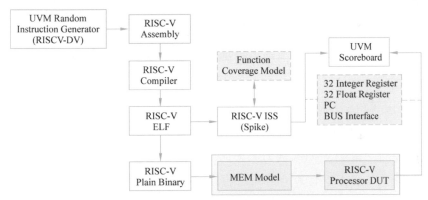

▲ 圖 11.7 RISC-V 驗證框架全景圖

11.2.1 指令發送封包器隨機性

作為驗證 RISC-V 處理器的指令發送封包器，如圖 11.8 所示，它不僅要產
生基本的指令序列，所有正常、異常功能的指令序列，還需要模擬應用程式和
系統應用場景。

指令發送封包器至少要具備以下特點 (見圖 11.8)。

(1) 支援 RISC-V 指令集，至少要支援基本的指令 RV64G/RV32G，針對不
同的微架構方案計畫的指令擴充，如 RV64V 和其他自訂的指令，指令發送封
包器元件要具備可繼承、可重用的特徵，能夠靈活實現新的指令生成和隨機。

(2) 支援 RISC-V 特權模式，可以產生中斷、非法指令場景和自陷處理常式，
以激發特權模式轉換，能夠實現特權 CSR 的隨機設定。

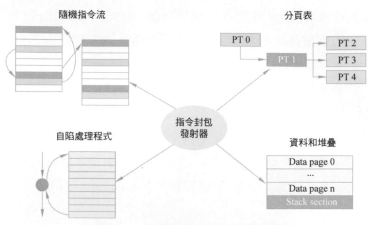

▲ 圖 11.8　合適的指令發送封包器特點

(3) 支援分頁表的隨機化和異常場景，可以產生大量驗證激勵進行 MMU 的壓力測試。

(4) 支援資料和堆疊。

(5) 支援定向指令流、隨機指令流的混合下發，定向指令流生成功能要具備可擴充的特性，能針對微架構方案靈活增加測試用例。隨機指令流生成時，要產生非法指令、HINT 指令、隨機向前分支指令、隨機向後分支指令等不同的隨機場景。

為了模擬應用程式的執行過程，指令發送封包器有必要將驗證語言描述的隨機指令轉為組合語言指令，然後利用 RISC-V 編譯器將組合語言程式碼編譯成二進位檔案。RISC-V 處理器設計程式透過 Memory 模型中的二進位指令流啟動模擬，實現指令處理和特權模式等功能的執行處理。

第 12 章將以 RISC-V 處理器開發領域成熟的 RISCV-DV 指令發生器為研究物件，進一步描述指令發送封包器的特點和功能實現原理，增加讀者對 RISC-V 驗證框架中指令發送封包器的理解。

11.2.2　指令集模擬器準確性

RISC-V 指令集模擬器作為 RISC-V 驗證框架中的參考模型，目的是實現驗證環境對指令處理的預期功能，以驗證設計程式對指令處理功能的正確性。為了實現參考模型的功能，RISC-V 指令集模擬器需要滿足 RISC-V 指令集和特權模式對處理器的所有要求，還需要協助驗證工程師快速定位模擬中遇到的異常問題。指令集模擬器至少要具備以下特特點。

(1) 支援 RISC-V 指令集，要辨識並處理基本的指令 RV64G、RV32G，針對不同的微架構方案計畫的指令擴充，如 RV64V 和其他自訂的指令，指令集模擬器元件要具備可繼承、可重用的特徵，能夠靈活地增加新指令辨識功能和新指令處理功能。

(2) 支援 RISC-V 特權模式，針對特權 CSR 的隨機設定，指令集模擬器能辨識到並正確處理。指令發送封包器發送過來的中斷、非法指令場景和自陷處理常式，指令集模擬器能正確處理，實現驗證環境對指令流處理的預期。

(3) 支援不同微架構方案擴充的 CSR。

(4) 具備單步偵錯功能，能即時提取模擬過程中的暫存器、PC 和記憶體資訊，便於驗證工程師遇到模擬問題時能快速定位。

(5) 具備足夠的註釋資訊和模擬 log，驗證工程師在閱讀並擴充指令集模擬器的功能實現時，能夠快速理解原框架內容並準確的繼承擴充，模擬過程中列印的記錄檔可以支撐驗證工程師確認指令執行的步驟和細節，便於問題鎖定。

指令集模擬器在實現的過程中，可以按照功能等級的模擬，透過執行翻譯之後的機器碼以提高執行效率，可以按照硬體等級的模擬，針對特定的實現做週期等級的模擬以提高模擬速度，也可以按照指令等級的模擬，以達到模擬實際程式執行過程中的軟硬體行為。無論哪種實現方式，指令集模擬器最重要的要求就是準確的預期效果，實現驗證框架中參考模型的目的。

第 13 章將以 RISC-V 處理器開發領域成熟的指令集模擬器 Spike 為研究物件，進一步描述指令集模擬器的特點和功能實現原理，增加讀者對 RISC-V 驗證框架中指令集模擬器的理解。

▌11.2.3 覆蓋率模型完備性 ▌

在晶片驗證過程中，功能覆蓋是指驗證過程中對特定訊號事件的資料採樣和收集過程。功能覆蓋率在一定程度上反映了 DUT 程式在所給輸入激勵下，其內部功能正確性被檢測到的百分比。功能覆蓋率越高，代表驗證工程師對設計程式驗證得越完備。需要指出的是，功能覆蓋率和程式覆蓋率不同，程式覆蓋率是測量 DUT 程式在模擬過程中的執行比例，而功能覆蓋率的目的是確保驗證激勵中的所有邊界情況都能夠遍歷到。

為實現功能覆蓋率資料對驗證收斂的驅動作用，完備的覆蓋率模型需要滿足以下特點。

(1) 擷取所有類型的指令集序列，在 RISC-V 指令發送封包器的輸出通訊埠設定覆蓋率採樣點，採樣發送封包器輸出的所有類型指令，以確認發送封包器發送到設計程式中的指令是完備的。

(2) 擷取每個指令操作碼和運算元的所有可能值，在 RISC-V 指令發送封包器的輸出通訊埠設定覆蓋率採樣點，採樣所有指令中的操作碼和運算元，以確認發送封包器生成的每個指令都包含了所有正常、異常的操作碼和運算元。

(3) 擷取每個 CSR 的存取，在 RISC-V 指令集模擬器的暫存器處理單元設定覆蓋率採樣點，採樣模擬過程中對 CSR 的存取，以確認每個暫存器都被存取到，功能是正常的。

(4) 採樣分頁表設定，在 RISC-V 指令集模擬器的分頁表轉換處理單元設定覆蓋率採樣點，採樣分頁表的設定資訊，以確認指令發送封包器實現了分頁表的隨機化設定和異常設定。

(5) 採樣所有的中斷處理場景，在 RISC-V 指令集模擬器的中斷處理單元設定覆蓋率採樣點，採樣模擬器對中斷的檢查和處理，以確認指令發送封包器正確地實現了中斷場景的模擬。

11.3　本章小結

RISC-V 驗證框架既要實現通用驗證框架中的基本驗證元件，也要考慮 CPU 處理器對指令發送封包器、指令集模擬器等驗證元件的特殊要求。本章先透過對通用驗證框架的描述介紹了 RISC-V 的整體框架，然後針對 RISC-V 的驗證特點，進一步闡述了 RISC-V 驗證框架中指令發送封包器、指令集模擬器和覆蓋率模型的結構特徵。

第 **12** 章
RISC-V 指令發生器

在晶片驗證過程中會遵循先簡單後複雜、先定向後隨機的原則。透過特定的約束儘量把問題限定在盡可能小的範圍內有助提升問題的定位效率。在 RISC-V 的驗證過程中一般遵循「基本指令的驗證——指令組合的驗證——應用程式的驗證——整系統應用場景驗證」的順序。

RISC-V 為開放原始碼標準的指令集架構,如果有一個驗證工具可以產生標準的指令,那麼這個工具就可以應用於所有 RISC-V 處理器的驗證。riscv-tests 提供了針對每筆 RISC-V 指令的基本功能測試用例集,用它來發現基本功能問題是非常有效的,但是它不能產生比較複雜的測試場景,如指令組合、特權模式、異常等場景。Google 公司發佈的 RISCV-DV 是一個功能更強大的指令發生器。根據晶片驗證的基本原則,在晶片驗證初期可以用 riscv-tests 做基本功能驗證,然後再用 RISCV-DV 作比較複雜的驗證,這樣有助快速收斂問題。RISCV-DV 功能完備、應用廣泛,本章將詳細介紹 RISCV-DV 指令發生器的結構和使用方法。

12.1 RISCV-DV 概述

12.1.1 特性簡介

RISCV-DV 是 Google 公司發佈的基於 SV、UVM 的開放原始碼指令發生器,用於 RISC-V 處理器的驗證,支援下列特性。

(1) 支援的指令集:RV32IMAFDC、RV64IMAFDC。

(2) 支援的特權模式:M 模式、S 模式、U 模式。

(3) 隨機化分頁表和異常分頁表生成。

(4) 特權 CSR 隨機設定。

(5) 特權 CSR 測試用例。

(6) 自陷 / 中斷的處理。

(7) MMU 壓力測試用例。

(8) 主程式和副程式的隨機生成及呼叫。

(9) 非法指令和 HINT 指令的產生。

(10) 向前分支跳躍和向後分支跳躍指令的隨機生成。

(11) 支援隨機指令流和定向指令流的混合。

(12) 支援 debug 模式，包括完全隨機的 debug ROM。

(13) 提供功能覆蓋率模型。

(14) 支援與所有 SV 架設的驗證平臺整合。

(15) 支援與多個指令集模擬器 (ISS) 聯合模擬： Spike、riscv OVPsim。

12.1.2 驗證流程

基於 RISCV-DV 的處理器驗證流程如圖 12.1 所示。

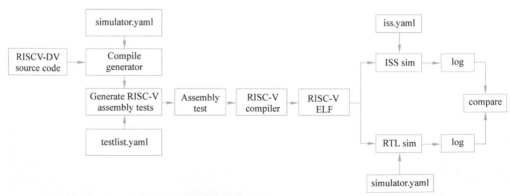

▲ 圖 12.1 基於 RISCV-DV 的處理器驗證流程圖

在模擬之前使用者需要設定 3 個檔案： simulator.yaml、testlist.yaml、iss.yaml。其中，simulator.yaml 用於指定程式模擬工具，如 VCS、Xcelium；testlist.yaml 提供了測試用例集；iss.yaml 用來設定使用的 ISS，如 Spike、riscv OVPsim。

模擬工具在執行時期根據 testlist.yaml 的設定啟動 Generator 生成組合語言程式碼,然後組合語言程式碼再被編譯成 RISC-V 可執行和可連結格式 (Executable and Linkable Format,ELF) 檔案。ELF 檔案送給 ISS 執行,ISS 執行 ELF 檔案產生記錄檔。ELF 檔案也被送給 RTL 模擬,產生 RTL 模擬的記錄檔。最後再把 ISS 產生的記錄檔和 RTL 模擬的記錄檔進行比較得到驗證結果。

12.1.3 測試用例集

基於標準 RISC-V 架構定義,RISCV-DV 提供了基本的測試用例集。這些測試用例除了直接用於 RISC-V 處理器功能的測試,還可以幫助使用者更快地熟悉 RISCV-DV 指令發生器的工作機制。RISCV-DV 提供的測試用例既包括隨機測試用例,也涵蓋了針對某一特定功能的定向測試用例。另外,這些用例及用例中的功能函數都具有可擴充性,使用者可以根據自己的測試需求進行功能擴充。RISCV-DV 主要測試用例類型如表 12.1 所示。

▼ 表 12.1 RISCV-DV 主要測試用例類型

測試用例類型	描述
Basic arithmetic instruction test	基本算數運算指令測試
Random instruction test	隨機指令測試
MMU stress test	MMU 壓力測試
Page table exception test	頁表異常測試
HW/SWinterrupt test	硬體 / 軟體插斷測試
Branch/jump instruction stress test	分支 / 跳躍指令壓力測試
Interrupt/trap delegation test	中斷 / 自陷委託測試
Privileged CSR test	特權 CSR 測試

12.2 RISCV-DV 使用方法

RISCV-DV 是基於標準指令集的開放原始碼指令發生器,提供了一整套的模擬工具集,使用者透過造訪官方網站就可免費下載並安裝工具集。本節介紹 RISCV-DV 的使用步驟。

12.2.1 軟體安裝

　　為了使用 RISCV-DV 指令發生器，需要一個支援 SystemVerilog 和 UVM 1.2 的模擬器，如 Synopsys VCS、Cadence Incisive/Xcelium、Mentor Questa 和 Aldec Riviera-PRO。要完整地執行 RISCV-DV，除了模擬器外還需要安裝 RISCV-GCC、Spike 和 RISCV-PK，這些工具都是可以免費下載安裝的。其中，RISCV-GCC 是編譯工具，GCC 是 GNU Compiler Collection 的簡稱，Spike 是 RISC-V 指令集模擬器，相當於模擬平臺的參考模型；RISCV-PK 是一個代理核心，用於服務建構並連結到 RISC-V Newlib 通訊埠的程式生成的系統呼叫。下面分別描述它們的安裝步驟。

1. 安裝 RISCV-DV

(1) 從 https://github.com/google/riscv-dv 下載壓縮檔 riscv-dv-master.zip。

(2) unzip riscv-dv-master.zip。

(3) cd riscv-dv-master。

(4) 把 "export PATH= ～ /.local/bin:$PATH" 敘述加入～ /.bashrc 裡。

(5) source ～ /.bashrc。

(6) pip3 install --user -e。

安裝完成後可以執行 run --help 查看命令說明資訊。

2. 安裝 RISCV-GCC 編譯器工具鏈

(1) 從 https://github.com/riscv/riscv-gnu-toolchain 下載 RISC-V 工具鏈

(2) 在～ /.bashrc 設定以下的環境變數，並重新 source ～ /.bashrc。

```
export RISCV=<riscv_gcc_install_path>
export RISCV_GCC="$RISCV/bin/riscv64-unknown-elf-gcc"
export RISCV_OBJCOPY="$RISCV/bin/riscv64-unknown-elf-objcopy"
```

上面 "<riscv_gcc_install_path>" 需要修改為自己的工具鏈安裝目錄。

(3) 在下載的工具鏈目錄下執行：./configure --prefix=$RISCV。

(4) 在下載的工具鏈目錄下執行：make。

3. 安裝 Spike

當前 RISCV-DV 支援 3 個 ISS： Spike、riscv OVPsim 和 Sail-riscv。預設為 Spike，其安裝方法如下。

(1) 從 https://github.com/riscv/riscv-isa-sim 下載安裝檔案。

(2) 在安裝目錄下執行下面的命令。

```
mkdir build
cd build
../configure --prefix=$RISCV --enable-commitlog
make
make install
```

設定 Spike 的時候需要加 --enable-commitlog 選項，否則 Spike 記錄檔不列印指令執行結果。在～ /.bashrc 中增加環境變數 SPIKE_PATH，並重新 source ～ /.bashrc，命令如下。

```
export SPIKE_PATH=$RISCV/bin
```

4. 安裝 RISCV-PK

(1) 從 https://github.com/riscv/riscv-pk 下載 pk 原始程式碼。

(2) 在 pk 目錄下執行以下命令。

```
mkdir build
cd build
../configure --prefix=$RISCV --host=riscv64-unknown-elf
make
make install
cp pk dummy_payload config.status bbl_payload bbl $RISCV/bin
```

12.2.2 執行指令發生器

可以用 --help 選項來查看完整的命令說明資訊。

```
run --help
```

執行單一用例的例子。

```
run --test=riscv_arithmetic_basic_test
```

可以用 --simulator 選項來指定 RTL 模擬器。

```
run --test riscv_arithmetic_basic_test --simulator ius
run --test riscv_arithmetic_basic_test --simulator vcs
```

完整的測試用例列表在 base_testlist.yaml 裡描述。回歸所有的用例，用下面的命令。

```
run
```

透過 --iss 選項指定 ISS，下面的例子指定用 Spike 指令集模擬器。

```
run --test riscv_arithmetic_basic_test --iss spike
```

跑定向組合語言或 C 測試用例的例子。

```
run --asm_tests asm_test_path1/asm_test1.S
run --c_tests c_test_path1/c_test1.c c_test_path2/c_test2.c
```

12.2.3　命令說明

設定好環境後，執行 run --help 命令會列印說明資訊，命令用法如下。

```
usage: run [-h] [--target TARGET] [-o O] [-tl TESTLIST] [-tn TEST]
    [--seed SEED] [-i ITERATIONS] [-si SIMULATOR] [--iss ISS] [-v]
    [--co] [--cov] [--so] [--cmp_opts CMP_OPTS] [--sim_opts SIM_OPTS]
    [--gcc_opts GCC_OPTS] [-s STEPS] [--lsf_cmd LSF_CMD] [--isa ISA]
    [-m MABI] [--gen_timeout GEN_TIMEOUT]
    [--end_signature_addr END_SIGNATURE_ADDR] [--iss_opts ISS_OPTS]
    [--iss_timeout ISS_TIMEOUT] [--iss_yaml ISS_YAML]
```

```
[--simulator_yaml SIMULATOR_YAML] [--csr_yaml CSR_YAML]
[--seed_yaml SEED_YAML] [-ct CUSTOM_TARGET] [-cs ORE_SETTING_DIR]
[-ext USER_EXTENSION_DIR] [--asm_tests ASM_TESTS]
[--c_tests C_TESTS] [--log_suffix LOG_SUFFIX] [--exp]
[-bz BATCH_SIZE] [--stop_on_first_error] [--noclean]
[--verilog_style_check] [-d DEBUG]
```

RISCV-DV 命令選項如表 12.2 所示。

▼ 表 12.2 RISCV-DV 命令選項說明

選項名稱	描述
-h,--help	列印說明資訊
--targetTARGET	使用預先定義的目標運行指令發生器：rv32imc、rv32i、rv64imc、rv64gc
-oO,--outputO	指定輸出目錄名稱
-tlTESTLIST,--testlistTESTLIST	回歸用例的列表
-tnTEST,--testTEST	測試用例的名字 ,all 表示列表中的所有用例
--seedSEED	隨機種子 , 預設的 -1 表示的隨機種子
-iITERATIONS,--iterationsITERATIONS	覆蓋用例清單中 iterations 選項設定的次數
-siSIMULATOR,--simulatorSIMULATOR	指定運行指令發生器的模擬器 , 預設的是 VCS
--issISS	RISC-V 指令集模擬器 :Spike、riscvOVPpsim、 sail
-v,--verbose	產生詳細日誌
--co	僅編譯指令發生器 , 不產生 ELF 檔案
--cov	使能功能覆蓋率
--so	僅運行指令發生器
--cmp_optsCMP_OPTS	指令發生器的編譯選項
--sim_optsSIM_OPTS	指令發生器的模擬選項
--gcc_optsGCC_OPTS	GCC 編譯選項
-sSTEPS,--stepsSTEPS	i 指定運行步驟 :gen、gcc_compile、iss_sim、 ss_cmp
--lsf_cmdLSF_CMD	LSF 命令 , 如果未指定 lsf 命令則會在本地按循序執行任務

選項名稱	描述
--isaISA	RISC-VISA 子集
-m MABI,--mabiMABI	編譯所用的 mabi
--gen_timeoutGEN_TIMEOUT	以秒為單位的指令發生器的逾時限制
--end_signature_addrEND_SIGNATURE_ADDR	指定特權 CSR 用例在測試結束時寫的位址
--iss_optsISS_OPTS	任意的 ISS 命令列參數
--iss_timeoutISS_TIMEOUT	以秒為單位的 ISS 模擬逾時限制
--iss_yamlISS_YAML	YAML 中的 ISS 設定
--simulator_yamlSIMULATOR_YAML	YAML 中的 RTL 模擬器設定
--csr_yamlCSR_YAML	CSR 描述檔案
--seed_yamlSEED_YAML	用上次回歸的種子設定重新運行指令發生器
-ctCUSTOM_TARGET,--custom_targetCUSTOM_TARGET	訂製 target 的目錄名稱
-cs CORE_SETTING_DIR,--core_setting_dir CORE_SETTING_DIR	riscv_core_setting.sv 檔案的路徑
-extUSER_EXTENSION_DIR,--user_extension_dirUSER_EXTENSION_DIR	使用者擴充目錄的路徑
--asm_testsASM_TESTS	定向組合語言用例
--c_testsC_TESTS	定向 C 用例
--log_suffixLOG_SUFFIX	模擬記錄檔名稱尾碼
--exp	用試驗性的特性運行指令發生器
-bzBATCH_SIZE,--batch_sizeBATCH_SIZE	每次運行要生成的用例數。可以用該選項將大任務拆分為多個小量任務
--stop_on_first_error	檢測到第一個錯誤就停下來
--noclean	不清除以前運行的輸出
--verilog_style_check	運行 verilog 風格檢查
-dDEBUG,--debugDEBUG	產生偵錯命令記錄檔

12.2.4 YAML 設定

測試用例的 YAML 設定選項說明如表 12.3 所示，這些設定選項中，description 和 rtl_test 只是對該用例的場景和測試物件進行描述，不會影響模擬。其他的設定選項與模擬緊密相關。使用者需要理解每個選項的含義，根據測試需求設定。這些設定選項中，最重要且最複雜的選項是 gen_opts。gen_opts 是RISCV_DV 作用於 generator 的設定選項的集合，這個集合包括多個子設定選項，直接作用於 Generator 生成激勵的階段。

▼ 表 12.3 測試用例的 YAML 設定選項說明

選項名稱	描述
test	測試用例名稱
description	測試用例描述
gen_opts	指令發生器的選項
iterations	測試用例運行的次數
no_iss	使能或禁止 ISS 模擬
gen_test	用例使用的 Generator 名稱
rtl_test	要模擬的 RTL 模組名稱
cmp_opts	傳給指令發生器的編譯選項
sim_opts	傳給指令發生器的模擬選項
no_post_compare	使能或禁止 RTL 日誌和 ISS 日誌的比較
compare_opts	RTL 日誌和 ISS 日誌比較選項
gcc_opts	GCC 編譯選項

gen_opts 中可用的選項如表 12.4 所示，這些參數直接影響測試用例所產生的激勵特性。這些參數使得 RISCV-DV 所支援的測試場景更加多樣化，也更具有靈活性。使用者很容易透過參數的設定產生特定的測試場景，以滿足不同的測試需求。當然，RISCV-DV 也支援使用者自行增加參數，擴充參數控制激勵特性的範圍和功能。

▼ 表 12.4　YAML gen_opts 選項說明

選項名稱	描述	預設值
num_of_tests	生成的組合語言用例個數	1
num_of_sub_program	副程式數	5
instr_cnt	每個用例裡面的指令個數	200
enable_page_table_exception	使能頁表異常	0
enable_unaligned_load_store	使能非對齊的記憶體存取	0
no_ebreak	禁止 ebreak 指令	1
no_wfi	禁止 wfi 指令	1
set_mstatus_tw	把 wfi 當成非法指令	0
no_dret	禁止 dret 指令	1
no_branch_jump	禁止分支和跳躍指令	0
no_csr_instr	禁止 CSR 操作指令	0
enable_illegal_csr_instruction	使能非法的 CRS 指令	0
enable_access_invalid_csr_level	使能更高特權模式 CRS 的存取	0
enable_dummy_csr_write	使能虛擬 CSR 的寫入	0
enable_misaligned_instr	使能跳躍到非對齊的指令位址	0
no_fence	禁止 fence 指令	0
no_data_page	禁止頁表生成	0
disable_compressed_instr	禁止壓縮指令生成	0
illegal_instr_ratio	每 1000 行指令中非法指令的個數	0
hint_instr_ratio	每 1000 行指令中 HINT 指令的個數	0
boot_mode	啟動模式, 有 3 種模式。m:M 模式、s:S 模式、 u:U 模式	m
no_directed_instr	禁止直接指令流	0
require_signature_addr	SIGNATURE 機制使能	0
signature_addr	透過寫該位址把資料發給驗證環境	0
enable_interrupt	使能 MStatus.MIE, 用於中斷測試	0
enable_timer_irq	使能 xIE.xTIE, 用於使能 timer 中斷	0
gen_debug_section	debug_romsection 隨機使能	0

選項名稱	描述	預設值
num_debug_sub_program	用例中偵錯副程式的個數	0
enable_ebreak_in_debug_rom	在 debugROM 中生成 ebreak 指令	0
set_dcsr_ebreak	隨機使能 dcsr.ebreak(m/s/u)	0
enable_debug_single_step	使能單步偵錯功能	0
randomize_csr	完全隨機設定 CSR (xSTATUS、xIE)	0

　　RISCV-DV 的測試用例是透過 YAML 來設定的，YAML 檔案是用於回歸模擬的用例列表，包括了所有的測試用例和用例的設定，單一用例的程式展示如下：

```
-test: riscv_arithmetic_basic_test
description: >
    Arithmetic instruction test, no load/store/branch instructions
gen_opts: >
+instr_cnt=10000
    +num_of_sub_program=5
    +directed_instr_0=riscv_int_numeric_corner_stream,4
    +no_fence=1
    +no_data_page=1
    +no_branch_jump=1
    +boot_mode=m
    +no_csr_instr=1
iterations: 2
gen_test: riscv_instr_base_test
rtl_test: core_base_test
```

　　上面展示的測試用例，用例名稱是 riscv_arithmetic_basic_test，指令數目是 10000 筆，副程式數目是 5，按照 4 的比例增加 riscv_int_numeric_corner_stream 串流產生的定向指令，沒有 fence 指令，沒有分頁表，沒有分支跳躍，啟動模式是 M 模式，沒有 CSR 操作指令，用例執行次數是 2，Generator 的名稱是 riscv_instr_base_test，DUT 的名稱是 core_base_test。

12.3 RISCV-DV 結構分析

本節簡介 RISCV-DV 主要的類別和函數，從而理解 RISCV-DV 的實現機制，有助更進一步地應用 RISCV-DV。

12.3.1 模擬激勵 xaction

驗證環境中的激勵是透過基礎 xaction 描述實現的。RISCV-DV 中提供了基礎的 riscv_instr 類別，然後根據不同指令集的特點定向擴充，生成不同測試用例所需的測試激勵類別。

riscv_instr 作為最基礎的類別，擴充自 uvm_object，屬於測試激勵的 base xactoin，用於所有指令的隨機、約束和資訊獲取。

riscv_instr 類別的基本隨機變數如表 12.5 所示，其中 riscv_instr_name_t 是列舉類型，其包括了 RISCV 標準指令集定義的所有指令；而 group、format 和 category 是聯合陣列，功能是對 riscv_instr_name_t 列舉的指令由不同角度進行了分類，分類的目的是方便對不同類型的指令進行有差別操作時，不用在處理某一類指令時將這類指令的所有成員都一一列舉出來，只需要按劃分的類別名就可以區分。最後，變數 csr、rs1、rs2 和 imm 都是指令的組成成員，也稱指令的域，這些域已經根據指令的特性增加了約束。

▼ 表 12.5　riscv_instr 類別的基本隨機變數

變數名稱	變數類型	描述
group	riscv_instr_group_t	描述 RV32I、RV64I、RV32M、RV64M 等指令子集
format	riscv_instr_format_t	描述指令格式 :R_TYPE、I_TYPE、S_TYPE、J_TYPE 等
category	riscv_instr_category_t	指令的類別 :load、store、shift、compare、jump 等
instr_name	riscv_instr_name_t	所有指令名
csr	randbit[11:0]	CSR
rs2	randriscv_reg_t	透過 ABI 名實體化的 32 個整數暫存器
rs1	randriscv_reg_t	透過 ABI 名實體化的 32 個整數暫存器
rd	randriscv_reg_t	透過 ABI 名實體化的 32 個整數暫存器
imm	randbit[31:0]	指令中的立即數

riscv_instr xaction 的主要函數如表 12.6 所示，這些函數在 Generator 工作的不同階段對類別中的變數操作。這些函數也支援使用者擴充，函數的功能可基於用例的測試需求進行擴充重寫。

riscv_instr 擴充指令類如表 12.7 所示，RISCV-DV 支援開放原始碼標準的指令集的所有指令類型。RISCV-DV 支援目前常見的 RV32、RV64 和 RV128 指令集。另外，RISCV-DV 還支援使用者自訂指令，這需要使用者根據其自訂指令的特性進行開發。自訂指令也擴充自基本類別 riscv_instr。

▼ 表 12.6 riscv_instr xaction 的主要函數

函數名稱	描述
set_imm_len	設定立即數的長度
create_instr_list	根據不同分類原則將指令進行分類
get_opcode	根據 instr_name 返回 RISCV 指令編碼
get_func3	R、I、S/B-TYPE 指令格式中 bit[14:12] 中的 function 編碼
get_func7	R-TYPE 指令格式中 bit[31:25] 中的 function 編碼
convert2bin	根據 format、rs2、rs1、rd、imm 等資訊將指令打包成二進位
convert2asm	根據 format、instr_name、rs2、rs1、rd、imm 等資訊將指令轉成組合語言指令

▼ 表 12.7 riscv_instr 擴充指令類別

擴充指令類	描述
riscv_amo_instr	針對原子指令擴充的 xaction
riscv_floating_point_instr	針對浮點指令擴充的 xaction
riscv_compressed_instr	針對壓縮指令擴充的 xaction
rv32*_instr	針對 RV32 指令類擴充的 xaction
rv64*_instr	針對 RV64 指令類擴充的 xaction
rv128_instr	針對 RV128 指令類擴充的 xaction
rv32b_instr	針對 RV32 的位元操作指令擴充的 xaction
riscv_vector_instr	針對向量操作指令擴充的 xaction
riscv_cusom_instr	針對訂製指令擴充的 xaction

上文介紹了由基本類別 riscv_instr 擴充的指令類別，但並不是所有指令都擴充自 riscv_instr，RISCV-DV 中 riscv_illegal_instr 就是直接擴充自 uvm_object。riscv_illegal_instr 是用於產生非法指令的類別，其特性決定了類別中的變數和函數與基本類別的定義是不同的。

無論指令類別 xaction 是否擴充自基本類別，作為最底層的類別，都供 Genertor 呼叫，每呼叫一次，指令類別就會根據類別中的約束產生隨機變數，這些變數包括了組成指令的各個域，如 rs1、rs2、imm 和 rd 等。然後由類別中的函數 convert2asm 將這些域由架構定義的指令格式組裝為一行完整的測試指令。Generator 呼叫指令類別 xaction 生成組合語言程式碼。而函數 convert2bin 則會呼叫函數 get_opcode、get_fun3 和 get_fun7 將組合語言程式碼轉為二進位格式。

12.3.2　Generator

riscv_asm_program_gen 類別是 RISCV-DV 的基本 Generator，它擴充自 uvm_object。riscv_asm_program_gen 的功能是根據設定約束產生用於測試的組合語言檔案，是 RISCV-DV 發生器的核心元件。使用者可以透過擴充 riscv_asm_program_gen 的方式重寫其中的功能函數，產生訂製化的 Generator。如 RISCV-DV 提供的 riscv_debug_rom_gen 就擴充自 riscv_asm_program_gen，它是針對 debug ROM 功能測試場景的 Generator。

riscv_asm_program_gen 的主要變數如表 12.8 所示，變數 cfg 是由 riscv_instr_gen_config 實體化的，是一個用於環境設定的類別，它囊括了 Gererator 執行的所有設定。cfg 的具體組成本書不做過多介紹，讀者有興趣可查看 RISCV-DV 的原始程式碼。cfg 由 test_case 實體化並隨機後，傳入 Genertor，Generator 根據 cfg 中的變數呼叫不同的程式。表 12.8 中的 data_page_gen、main_program 等都是具有不同功能的程式，每個程式會根據 cfg 的設定隨機產生不同類型的指令流資料。所以，cfg 貫穿於 Generator 工作的各階段。

▼ 表 12.8 riscv_asm_program_gen 的主要變數

變數名稱	變數類型	描述
cfg	riscv_instr_gen_config	環境設定
data_page_gen	riscv_data_page_gen	資料頁表生成器
main_program	riscv_instr_sequence	主測試流程式
sub_program	riscv_instr_sequence	子測試流程式
umode_program	riscv_instr_sequence	使用者模式程式
smode_program	riscv_instr_sequence	特權模式程式
privil_seq	riscv_privileged_common_seq	用於特權模式的 sequence

上文多次提到隨機化，這在 Generator 執行時期非常普遍。Generator 的隨機化功能分為指令級、序列級、程式級 3 個層次。指令級隨機涵蓋每行指令所有可能的運算元和立即數，如算術溢位、被零除、長分支、異常等；序列級隨機最大限度地提高指令的順序和依賴性；程式級隨機主要是實現不同特權模式、分頁表設定及程式呼叫的隨機化。

下面介紹 Generator 的工作流程，如圖 12 担 2 所示，RISCV-DV 的執行步驟較多。其中，有些是必須執行的，如 Generte program header、Iintialization routine 等；有些是條件執行的，如 Page table randomization 僅是在需要產生分頁表測試場景時才啟動。

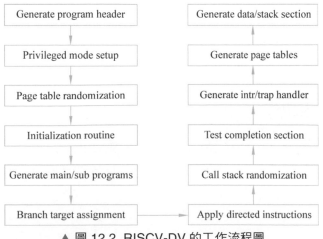

▲ 圖 12.2 RISCV-DV 的工作流程圖

RISCV-DV 執行流程分為以下 3 個步驟。

1. 建構標頭和初始化

(1) 組合語言程式有固定的標頭，如標籤、巨集常數等，生成組合語言程式標頭的操作就在 Generate program header 這一步完成。

(2) 在分頁表功能的測試中，需要建構分頁表，由 Privileged mode setup 和 Page table randomization 完成。

(3) Initialization routine： 浮點暫存器和整數暫存器初始化。

2. 隨機生成測試指令

這一步是由設定控制產生組合語言檔案主測試程式的過程，其中會呼叫多個程式同時工作，分別介紹如下。

(1) Generate main/sub programs：生成主程式和副程式框架，建構隨機指令。

(2) Branch target assignment： 生成分支任務。

(3) Generate data/stack section： 生成資料 / 堆疊區段。

(4) Generate page tables： 生成分頁錶鏈接相關指令。

(5) Generate instr/trap handler： 生成中斷和異常處理指示。

(6) Call stack randomization： 生成在主程式和副程式間的跳躍指令。

(7) Apply directed instructions： 定向指令設定的功能生成。

3. 生成組合語言程式結束欄位

這一操作在 Test completion section 區段完成。

12.3.3　測試用例

RISCV-DV 提供了一些基本的測試用例，測試用例主要包括兩部分： 一部分是 YAML 檔案設定的測試用例；另一部分是用例下發過程中涉及的定向用例所用的一系列 instr_stream。

　　YAML 檔案設定的測試用例，主要指 yaml 資料夾下的 base_testlist.yaml 檔案和 target 資料夾下不同指令集的 testlist.yaml。其中，base_testlist.yaml 用例如表 12.9 所示。

▼ 表 12.9　base_testlist.yaml 用例說明

用例名稱	描述
riscv_arithmetic_basic_test	算術指令用例 , 不包含 Load、Store、Branch 指令
riscv_rand_instr_test	隨機指令壓力測試
riscv_jump_stress_test	跳躍指令壓力測試
riscv_loop_test	隨機指令壓力測試
riscv_rand_jump_test	在大量子程式中跳躍測試 , 對 ITLB 操作進行壓力測試
riscv_mmu_stress_test	不同模式的 Load、Store 指令測試 ,MMU 操作的壓力測試
riscv_no_fence_test	禁止 fence 的 隨機指令測試 , 在 沒有 fence 指令帶來的 stall/flush 情況下測試處理器的管線
riscv_illegal_instr_test	非法指令測試 , 驗證處理器可以檢測到非法指令並正確處理相應的異常。例外處理常式用來在非法指令異常之後恢復執行
riscv_ebreak_test	帶 ebreak 的隨機指令測試。不使能偵錯模式 , 處理器會產生 ebreak 異常
riscv_ebreak_debug_mode_test	在偵錯模式使能情況下的 ebreak 指令測試
riscv_full_interrupt_test	帶有完整中斷處理的隨機指令測試
riscv_csr_test	在所有已實現的 CSR 上測試所有的 CSR 指令
riscv_unaligned_load_store_test	非對齊的 Load、Store 測試

12.3.4　擴充說明

　　不同的晶片規格和功能特性需要不同的測試用例集。現有的 RISCV-DV 只提供基本的測試用例，並不能給所有晶片的測試場景提供完備的測試用例集，所以基於 RISCV-DV 的擴充是驗證工程師最重要的工作。

　　測試用例的擴充主要集中在 target 目錄下指令集的擴充和不同的 instr stream 的增加，所以本文針對不同的功能特性，簡要描述用例擴充的想法。

　　(1) 某種類型的隨機指令，例如只生成浮點操作指令，可以在 target 目錄下新增 RV32F 或 RV64F 資料夾，在內部約束指令為浮點操作指令。

(2) 多種類型的隨機指令，例如完全隨機 (RV64GCV) 或部分隨機 (RV64G)，也可以在 target 目錄下新增對應資料夾，在內部約束指令類型。

(3) 隨機指令流背景下，下發特殊指令是透過擴充 src 目錄下現有指令流 riscv_rand_instr_stream、riscv_mem_access_stream 並多載指令產生方式而實現的。

(4) 新增 target 目錄下指令目錄後，模擬用例執行時透過 run --target rv64xx 來實現。

(5) 新增 instr stream 所需指令流後透過 YAML 檔案中的 +directed_instr_0 /1/2/3…來指定。

12.4　本章小結

本章透過介紹指令發生器 RISCV-DV，讓讀者對其建構和工作原理有了基本的了解。指令發生器的目的就是建構用於 RISC-V 處理器核心功能測試的場景，不同的處理器核心的設計，既遵循標準指令集的架構特性，也有根據指令集擴充訂製不同於其他處理器的特性，RISC-V 指令發生器的設計也必須支援這一測試需求，既支援一般的指令集的應用場景測試，也支援使用者開發其特有的測試場景。

第13章
RISC-V 指令集模擬器

指令集模擬器是在宿主機上模擬虛擬機器程式執行的軟體，即可以在一種架構處理器上執行另一種架構處理器的軟體，支援軟體跨平臺執行。在沒有 RISC-V 處理器硬體的情況下，RISC-V 指令集模擬器可以提供一個在其他處理器上模擬執行 RISC-V 軟體的環境。這樣在 RISC-V 處理器研發過程中不用等晶片回片就可以同步開發和偵錯軟體。軟體並行開發偵錯可有效縮短產品研發週期，加快產品上市時間，為企業在瞬息萬變的市場中贏得先機。

13.1 RISC-V 指令集模擬器概述

RISC-V 指令集模擬器可以分為硬體模擬器和軟體模擬器。軟體模擬器包括時序級、指令級和功能級模擬器。當前 RISC-V 開發領域有多款成熟的開放原始碼指令集模擬器供使用者使用，常用的 RISC-V 模擬器如表 13.1 所示。

▼ 表 13.1 常用的 RISC-V 模擬器

類型		指令集模擬器
硬體模擬器		FireSim
軟體模擬器	時序級模擬器	MARSS-RISCV
	指令級模擬器	Spike、riscvOVPsim
	功能級模擬器	QEMU

FireSim 是美國加州大學柏克萊分校開發的開放原始碼、時序級精度指令集模擬器，執行在雲 FPGA 上 (Amazon EC2 F1) 可以模擬用 Chisel 語言撰寫的硬體設計。FireSim 使用者可以撰寫自己的 RTL 設計並在雲 FPGA 上以接近 FPGA 原型平臺的速度執行模擬，同時可以獲得時序級精度的性能結果。取決

於使用者設計的規模，FireSim 可以執行的頻率為 10 ～ 100MHz。

　　MARSS-RISCV 是美國紐約州立大學開發的開放原始碼、時序級精度的單核心全系統 (Linux) 的微架構 RISC-V 模擬器。它支援從 Bootloader、Kernel、Libraries、中斷處理到使用者應用程式的全系統的模擬，支援順序和亂序處理器模型等特性。

　　指令級的模擬器有 Spike 和 riscvOVPsim。Spike 是加州大學開發的開放原始碼指令集模擬器。riscvOVPsim 是 Imperas 公司開發的功能齊全、可設定的 RISC-V 指令集模擬器，支援 RISC-V 指令集手冊 Ⅰ、Ⅱ、Ⅴ指令擴充等特性，但需要商業授權。

　　QEMU 是功能級的模擬器，它把 RISC-V 的指令翻譯成主機的指令並執行。

　　Spike 和 QEMU 是兩個主流的指令集模擬器。QEMU 執行速度快，主要應用在軟體開發領域。Spike 因為提供了更好的 trace 功能，所以在硬體開發領域應用廣泛。

　　Spike 為經典指令集模擬器備受驗證人員青睞。Spike 強大的 trace 功能可以把每行指令的位址、指令編碼、組合語言指令、執行結果等資訊列印出來，作為 EDA 驗證的參考模型。Spike 指令集模擬器對加快驗證環境架設、提升驗證環境品質、快速定位問題有非常大的幫助。本書選用 Spike 作為 EDA 驗證的參考模型，下面詳細介紹 Spike 指令集模擬器的安裝、原始程式分碼析和使用方法。

13.2　Spike 概述

▌13.2.1　特性簡介 ▌

　　Spike 作為 RISC-V 指令集模擬器，實現了一個或多個 RISC-V 處理器核心的模擬功能。Spike 支援以下的 RISC-V 指令集特性。

　　(1) RV32I 和 RV64I 基本指令集，v2.1。

　　(2) Zifencei 指令擴充，v2.0。

　　(3) Zicsr 指令擴充，v2.0。

(4) M 指令擴充，v2.0。

(5) A 指令擴充，v2.1。

(6) F 指令擴充，v2.2。

(7) D 指令擴充，v2.2。

(8) Q 指令擴充，v2.2。

(9) C 指令擴充，v2.0。

(10) V 指令擴充，v0.9，w/ Zvlsseg/Zvamo/Zvqmac，w/o Zvediv (需要 64 位元主機)。

(11) 符合 RVWMO 和 RVTSO 模型。

(12) Machine、Supervisor、User 模式，v1.11。

(13) Debug，v0.14。

13.2.2 軟體堆疊分析

基於 Spike 模擬器的 RISC-V 軟體堆疊如圖 13.1 所示。

	Applications		
Distributions	OpenEmbeded	Gentoo	BusyBox
Compilers	Clang/LLVM		GCC
System Libraries	newlib		glibc
OS Kernels	Proxy Kernel		Linux
Implementations	Spike		

▲ 圖 13.1 基於 Spike 模擬器的 RISC-V 軟體堆疊

Spike 支援 Clang/LLVM 編譯環境，同時也支援 Linux 編譯環境。Proxy Kernel 是為支援有限 I/O 能力的 RISC-V 實現而設計的，它把 I/O 相關的系統呼叫代理到主機來處理。Proxy Kernel 為 RISC-V ELF 二進位檔案提供了一個輕量級的應用程式執行環境，13.3.3 節執行簡單的 hello.c 就是依賴這一環境。Proxy Kernel 還實現了一個 Berkeley Boot Loader，Boot Loader 是 RISC-V 系統的 Supervisor 執行環境，用來支援 RISC-V Linux。Proxy Kernel 和 Linux 可以執行基於 OpenEmbeded、Gentoo、BusyBox 等訂製的作業系統。借助 Spike 作業系統環境，使用者可以自行開發應用程式。

　　Spike 對 RISC-V 軟體堆疊支援完備，使用者可以借助 Spike 進行全端軟體開發。

13.3　Spike 使用方法

13.3.1　軟體安裝

　　按照 12.2.1 節的描述完成 Spike 的安裝。

13.3.2　命令解析

　　Spike 安裝完成後執行 spike -h 命令會列印說明資訊。透過說明資訊可以發現 Spike 具有豐富的設定功能、日誌功能和偵錯功能。使用者可以自行設定支援的指令集、特權模式、處理器核心數、記憶體大小、快取大小等特性，同時可以設定在模擬過程中獲取詳細的日誌資訊，如指令執行結果、程式計數器 (PC) 直方統計等，而且可以支援 GDB 偵錯模式和互動偵錯模式。Spike 的命令格式如下：

```
spike [host options] <target program>[target options]
```

　　target program 為可執行的 RISC-V 二進位檔案。target options 為 target program 可執行檔所需要的參數，它由 target program 決定。host options 主要選項如表 13.2 所示。

▼ 表 13.2　Spike host options 主要選項說明

選項	說明
-p\<n>	指定模擬處理器的個數為 n，預設為 1
-m\<n>	提供 n 百萬位元組的記憶體，預設是 2048MB
-m\<a:m,b:n,…>	用這種格式指定多塊記憶體區域，a 和 b 分別表示記憶體區域的基底位址 (必須是 4KB 對齊)，m 和 n 分別表示記憶體區域的大小，以位元組為單位

選項	說明
-d	以互動偵錯模式運行
-g	統計不同 PC 對應的指令被執行的次數
-l	生成模擬執行 log，輸出到標準輸出上
-h,--help	列印說明資訊
-H	啟動就停下來，允許偵錯器連接
--isa=<name>	指定支援的 RISC-V 指令集，預設為 RV64IMAFDC
--priv=<m|mu|msu>	指定支援的 RISC-V 特權模式，預設為 MSU
--varch=<name>	RISC-V 向量指令架構字串，預設值 vlen:128, elen:64, slen:128
--pc=<address>	覆蓋 ELF 檔案的進入點位址，Spike 預設會從 ELF 的進入點開始執行
--hartids=<a,b,… >	指定 hartid，預設為 0,1 …
--ic=<S>:<W>:<B>	指定一個 S sets、W ways、B-byteblocks 的指令 Cache 模型 ,S 和 B 都是 2 的次冪
--dc=<S>:<W>:<B>	指定一個 S sets、W ways、B-byteblocks 的資料 Cache 模型 ,S 和 B 都是 2 的次冪
--l2=<S>:<W>:<B>	指定一個 S sets、W ways、B-byteblocks 的二級 Cache 模型 ,S 和 B 都是 2 的次冪
--device=<P,B,A>	從一個 --extlib 選項指定的庫中增加記憶體映射 I/O(Memory Mapping I/O,MMIO) 裝置 P:MMIO 裝置的名字 B: 裝置的基底位址 A: 傳給裝置的字串參數該選項可以用多次 指定庫的 --extlib 選項必須在前面
--log-cache-miss	產生 Cache 未命中的日誌
--extension=<name>	指定擴充的輔助處理器名字
--extlib=<name>	要載入的共用庫 , 該選項可以使用多次
--rbb-port=<port>	在 port 通訊埠上監聽 rbb 連接
--dump-dts	列印裝置樹並退出
--disable-dtb	不把 dtb 寫入記憶體
--initrd=<path>	載入核心的 initrd 到記憶體
--bootargs=<args>	為核心提供自訂的啟動參數。預設值 :console=hvc0earlycon=sbi
--real-time-clint	按真實時間速率增加 CLINT 的計數器

13.3.3　執行範例

用 Spike 模擬的例子如下。首先確保按照 12.2.1 節的描述完成 Spike、
RISCV-GCC 和 RISCV-PK 的安裝。然後寫一個 hello.c 程式，程式如下。

```
#include "stdio.h"
int main()
{
    printf("Hello World!\\n");
    return 0;}
```

用下面的命令編譯出 RISC-V 二進位可執行檔 hello。

```
riscv64-unknown-elf-gcc -o hello hello.c
```

最後用下面的命令執行模擬：

```
spike -l --log hello.log--log-commitspk hello
```

-l --log hello.log 選項生成 hello.log 記錄檔，預設不生成記錄檔。--log-
commits 選項在 Log 中增加指令的執行結果。

13.3.4　Log 檔案分析

下面程式是 Spike 執行的 Log 檔案部分。

```
core 0: 0x0000000000001000 (0x00000297) auipct0, 0x0
3 0x0000000000001000 (0x00000297) x5 0x0000000000001000
core 0: 0x0000000000001004 (0x02028593) addia1, t0, 32
3 0x0000000000001004 (0x02028593) x11 0x0000000000001020
core 0: 0x0000000000001008 (0xf1402573) csrra0, mhartid
3 0x0000000000001008 (0xf1402573)x10 0x0000000000000000
```

在程式中第一行的 core 0 表示 hartid 為 0，0x0000000000001000 表示 PC
值即指令的位址，0x00000297 表示指令編碼，auipc t0，0x0 是該行指令的組合

語言程式碼。第二行的 3 表示是 M 模式。特權模式的編碼 0、1、2、3 分別對應 U、S、H、M 模式。x5 表示 x5 暫存器的值變成了 0x0000000000001000。

可以看出，Spike 可以列印處理器執行過程中每行指令的位址、指令編碼、組合語言程式碼、執行結果等資訊。這樣可以把 Spike 的 Log 和 DUT 模擬的 Log 中的指令及結果逐筆比較，根據 Log 比較結果可以快速找出指令執行錯誤位置，從而加速問題的定位。

13.3.5 執行 Linux

Spike 為 RISC-V 指令集模擬器，在 RISC-V 處理器驗證階段用來驗證每行指令的正確性。除了指令集驗證外還可以使用 Spike 提前進行配套軟體的開發。下面介紹 Spike 執行 Linux 的簡單步驟供大家參考。

1. 安裝 Linux 工具鏈

從 https://github.com/riscv/riscv-gnu-toolchain 下載最新的工具鏈，使用下面命令安裝工具鏈，因為編譯 pk 和 Linux 需要使用支援 Linux ABI 的 RISC-V 工具鏈。

```
./configure --prefix=$RISCV
make linux
```

2. 製作 root 檔案系統

使用 https://github.com/LvNA-system/riscv-rootfs 製作 root 檔案系統。製作 root 檔案系統使用的 busybox 需要設定靜態選項，具體如下。進入 busybox 目錄執行：

```
make menuconfig
```

修改 CONFIG_STATIC=y。
然後進入 riscv-rootfs 執行：

```
make
```

製作 root 檔案系統成功。

3. 編譯 vmlinux

從 https://github.com/torvalds/linux 下載最新的 Linux 原始程式碼，將 root 檔案系統複製到核心目錄，執行：

```
make ARCH=riscv menuconfig
```

修改 CONFIG_BLK_DEV_INITRD=y。
修改 CONFIG_INITRAMFS_SRC=initramfs。
設定中的 initramfs 就是步驟 2 製作的 root 檔案系統。設定完成後，開始編譯核心：

```
make -j16 ARCH=riscv vmlinux
```

4. 編譯 bbl

進入 pk 目錄，使用 Linux 工具鏈編譯 pk。與執行 Hello World 使用的是 Newlib 工具鏈不同，需要注意區分。

執行下面命令設定 pk。

```
../configure --prefix=$RISCV --with-payload=/path/to/vmlinux
-host=riscv64-unknown-linux-gnu
```

執行下面命令編譯 pk。

```
make
```

生成的 bbl 檔案，加載了 vmlinux。使用 Spike 執行即可。

5. 執行 Linux

Spike 啟動 Linux 執行命令：

```
spike bbl
```

13.4 Spike 原始程式分碼析

13.4.1 程式目錄結構

　　為了理解 Spike 原始程式碼，本節介紹 Spike 程式的目錄結構及每個目錄下儲存的關鍵檔案。Spike 程式目錄結構如下。

　　build： 執行 make 後生成的目錄，儲存編譯相關的檔案。

　　|----pk： 編譯後生成的 pk 檔案。

　　|----bbl： 編譯後生成的 bbl 檔案，即 13.2.2 節中提到的 Berkeley Boot Loader 檔案。

　　　　|----……

　　fesvr： target 和 host 互動介面相關的檔案。

　　　　|----htif.h： 定義實現了 htif_t 類別。

　　　　|----device.h： 註冊 host 裝置，如 memif_t、bcd_t、syscall_t。

　　　　|----elfloader.h： 載入 ELF 格式 target program 的函數。

　　　　|----memif.h： 定義了 memif_t 類別，記憶體讀寫、對齊函數。

　　　　|----term.h： 定義了序列埠類別，供 bcd_t 使用。

　　　　|----syscall.h： 定義了 syscall_t 類別。

　　　　|----……

　　riscv： 處理器核心、MMU、Cache 等相關元件。

　　　　|----sim.h： 模擬基礎類別建構函數。

　　　　|----insns： 定義了所有支援的指令，使用者可自行擴充。

　　　　　　|----add.h： add 指令。

　　　　　　|----……

　　　　|----mmu.h： MMU 相關函數。

　　　　|----processor.h：RISCV 核心建構函數、CSR 結構定義、指令註冊函數。

　　　　|----……

　　softfloat： 軟模擬浮點指令。

　　|----f128_add.c

　　　　|----……

spike_main：　main 函數、反組譯器。

|----spike.cc：　主函數。

　　|----……

可以發現 Spike 程式框架清晰明了，方便使用者快速閱讀並開展開發和驗證工作。13.4.2 和 13.4.3 節將詳細介紹 Spike 的靜態結構和啟動流程。

13.4.2　靜態結構

Spike 基於 C++11 標準，嚴格遵守了物件導向程式設計規則。本節主要透過分析 Spike 的基本類別元件，讓讀者了解 Spike 的概貌。

Spike 的整體靜態結構如圖 13.2 所示。

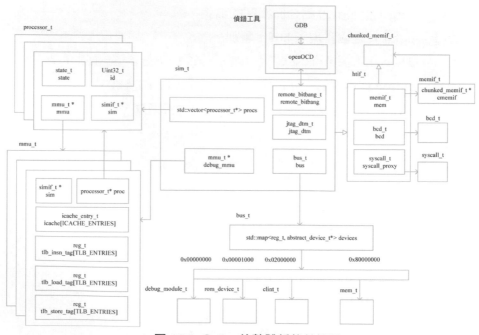

▲ 圖 13.2　Spike 的整體靜態結構圖

Spike 的基本類別包括 sim_t、htif_t、bus_t、processor_t、mmu_t 和 debug 相關類別等。表 13.3 介紹了這幾個類別。

▼ 表 13.3　Spike 的類別描述

類別名稱	描述
sim_t	Spike 模擬器的主要建構類別。該類別初始化了 bus_t、processor_t、mmu_t 和 debug 相關類別 (remote_bitbang_t 和 jtag_dtm_t)。該類別構造了一個可供軟體執行的最小硬體平臺，包括 RISC-Vcore、PLIC、BootROM 和 Debug Module。使用者也可以自行增加所需裝置，如序列埠、網路卡等
htif_t	Spike 模擬器與主機的互動類別。Spike 運行於主機之上，所以 Spike 是 target 端，運行主機是 host 端。host 端為 target 端提供儲存介面 (memif_t)、序列埠介面 (bcd_t) 和系統呼叫介面 (syscall_t)。chunked_memif_t 是 htif_t 的父類別，為 sim_t 提供了存取記憶體介面
bus_t	Spike 模擬器的匯流排類別。匯流排裝置掛接了偵錯模組、BootROM 模組、中斷模組和記憶體模組。匯流排裝置採用列舉的方式存取掛接的裝置
processor_t	Spike 模擬器的核心類別。該類別實現了核心指令運行、中斷處理、異常處理、debug 機制等，是模擬器的核心元件。其中，state 記錄了所有暫存器的狀態，id 代表了核心的編號，MMU 指向了核心建構的 mmu_t 裝置，sim 提供了該類和 sim_t 類別互動的介面
mmu_t	mmu_t 為 processor_t 提供了虛擬定址功能。mmu_t 支援 Sv32, Sv39、Sv48、Sv57 和 Sv64。該類別 proc 指向了核心類別，icache 指令快取功能便於指令加速，tlb_insn_tag、tlb_load_tag 和 tlb_store_tag 提供了 TLB 功能
debug 相關類別	Spike 模擬器的偵錯類別。remote_bitbang 為 OpenOCD 提供了 Socket 介面，便於外部 GDB 偵錯 Spike。jtag_dtm_t 和 debug_module_t 實現了核心的偵錯模組，使得 Spike 支援 debug 功能

13.4.3 啟動流程

　　為了加深對 Spike 內部執行機制的了解，本節介紹 Spike 的模擬流程。以執行 Spike pk 這筆命令為例，啟動流程如圖 13.3 所示。

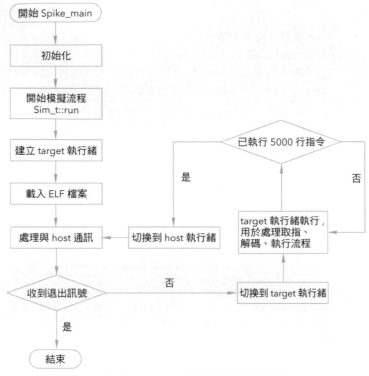

▲ 圖 13.3 Spike 的執行模擬流程圖

　　(1) Spike 首先進行以下初始化：解析命令列參數；初始化記憶體；建構模擬基礎類別，包括 htif 介面、註冊記憶體和外接裝置到 bus_t 匯流排、建構 debug_mmu 和處理器；建構處理器核心並註冊指令；建構 MMU 和註冊每行指令對應的匯編碼；呼叫 processor_t::reset 函數對 state 結構內包含的 CSR、整數暫存器、浮點暫存器進行初始化，並且將特權模式初始化為 M 模式，PC 值設定為 0x1000。

　　(2) 呼叫 sim_t::run 函數開始執行模擬流程。

　　(3) 將程式當前上下文儲存為 host 執行緒，建立用於處理指示的取指、解碼、執行流程的 target 執行緒，然後切換回 host 執行緒呼叫 htif_t::run 函數。

　　(4) 解析 htif 介面從命令列讀取的目的檔案名稱，呼叫 load_elf 函數解析 ELF 檔案，將程式的指令區段載入到分配好的記憶體中。

(5) 進入一個 while 迴圈,在迴圈中切換到 target 執行緒,開始處理指示的流程。當 signal_exit 或 exitcode 的值由 0 變為 1 時退出迴圈。

(6) 呼叫 sim_t::main 函數,如果執行 Spike 時命令行使用了 -d 選項,則進入互動模式執行,否則連續執行 5000 行指令。互動模式類似 GDB,可以單步執行或查看暫存器狀態等,這裡說明連續執行 5000 行指令的情況。

(7) 呼叫 sim_t::step 函數,然後執行 0 號核心的 processor_t::step 函數。

(8) 第一行指令執行完成後重複上面的取指、解碼、執行流程,直到 5000 行指令執行完畢,切換到 host 執行緒。

(9) 回到 htif_t::run 函數,呼叫 device_list_t::tick 函數,執行 htif 裝置的 tick 函數進行一些與 Spike 主機的 I/O 操作。

(10) 如果 signal_exit 或 exitcode 的值為 0,則切換到 host 執行緒執行下 5000 行指令,直到 signal_exit 或 exitcode 變為 1,執行 htif_t::stop 函數。呼叫 htif_t::exit_code 函數,結果傳回給 main 函數,程式結束。

13.5 Spike 擴充

在某些情況下可能需要對 Spike 做日誌的訂製或功能的擴充,例如想要增加特定的 Log 資訊就需要透過修改 Spike 來訂製 Log。晶片設計中增加了新的指令而又想用 Spike 來驗證新指令的正確性,就需要對 Spike 做指令擴充。如果需要用 Spike 模擬新的外接裝置那麼也需要對 Spike 做外接裝置擴充。本節介紹 Spike 的訂製 Log、擴充指令和擴充外接裝置的步驟。

13.5.1 訂製 Log

本節介紹訂製 Spike Log 的方法。在 13.3.4 節中 Log 檔案的第一行資訊是在取指解碼後、執行前輸出的反組譯資訊,第二行資訊是開啟 --log-commits 選項後額外輸出的指令執行結果資訊。

第一行資訊由 riscv/execute.cc 檔案中的 processor_t::step 函數中的 disasm 呼叫輸出。disasm 函數定義在 riscv/processor.cc 檔案中,程式如下。Log 檔案中的第一行資訊是下面程式中帶有網底敘述的輸出。

```
void processor_t::disasm(insn_t insn)
{
uint64_t bits =insn.bits() & ((1ULL <<(8 * insn_length(insn.bits()))))
-1);
if(last_pc != state.pc || last_bits !=bits) {
  …
fprintf(log_file, "core %3d: 0x%016" PRIx64 " (0x%08" PRIx64 ") %s\\n",
id, state.pc, bits, disassembler->disassemble(insn).c_str());
 …
   } else {
executions++;
   }
}
```

　　第二行資訊由 riscv/execute.cc 檔案中的 execute_insn 函數中的 commit_log_print_insn 呼叫輸出的。commit_log_print_insn 函數在 riscv/execute.cc 檔案中定義，它會列印出特權模式、指令位址、指令編碼、變化的暫存器等內容。

　　如果要訂製 Log，可以在 disasm 函數中增加列印資訊，例如要顯示每行指令執行前暫存器 mstatus、t0、a1 的值，可以增加以下附帶網底的列印敘述。

```
void processor_t::disasm(insn_tinsn)
{
uint64_t bits =insn.bits() & ((1ULL <<(8 * insn_length(insn.bits()))))
-1);
if(last_pc !=state.pc || last_bits =bits) {
…
fprintf(log_file, "core %3d: 0x%016" PRIx64 " (0x%08" PRIx64 ") %s\\n",
id, state.pc, bits, disassembler->disassemble(insn).c_str());
fprintf(log_file, "mstatus =0x%016" PRIx64 "\\tt0 =0x%016" PRIx64 "\\
ta1 =0x%016" PRIx64 "\\n",
this->get_csr(CSR_MSTATUS), state.XPR[5], state.XPR[11]);
last_pc =state.pc;
last_bits =bits;
```

```
executions =1;
   } else {
executions++;
   }
}
```

修改後重新編譯 Spike 並重新執行用例，截取 Log 檔案如下，附帶網底部分即是上面增加的敘述列印的。

```
core  0: 0x0000000000001000 (0x00000297) auipc t0, 0x0
mstatus =0x0000000a00000000 t0 =0x0000000000000000 a1 =0x0000000000000000
core 0: 0x0000000000001004 (0x02028593) addi   a1, t0, 32
mstatus =0x0000000a00000000 t0 =0x0000000000001000 a1 =0x0000000000000000
…
```

如此完成了 Spike Log 檔案的訂製輸出。

13.5.2 擴充指令

本節以現有的 and 指令為例探究 Spike 指令的處理方法。假設需要增加 and 指令，步驟如下。

(1) 在 riscv/insns 目錄下增加以指令命名的標頭檔，如果要增加 and 指令，那麼標頭檔命名為 and.h。在標頭檔中實現指令的功能。and.h 標頭檔中的內容為 WRITE_RD(RS1 & RS2)，實現 and 指令功能，用到 riscv/decode.h 定義的巨集。

(2) 在 riscv/encoding.h 檔案中增加指令的 MATCH 和 MASK 巨集，打開 encoding.h 可以找到 and 指令相關的內容如下。

```
#define MATCH_AND 0x7033
#define MASK_AND  0xfe00707f
…
DECLARE_INSN(and, MATCH_AND, MASK_AND)
```

(3) 修改檔案 riscv/riscv.mk.in，在 riscv_insn_list 後增加指令。and 指令是增加到 riscv_insn_ext_i 變數裡的。

(4) 重新編譯 Spike。

經過上述指令擴充的定義後，如果遇到某筆擴充指令的編碼和 MASK_AND 的編碼相與後的數值等於 MATCH_AND 的編碼，那麼 Spike 在處理這行指令時就會執行標頭檔 and.h 中定義的指令功能。Spike 透過上述過程實現 and 指令擴充。

13.5.3　擴充外接裝置

Spike 在 riscv/devices.h 中定義了抽象的 abstract_device_t 基礎類別。其他外接裝置需要從該類別進行繼承擴充。abstract_device_t 類別的定義如下。

```
class abstract_device_t
{
public:
  virtual bool load(reg_t addr, size_t len, uint8_t* bytes) =0;
  virtual bool store(reg_t addr, size_t len, const uint8_t* bytes) =0;
  virtual ~abstract_device_t() {}
};
```

它定義了 load 和 store 虛函數。load 函數定義了處理器讀取外接裝置的介面，store 函數定義了處理器寫入外接裝置介面。函數如果傳回 1 表示存取成功，傳回 0 表示存取不成功。擴充外接裝置的步驟如下。

(1) 定義要擴充的外接裝置類別並實現 load 和 store 函數。在 devices.h 檔案中從 abstract_device_t 類別繼承定義外接裝置類別，並實現它的 load 和 store 函數。程式如下。

```
class my_dev: public abstract_device_t
{
public:
  bool load(reg_t addr, size_t len, uint8_t* bytes)
```

```
        {
            …// 實現該外接裝置的 load 功能
            …// 根據 load 結果傳回 0 還是 1
        };
        bool store(reg_t addr, size_t len, const uint8_t* bytes)
        {
            …// 實現該外接裝置的 store 功能
            …// 根據 store 結果傳回 0 還是 1
        }
};
```

(2) 實體化該裝置。在 riscv/sim.cc 檔案的 sim_t::sim_t 函數的最後增加以下程式。

```
sim_t::sim_t(…)
{
…
    my_dev *m_dev;
    m_dev =new my_dev();
    bus.add_device(reg_t(MY_DEV_BASE), m_dev);
}
```

MY_DEV_BASE 是該裝置的基底位址。

(3) 重新編譯 Spike。

13.6 本章小結

　　指令集模擬器是在宿主機上模擬虛擬機器程式執行的軟體，本章首先介紹了 RISC-V 處理器開發中常用的指令集模擬器，然後重點介紹了 Spike 指令集模擬器。透過本章的學習，讀者不僅可以掌握 Spike 的使用方法，而且可以對 Spike 內部實現機制及常見的擴充方法有所了解。用好 Spike 對 RISC-V 處理器的 EDA 驗證和軟體開發有重要意義。

Note